Der Zimmerpflanzen-doktor

Der Zimmerpflanzen-Doktor

William Davidson

Gesunde Pflanzen durch gute Pflege
Krankheiten erkennen, vorbeugen, heilen

Bechtermünz Verlag

Aus dem Englischen übersetzt von Dr. Bruno P. Kremer
Titel der Originalausgabe „The Houseplant Survival Manual“, erschienen bei QED Publishing Limited, London, Großbritannien
Mit 317 Farbfotos von Ian Howes, mit Ausnahme der Aufnahmen Seite 79 und 88 (Harry Smith) und 13, 26, 27, 36, 37, 38, 39 (Thomas Rochford & Sons Ltd.) und 48 Farbzeichnungen und 14 Symbolzeichnungen von Nigel Chamberlain, Chris Forsey, Edwina Keene, Elly King und John Woodcock

Genehmigte Lizenzausgabe für Weltbild Verlag GmbH, Augsburg 1998

Umschlaggestaltung: Erwin Wollenschläger, Augsburg
Umschlagmotiv: Saintpaulia Ionantha, Primula Obconica (Becherprimel), Adianthum Raddianum/Friedrich Strauß, Au
Gesamtherstellung: Gráficas Estella S.A.
Printed in Spain

ISBN 3-8289-1514-0

Der Zimmerpflanzendoktor

Vorwort

Blumen und Pflanzen sind ein Stück lebende Natur. Zu allen Zeiten holten sich die Menschen mit Schnittblumen oder Topfpflanzen einen kleinen Ausschnitt aus der Natur in ihren Wohnraum, um sie dort als zeitweilige oder dauernde Dekorationsstücke zu halten. Sie dienten der Belebung der Fensterbank und der Ausschmückung der Wohnung, in die sie ein wenig Farbe und Frische von draußen mit hereinbrachten.

Früher, noch vor wenigen Jahrzehnten, hatten die Zimmerpflanzen tatsächlich fast nur ausschmückende, dekorative Funktion. Und fast immer waren es Einzelexemplare oder nur wenige Stücke, die man mit in das Haus und in die Wohnung brachte. Wozu auch mehr? Es ist noch gar nicht so lange her, daß der größte Teil der Menschen noch aktiv mit der Natur lebte und große Teile des Tages draußen verbrachte. Zumindest während der wärmeren Jahreszeit herrschte dort eben ein Überfluß an Farbigkeit und Grün. Die Menschen waren in vieler Hinsicht ein Teil dieser Natur.

Heute haben sich die Lebensbedingungen der meisten Menschen dagegen grundlegend geändert. Auf dem Weg zur Arbeitsstätte sehen die meisten von uns kein Lebewesen mehr. Zwischen Stahl und Stein, Beton und Asphalt, in Tiefgaragen und Büroburgen ist wahrscheinlich kein Platz mehr für die üppige Fülle eines Sommergartens oder eines Flurgehölzes.

Parkanlagen und Alleebäume in der Stadt nehmen sich da lediglich wie gescheiterte Invasionsversuche der Natur aus.

Zimmerpflanzen haben daher heute eine andere und nicht mehr nur dekorative Aufgabe. Blumen und Blattpflanzen sind uns ein Ersatz für die verlorengegangene Natur geworden. Wir holen solche Pflanzen in die Wohnungen und an den Arbeitsplatz, weil wir unbedingt ein Stück Natur bei uns haben müssen, um in einer entfremdeten Umgebung seelisch nicht vollends zu verkümmern. Pflanzen sind daher ein wichtiger Bestandteil unseres Lebensraums geworden. Es sind kleine Wälder und Wiesen, in denen wir mit unseren Augen spazierengehen können.

Mit diesem Funktionswandel haben sich auch die Vorlieben für bestimmte Pflanzenarten im Laufe der Jahrzehnte verändert. Viele neue Varietäten sind hinzugekommen. Andere Formen, die schon seit Jahrzehnten Hausrecht in unseren Wohnungen haben, sind zwar immer noch vorhanden, doch sind auch sie zum Teil in eine größere Sortenvielfalt aufgefächert worden. Gewiß sind verschiedene *Hedera*-Arten, *Philodendron scandens, Rhoicissus rhomboidea, Sansevieria trifasciata* oder *Monstera deliciosa* fast immer noch genauso beliebt wie immer, doch sind weitere Zimmerpflanzen hinzugekommen, die auch ganz andere Wünsche zufriedenstellen können. Mitunter vollzog sich solcher Wechsel unbemerkt. Gegenwärtig ist beispielsweise die Art *Ficus robusta* als Gummibaum am

weitesten verbreitet. Er ist kaum mit dem ursprünglichen Gummibaum der Art *Ficus elastica* vergleichbar. Dieser war eine sehr dünne, meist ziemlich ärmlich aussehende Erscheinung. Außerdem war er in der Kultur anfälliger und viel weniger erfolgreich zu halten als sein Nachfolger. Auch bei der Kletterrebe wird heute meist eine völlig andere Pflanze angeboten als noch vor einem Jahrzehnt. Sie trägt die Bezeichnung *Rhoicissus rhomboidea* Ellendanica – der Zusatz gibt zu erkennen, daß diese neue, sehr beliebte Varietät mit glänzenden Blättern und gezähnten Blatträndern aus Dänemark stammt. Sie trägt zusätzlich den Vornamen der Gärtnersfrau, auf deren Grundstück diese Varietät spontan entstand.

Bei den beliebten Weihnachtssternen (*Poinsettia*) sehen wir eine ähnliche Entwicklung. Sie sind während der letzten dreißig Jahre erst durch gärtnerische Maßnahmen zu voller Schönheit entfaltet worden. Die ersten Exemplare, die damals auf den Markt kamen, waren spindeldürr und besaßen nur Hochblätter mit ausgewaschenen Farben. Durch züchterisches Bemühen ist es nun gelungen, kompaktere, kurzstämmige Formen zu entwickeln, die ein wesentlich reicheres Blattwerk ausbilden und daher auch breite, leuchtend gefärbte Hochblätter besitzen.

Sowohl in den Anzuchtbetrieben wie auch später in den Wohnungen sind die heutigen Poinsettien erheblich leichter zu halten. Man kann solchen Züchtungserfolg eigentlich recht gut an der Entwicklung der Verkaufszahlen ablesen: Fast 20 Millionen Stück werden allein in der Bundesrepublik in jedem Jahr während der Weihnachtszeit vermarktet.

Schon diese wenigen Beispiele mögen aufzeigen, daß es selbstverständlich auch bei den Zimmerpflanzen keinen Stillstand gibt, sondern daß die Entwicklung zu auffälligen, leicht zu kultivierenden Formen fortschreitet. Dies geht Hand in Hand mit dem Fortschritt der technischen Entwicklung, die uns heute bessere, genauer regulierbare und mit sonstigen Finessen ausgestattete Gewächshäuser baut. Automatische Bewässerung, erfolgssichere Kontrolle von Schädlingen und Pflanzenkrankheiten, Regulation der Luftfeuchtigkeit sind heute längst keine gärtnerischen Wunschträume mehr. Fast wird die Anzucht von Pflanzen in den großen Erwerbsgärtnereien fabrikmäßig mit genauer Kostenkalkulation betrieben, denn nur eine Pflanze, die im Betrieb den kleinstmöglichen Platz für eine kürzestmögliche Zeit mit geringstmöglichem Heizungsaufwand beansprucht, kann zu einem niedrigen Preis auf den Markt gebracht werden.

Dennoch können auch heute noch qualitativ hochwertige Pflanzen gezogen werden, auch wenn jeder Großbetrieb auf eine rationelle

Gestaltung der einzelnen Betriebsabläufe achten muß. Fachbetriebe werden immer darum bemüht sein, hochwertige Ware zu erzeugen und anzubieten. Auch Pflanzen, die ein Laie oft fälschlicherweise als minderwertig ansieht, sind mit Mühe und Sorgfalt bedacht worden. Wirklich minderwertige Pflanzen sind sowohl in der Gärtnerei wie auch zu Hause nur mit großem Aufwand zu pflegen. Dem Gärtner und Händler bringt minderwertige Ware insofern überhaupt nichts, denn wenn die Pflanzen unter einen gewissen Standard geraten, lassen sie sich überhaupt nicht mehr verkaufen. Hochwertige Ware verkauft sich in jedem Fall besser, und deswegen werden alle Beteiligten bemüht sein, nur Pflanzen dieser Qualitätskriterien heranzuziehen und anzubieten.

Dieses Buch wurde für Pflanzenliebhaber und Zimmerpflanzengärtner geschrieben, die ihren kostbaren Stücken zu Hause eine Umgebung anbieten möchten, in der sich die Pflanzen optimal entwickeln und entfalten können. Es enthält eine Menge Information und viele fachmännische Ratschläge in leicht verständlicher Form. Seite für Seite zeigt es, wie man die meisten Schwierigkeiten beim Umgang mit Zimmerpflanzen beheben kann, wie man Fehler in der Kultur vermeidet und was zu tun ist, wenn eine Pflanze von Schädlingen oder Krankheiten befallen ist. Dieses Buch ist sozusagen eine Gesundheitsfiebel für Ihre Zimmerpflanzen. Nicht so sehr die Benennung und die Herkunft der einzelnen Formen und Arten stehen im Vordergrund, sondern die richtige Anleitung zur Pflege. Für mehr als einhundert häufigere Zimmerpflanzen und ihre Varietäten erfahren Sie alles, was Sie über Lichtverhältnisse, Düngung, Bewässerung, Blührhythmus, Umtopfen, über typische Kulturfehler, aber auch über typische Schäden, die bei unsachgemäßer Haltung auftreten können, wissen müssen. Um Sie mit all diesen Dingen vertraut zu machen, steht ein reiches Bildmaterial zur Verfügung, das Sie schrittweise in das richtige Pflegeprogramm für Ihre Zimmerpflanzen einführt.

So möchte Ihnen dieses Buch helfen, Ihre Pflanzen kräftig, gesund und wüchsig zu halten, damit Sie bei Ihrem Hobby, der Zimmerpflanzengärtnerei, die rechte Freude empfinden können. Zimmerpflanzen sind ein Stück lebende Natur, und ihr wollen wir auch in unseren Wohnräumen den ihr zustehenden Platz zuweisen.

Zum Gebrauch dieses Buches

Dieses Zimmerpflanzenbuch wurde so gestaltet, daß auf einen Blick möglichst viel Information gewonnen werden kann. Im Einleitungsteil werden allgemeine Hinweise zur Pflanzenpflege gegeben. Im Hauptteil, der über 70 der beliebtesten Zimmerpflanzen vorstellt, finden Sie spezielle Tips und Pflegeanleitungen. Die Pflanzen sind in alphabetischer Reihenfolge angeordnet. Für jede einzelne Pflanze werden typische Krankheitsbilder und Hinweise zu ihrer Behebung angeführt. Auf einer besonderen Bildleiste erscheinen in Kurzform noch einmal alle wichtigen Hinweise für die erfolgreiche Kultur. Die nebenstehend erläuterten Symbole werden dazu verwendet.

Um Probleme und Mißerfolge bei der Zimmerpflanzenkultur zu vermeiden, geben Ihnen einige Bildsymbole in übersichtlicher Form genau diejenigen Kulturbedingungen an, die die jeweilige Pflanze benötigt.

Standort. Dieses Symbol kennzeichnet einen **hellen, sonnigen Standort.** Die Pflanze kann ständig an einem sonnenbeschienenen Fenster bleiben.

Dieses Symbol zeigt **Halbschatten** an. Die Pflanze sollte in einem lichten Raum, aber nicht allzu dicht bei einem hellen Fenster stehen.

Ein rotes Balkenkreuz gibt an, daß die betreffende Pflanze eine bestimmte Bedingung oder Maßnahme nicht erträgt. Ein grüner Winkel kennzeichnet die richtigen Kulturbedingungen.

Durch dieses Symbol wird angegeben, daß eine Pflanze zwar **viel Licht** benötigt, jedoch **keine direkte Sonnenstrahlung** erträgt. Sie sollte daher in Fensternähe stehen.

Mit diesem Symbol wird ein **schattiger Standort** angegeben. Manche Pflanzen wie Farne gedeihen auch noch in einer dunklen Zimmerecke.

Die grünen Punkte weisen auf die Schwierigkeit in der Haltung hin
- ● Schwierig
- ●● Nicht allzu schwierig
- ●●● Einfach

Pflanzenfamilie

Wissenschaftlicher Name

Deutscher Name

Allgemeine Hinweise (Heimat, Vermehrung)

Arten und Anschaffung Hinweise über die geeignetsten Kulturformen und worauf beim Kauf zu achten ist

Nahaufnahme der Blüte

Sorten- oder Artnamen und Varietäten

Abbildung einer typischen, gesunden Pflanze

Heidekrautgewächse (Ericaceae)

Azalea indica **Azalee**

Heimat: China, Japan
Diese kleine, bis 75 cm hoch werdende, buschige, reichblühende Pflanze ist heute unter dem Namen *Rhododendron simsii* bekannt. Die Farbskala der einfachen oder gefüllten Blüten reicht von gedecktem Weiß bis zu dunklem Rot, mehrfarbige Varietäten eingeschlossen.
Vermehrung: Azaleen können durch Triebstecklinge vermehrt werden. Die Vermehrung ist jedoch sehr schwierig – wir sollten dies lieber dem Fachmann überlassen.

Azaleen gehören zu den schönsten Winterblühern. Eine gesunde Pflanze besitzt viele feste Blütenknospen und harte, dunkelgrüne Blätter sowie viele neue Triebspitzen, an denen saftige, hellgrüne Blättchen sitzen. Die Pflanze sollte keine Blätter verlieren. Da die Pflanzen nur sehr langsam wachsen und sich nicht leicht vermehren lassen, sind sie auch relativ teuer.

Arten und Anschaffung

Azaleen werden vom Fachhandel künstlich vorgetrieben, damit sie zur Winterzeit in voller Blüte stehen. Im Spätherbst kommen die ersten Azaleen in den Handel. Man wähle Pflanzen mit vielen Blütenknospen, die gerade im Aufgehen begriffen sind. So verlockend es auch sein mag: Pflanzen, die voll in Blüte stehen, sollte man nicht mehr kaufen. Andererseits empfiehlt es sich auch nicht, Pflanzen mit unterentwickelten Knospen oder gar knospenlose auszusuchen. Meist gelangen diese Stücke nicht mehr zur vollen Blüte. Der Pflanztopf muß sich schwer und feucht anfühlen – ein Zustand, den er für den Rest des Azaleenlebens auch beibehalten sollte.

A. indica (= *Rhododendron simsii*) wird am meisten angeboten. Diese Art umfaßt ein großes Spektrum verschiedenfarbiger Pflanzen. Diese Art benötigt viel Feuchtigkeit und eine gleichmäßig kühle Temperatur. Je niedriger die Temperaturen sind, desto länger blühen die Pflanzen.
A. japonicum (= *Rhododendron obtusum*) ist nicht so leicht zu treiben wie *A. indica* und deshalb auch erst im Spätwinter erhältlich. Die Japanische Azalee ist noch etwas robuster als die Indische. Ihre Blüten sind jedoch kleiner. Die Blütenfarbe ist meist rosa, es gibt aber auch weiße, violette und rote Varianten.

Trockenheit. Die meisten Pflanzen ertragen Trockenheit überhaupt nicht. Andere benötigen sie dagegen. Achten Sie daher besonders auf dieses Symbol.

Temperatur. Hält man Pflanzen bei ihnen nicht zusagenden Temperaturen, dann gehen sie zwar nicht gleich ein, kommen aber gewöhnlich nicht zur Blüte. Für jede Pflanze finden Sie daher Angaben über die richtige Standorttemperatur, die kühl (bis 15 °C), temperiert (15–18 °C) oder warm (über 18 °C) sein kann.

Bewässerung. Zimmerpflanzen kann man auf verschiedene Weise mit Wasser versorgen, entweder durch direktes Gießen in den Blumentopf (oben links),

in den Untersatz (oben rechts), durch Ansprühen mit einem Blumensprenger (unten links) oder durch Einsetzen in Wasser (unten rechts).

Düngung. Für die Düngung der Pflanzen bieten sich drei verschiedene Verfahren an. Die Symbole geben an, daß der Dünger in flüssiger Form (links), als Blattspray (Mitte) oder als festes Granulat gegeben werden soll. Die Beachtung dieser Hinweise ist besonders wichtig. Viele Pflanzen benötigen nur während der Wachstumsphase Düngung. Andere sollten während des ganzen Jahres regelmäßig gedüngt werden.

Jahreszeitliche Pflege. Die blaue und gelbe Leiste zeigt an, wann eine Pflanze im Jahresablauf gegossen und gedüngt werden sollte. Das blaue Band (oben) gibt die Zeit der Bewässerung an. Die blauen Tropfen

bedeuten zusätzliches Gießen. Die gelbe Leiste weist auf die Düngung hin. Rote Punkte verweisen auf zusätzliche Düngung. Einzelheiten dazu werden im Text jeweils gesondert angeführt.

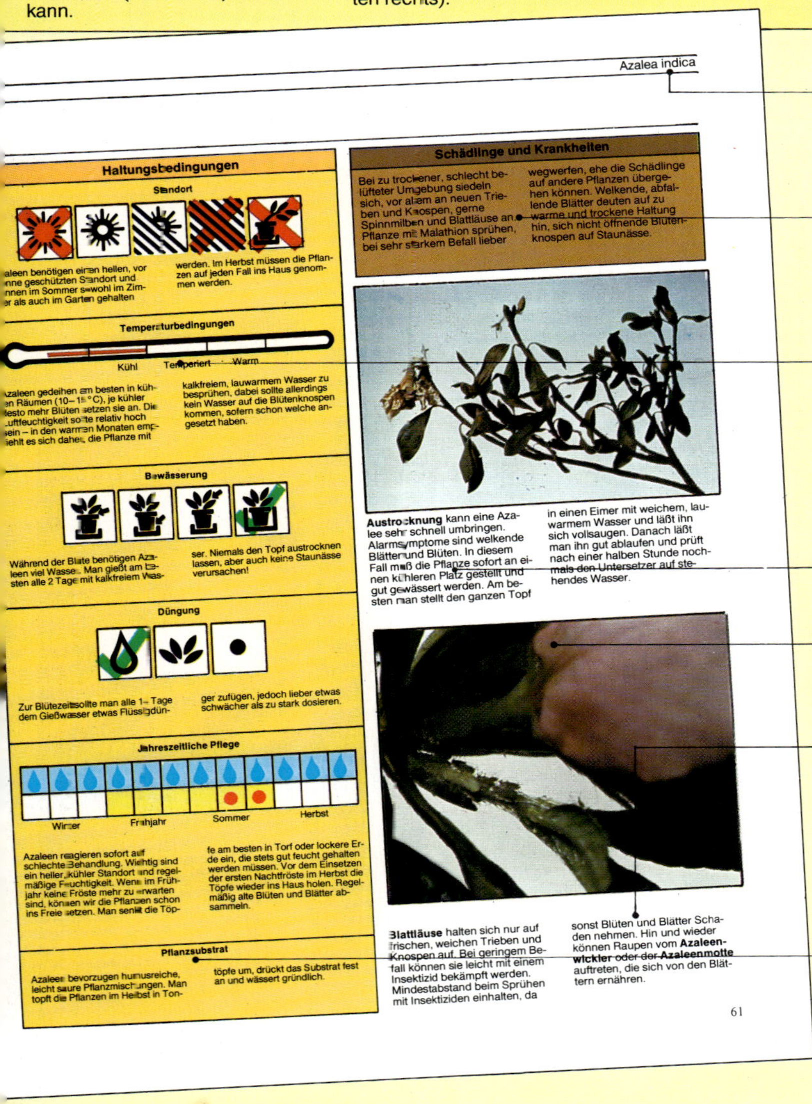

Azalea indica

Haltungsbedingungen

Standort

…aleen benötigen einen hellen, vor …nne geschützten Standort und …nnen im Sommer sowohl im Zim…er als auch im Garten gehalten werden. Im Herbst müssen die Pflanzen auf jeden Fall ins Haus genommen werden.

Temperaturbedingungen

Kühl Temperiert Warm

…zaleen gedeihen am besten in küh…en Räumen (10–15 °C), je kühler …esto mehr Blüten setzen sie an. Die …uftfeuchtigkeit sollte relativ hoch …ein – in den warmen Monaten emp…iehlt es sich daher, die Pflanze mit kalkfreiem, lauwarmem Wasser zu besprühen, dabei sollte allerdings kein Wasser auf die Blütenknospen kommen, sofern schon welche angesetzt haben.

Bewässerung

Während der Blüte benötigen Azaleen viel Wasser. Man gießt am besten alle 2 Tage mit kalkfreiem Wasser. Niemals den Topf austrocknen lassen, aber auch keine Staunässe verursachen!

Düngung

Zur Blütezeit sollte man alle 1– Tage dem Gießwasser etwas Flüssigdünger zufügen, jedoch lieber etwas schwächer als zu stark dosieren.

Jahreszeitliche Pflege

Winter Frühjahr Sommer Herbst

Azaleen reagieren sofort auf schlechte Behandlung. Wichtig sind ein heller, kühler Standort und regelmäßige Feuchtigkeit. Wenn im Frühjahr keine Fröste mehr zu erwarten sind, können wir die Pflanzen schon ins Freie setzen. Man senkt die Töpfe am besten in Torf oder lockere Erde ein, die stets gut feucht gehalten werden müssen. Vor dem Einsetzen der ersten Nachtfröste im Herbst die Töpfe wieder ins Haus holen. Regelmäßig alte Blüten und Blätter absammeln.

Pflanzsubstrat

Azaleen bevorzugen humusreiche, leicht saure Pflanzmischungen. Man topft die Pflanzen im Herbst in Tontöpfe um, drückt das Substrat fest an und wässert gründlich.

Schädlinge und Krankheiten

Bei zu trockener, schlecht belüfteter Umgebung siedeln sich, vor allem an neuen Trieben und Knospen, gerne Spinnmilben und Blattläuse an. Pflanze mit Malathion sprühen, bei sehr starkem Befall lieber wegwerfen, ehe die Schädlinge auf andere Pflanzen übergehen können. Welkende, abfallende Blätter deuten auf zu warme und trockene Haltung hin, sich nicht öffnende Blütenknospen auf Staunässe.

Austrocknung kann eine Azalee sehr schnell umbringen. Alarmsymptome sind welkende Blätter und Blüten. In diesem Fall muß die Pflanze sofort an einen kühleren Platz gestellt und gut gewässert werden. Am besten man stellt den ganzen Topf in einen Eimer mit weichem, lauwarmem Wasser und läßt ihn sich vollsaugen. Danach läßt man ihn gut ablaufen und prüft nach einer halben Stunde nochmals den Untersetzer auf stehendes Wasser.

Blattläuse halten sich nur auf frischen, weichen Trieben und Knospen auf. Bei geringem Befall können sie leicht mit einem Insektizid bekämpft werden. Mindestabstand beim Sprühen mit Insektiziden einhalten, da sonst Blüten und Blätter Schaden nehmen. Hin und wieder können Raupen vom **Azaleenwickler** oder der **Azaleenmotte** auftreten, die sich von den Blättern ernähren.

61

Wissenschaftlicher Pflanzenname

Schädlinge und Krankheiten
Hinweise zur Behebung von Krankheiten und zur Beseitigung von Schädlingen

Haltungsbedingungen
Diese Sparte zeigt den richtigen Standort und weist auf die erforderlichen Licht-, Temperatur-, Bewässerungs-, Düngungs- und Bodenbedingungen hin

Auf verändertes Aussehen durch falsche Haltung wird oft anhand einer Abbildung hingewiesen

Abbildung häufiger Schädlinge oder Krankheitsanzeichen

Abschnitt über Schädlingsbefall und dessen Bekämpfung bzw. Vermeidung

Hier finden Sie Angaben über die beste Bodenmischung, über Ein- und Umtopfen

Der Kauf von Zimmerpflanzen

Beim Kauf von Zimmerpflanzen sollte man sich immer daran erinnern, daß nur die wenigsten Wohnungen ähnlich günstige Wachstumsbedingungen bieten können, wie dies im Gewächshaus der Fall ist. Pflanzen, die bereits bei der Anzucht im Gewächshaus nicht so recht gediehen sind, werden im Zimmer oder auf der Fensterbank noch größere Probleme haben. Daher muß man von vornherein nur kräftige, gut wüchsige Exemplare wählen, die viel Blatt- und/oder Blütenansätze zeigen. Sorgfältig prüfe man die Blätter auf Verfärbungen und Verunstaltungen, vor allem im Bereich der Blattränder und -spitzen. Finden sich hier braune, gelbe oder rostige Flecken, so kann man sicher sein, daß sich bald auch das gesamte Blatt verfärben wird und schließlich abfällt.

Die Blüten sollten beim Kauf einer Pflanze noch nicht zu weit entwickelt sein, aber auch nicht mehr zu weit im Knospenansatz stecken, da sonst die Gefahr besteht, daß sie sich unter den veränderten Bedingungen ihres neuen Standortes zuhause gar nicht mehr entfalten. So verfaulen z. B. die Blütenknospen von zu früh vertopften Chrysanthemen, noch ehe sie sich öffnen und aufblühen konnten. Andererseits gibt es hier aber auch Ausnahmen: Weihnachtssterne kauft man z. B. grundsätzlich nur nach vollständiger Ausfärbung der Hochblätter, jedoch noch zu der Zeit, zu der die winzigen Blütenstände in der Mitte der bunten Hochblätter noch geschlossen sind. Sind diese nämlich schon geöffnet, kann man davon ausgehen, daß die Pflanze bereits allmählich im Abblühen begriffen ist. Bei Azaleen dürfen noch nicht alle Blüten geöffnet sein. Einige Blüten sollten schon sichtbar sein, während die meisten anderen noch in Knospe stehen müssen.

Gesunde Zimmerpflanzen zeichnen sich auch noch durch straffe, turgeszente Belaubung aus. Schlaffe, vielleicht etwas welke Blätter sind meist ein sicheres Anzeichen von Wassermangel, dem man ja zuhause durch kräftiges Gießen abhelfen könnte. Fühlt sich das Pflanzsubstrat jedoch feucht oder gar naß an, dann sind die schlaffen, welken Blätter ein sicheres Anzeichen für einen Wurzelschaden (Wurzelfäule). In diesem Fall wird die Pflanze kaum zu retten sein, man sollte sie also auf keinen Fall erwerben!

Beim Pflanzenkauf ist nicht nur das Erscheinungsbild der Pflanze selbst von Bedeutung, auch die Art und Weise, in der Zimmerpflanzen im Blumengeschäft angeboten werden, läßt wichtige Rückschlüsse auf die bisherige Pflege zu. Eine Pflanze in einem sauberen Übertopf, mit sauberen Blättern und einem Etikett mit Namen und eventuell kurzen Kulturanweisungen läßt erkennen, daß man sich mit ihrer Anzucht einige Mühe gemacht hat. Auch die Verkaufsräume müssen den Pflanzen eine Umwelt bieten, in der sie sich zwischen Anzucht und Endverkauf wohlfühlen können.

Es ist beim Pflanzenkauf ratsam, nicht die größten Pflanzen zum niedrigsten Preis auszuwählen. Oft haben nämlich gerade die großen Pflanzen alle Nährstoffvorräte in ihrem kleinen Topf völlig ausgeschöpft. Solange sie im Gewächshaus stehen und dort regelmäßig gedüngt werden, mag das vielleicht noch gut gehen; wenn solche Pflanzen jedoch in eine klimatisch völlig andersartige Umgebung kommen, ist ihr Überleben nicht immer gesichert. Jüngere und kleine Pflanzen mögen zwar auf den ersten Blick minderwertiger erscheinen, doch erweisen gerade sie sich häufig als besonders kräftig und wüchsig.

Wenn man dem Kauf einer besonders großen Pflanze nun

Zu wenig Licht. Die Grünlilie besitzt deutlich gestreifte Blätter. Wenn das Muster ausblaßt, hat die Pflanze zu wenig Licht und sollte heller aufgestellt werden.

Rote Spinnmilben. Gerade Begonien sind sehr anfällig für Spinnmilben. Je eher man diese Schädlinge erkennt, desto besser sind sie zu bekämpfen.

Schlechte Ernährung. Pflanzen, die kaum wachsen, immer kleinere neue Blätter bekommen, Farbe verlieren oder gelb werden, leiden oft unter Nahrungsmangel.

Bewässern. Regelmäßiges Gießen ist notwendig, um gesunde Pflanzen zu erhalten. Weihnachtssterne erhalten nur dann Wasser, wenn die Blätter schlaff werden. Jedoch nie austrocknen lassen!

Schwarzverfärbte Blätter. Wenn Pflanzen zu dicht am Fenster stehen, können bei starker Sonneneinstrahlung die Blätter versengen. Daher an sonnigen Tagen die Pflanzen abschatten.

Die richtige Umgebung. Licht, Temperatur und Luftfeuchtigkeit müssen den Bedürfnissen der Pflanze entsprechen. Der Frauenhaarfarn reagiert sofort auf unpassende Bedingungen.

Pflanzen kaufen. Der Einkauf einer Zimmerpflanze erfordert Geduld und Sorgfalt. Man muß sich auch von vornherein im klaren sein, welche Bedingungen man der Pflanze bieten kann. Vor dem Kauf die Pflanze sorgfältig – aber vorsichtig – untersuchen, vor allem die Blattunterseiten (links). Achten Sie auf mögliche Fäulnis am Grunde des Stammes. Auf Pflanzenausstellungen kann man sich viele Anregungen holen (rechts). Hier sind die Pflanzen korrekt mit Etiketten, die Namen, Herkunft und Familienzugehörigkeit tragen, versehen.

Die Topfpflanzen, die wir im Blumengeschäft oder in der Gärtnerei erwerben, sollten gesund aussehen, sauber sein und neue Triebe zeigen. Oftmals stehen Topfpflanzen auch vor dem Blumenladen auf dem Bürgersteig. Hierbei sollte es sich nur um robuste Pflanzen handeln, denen Temperaturschwankungen, Zugluft, Abgase und Staub nicht viel anhaben können. Eingepackte Pflanzen sollten wir uns vom Verkäufer zur näheren Besichtigung der Pflanze auspakken lassen. Bitte die ausgestellten Pflanzen nicht unnötig hin- und herbewegen oder anfassen. Die Pflanze sollte gut etikettiert sein (Name, Familienzugehörigkeit, Pflegehinweise).

wirklich nicht widerstehen kann, sollte man sie ohne Aufschub umtopfen, wenn die Größe des Blumentopfes in offensichtlichem Mißverhältnis zur Wuchshöhe steht. Solange günstige Temperaturen herrschen, kann man das Umtopfen zu jeder Jahreszeit vornehmen. Das Frühjahr und der Frühsommer sind zwar die idealste Jahreszeit zum Umtopfen, doch sollte man mit dem Umtopfen einer im Herbst gekauften Pflanze nicht unbedingt bis zum folgenden Frühjahr warten – es könnte dann bereits zu spät sein.

Eine der kritischsten Phasen im Leben einer Pflanze ist die Zeit zwischen dem Verlassen der Großgärtnerei und der Verteilung auf die einzelnen Märkte und Blumenläden. In dieser Zeitspanne gehen sie naturgemäß durch viele Hände. Jede Pflanze benötigt daher etwas liebevolle, pflegerische Zuwendung, wenn sie in ihrem neuen Zuhause angekommen ist. Gleich nach dem Auspacken entfernt man eventuell vorhandene abgestorbene Blätter oder verwelkende Blüten mitsamt den Stielen. Beim Alpenveilchen z. B. werden die meisten abgestorbenen Blätter an der Basis der Pflanze sitzen und eventuell durch das dichte Dach der gesunden Blätter verdeckt werden.

Beim Transport können die Pflanzen meist nicht gewässert werden. Als Nächstes prüft man daher die Feuchtigkeit des Pflanzsubstrates. Fühlt es sich trocken an, dann wässert man die Pflanze gründlich. Das überschüssige Wasser sollte gut durch die Abflußlöcher am Boden des Blumentopfes ablaufen können! Azaleen z. B. benötigen sehr viel Wasser. Man stellt sie bis über den Topfrand in lauwarmes Wasser und wartet ab, bis alle Luftblasen aus dem Substrat entwichen sind; erst dann ist die Erde mit Wasser gesättigt.

Viele Blattpflanzen werden von Gärtnern und Händlern mit einem besonderen Öl behandelt, das den oft prächtigen Blättern ein besonders glänzendes Aussehen verleiht und sie attraktiver erscheinen läßt. Pflanzen mit auffallendem, fast unnatürlichem Blattglanz bedürfen einer kurzen Nachbehandlung: Mit einem weichen Schwamm und etwas Seifenwasser (kein Spülmittel oder andere Detergentien verwenden!) wischt man die Blätter vorsichtig ab, um überschüssiges Öl zu entfernen. Stärker eingeölte Pflanzen dürfen auch nicht dem direkten Sonnenlicht ausgesetzt werden, denn sonst können die empfindlichen Blattgewebe rasch zerstört werden. Auch ein zu kühler Standort kann schädlich sein. Alle neu erworbenen Pflanzen sollte man zunächst bei Temperaturen um 18 °C halten.

Will man seine Neuerwerbung in einem Raum mit niederen Temperaturen halten, dann muß man sie ganz langsam an die neuen Bedingungen gewöhnen. Es ist kaum zu erwarten, daß Gewächshauspflanzen, die während der Anzucht bei etwa 15 °C gehalten wurden, sich plötzlich und übergangslos auf Temperaturen unterhalb von 15 °C umstellen können. Sie schaffen diese Anpassung jedoch, wenn man ihnen dazu etwas Zeit läßt und die Temperatur schrittchenweise erniedrigt. Hält man die Pflanzen kühler als 15 °C, so muß man unbedingt darauf achten, daß die Erde in den Töpfen nie zu feucht ist und daß die Luftfeuchtigkeit nicht zu hoch ist, denn Kälte und Feuchtigkeit führen rasch zu Fäulnis.

Pflanzen, die man in einem Fachgeschäft ersteht, dürften fast ausnahmslos in regelmäßigen Abständen gedüngt worden sein, bevor sie zum Verkauf angeboten werden. Man sollte die Pflanzen daher auch zuhause mit einem der üblichen Blu-

Der Hibiskus ist eine gern gekaufte und oft verschenkte Zimmerpflanze. Gesunde Exemplare besitzen viele Blütenknospen und viele Laubblätter, die dunkelgrün gefärbt sind. Stengel und Blätter müssen fest und sauber sein. Schadinsekten halten sich oft besonders im Blüten- und Knospenbereich und an frischen Trieben auf. Diese Stellen vor dem Kauf also besonders gut kontrollieren! Wenn man die Pflanze verschenken will, sollte man sich eine Pflegeanweisung vom Gärtner geben lassen, die man dem Topf beilegt, so daß der Beschenkte auch gleich weiß, wie er die Pflanze zu behandeln hat.

mendünger regelmäßig weiterbehandeln. Auch wenn man beabsichtigt, die Pflanze bald umzutopfen, wird eine Düngung kaum schaden.
Schon beim Kauf entscheidet es sich, ob man eine Zimmerpflanze eines Tages vermehren kann oder nicht. Es ist nämlich sehr unwahrscheinlich, daß eine halbtote Pflanze im durchschnittlichen (und ökologisch gewiß nicht harmlosen) Raumklima gedeiht und sich zu einem vermehrungsfähigen, prächtigen Exemplar entwickelt. Es scheint ziemlich unmöglich zu sein, eine Zimmerpflanze unter den Standortbedingungen einer Wohnung auf einen gewissen Standard zu bringen, wenn dies dem Erwerbsgärtner selbst unter den unvergleichlich günstigeren Bedingungen eines großen Gewächshauses nicht gelungen ist. Je besser und gesünder eine Pflanze also aussieht, um so günstiger sind auch ihre Entwicklungsmöglichkeiten.
Ein weiterer Ratschlag ist hier angebracht: Kaufen Sie, wenn irgend möglich, nie Pflanzen bei sehr kaltem Wetter ein und nehmen Sie nicht einfach in Papier eingewickelte Exemplare mit, die Sie nicht zuvor genau ansehen konnten! Große Papiermanschetten oder -hüllen sehen zwar manchmal recht dekorativ aus, verbergen aber auch eventuelle Mängel und Schäden. Vom Gesamteindruck der aus dem Papier herausschauenden Spitzenregion sollte man sich auf keinen Fall allein leiten lassen. Wenn die Ware einwandfrei ist, wird der Händler nichts dagegen haben, wenn Sie auch die grundständigen Teile der Pflanze vor dem Kauf sehen möchten.
Wenn die Pflanze, die Sie kaufen, als Geschenk gedacht ist, sollte ihr künftiger Standort berücksichtigt werden. Wenn er eher kühl und etwas lichtarm ausfällt, sollte man nur widerstandsfähige, weniger empfindliche Arten in die engere Wahl nehmen. Farbenprächtige Stücke wie z. B. Kroton oder manche Dracaenen haben nur eine geringe Überlebenschance in kühlen, schlecht beleuchteten Räumen; blühende Pflanzen werden sowohl Blüten als auch Knospen sehr bald abwerfen, wenn sie in eine finstere Zimmerecke gestellt werden. Verschenkt man Zimmerpflanzen, so sollte man möglichst eine kleine „Gebrauchsanweisung“ dazulegen. Eventuell vorhandene Pflanzenschädlinge wird man in den meisten Fällen auf der Unterseite der obersten Blätter finden, auf den Blütenstielen oder an den jüngeren Trieben. Harte Schildläuse klammern sich wie kleine Napfschnecken an der Blattunterseite oder an den Sprossen fest. Einige Zimmerpflanzen, darunter der Vogelnestfarn (*Asplenium nidus*) oder die Juniorfeige (*Ficus benjamina*) sind besonders anfällig für Schildläuse, daher sollte man gerade diese beiden Pflanzen vor dem Kauf gründlich anschauen! Wolläuse kleiden ihre zahlreiche Nachkommenschaft in kleine weiße, wachsige Packungen ein, die zunächst wie winzige Baumwollknäuel aussehen. Pflanzen, die damit behaftet sind, sollte man auf gar keinen Fall kaufen. Kleine Rote Spinnmilben können sich zu einem großen Problem entwickeln – und gerade sie können nicht sofort entdeckt werden! Hellbraune Verfärbungen am Laub befallener Pflanzen oder kleine, weißliche Gespinste in den Winkeln der Blattnerven sind jedoch untrügliche Anzeichen ihrer Gegenwart. Da die Rote Spinnmilbe nicht einfach zu bekämpfen ist, sollte man befallene Pflanzen ebenfalls nicht kaufen!
Wenn Sie eine Pflanze ausgewählt haben, so achten Sie auch darauf, daß sie sorgfältig eingewickelt wird. Gerade im Winter wird eine sorgfältige Verpackung die Pflanze vor kalter Zugluft schützen. Im Sommer schützt ein dünnes Papier vor der unmittelbaren Sonnenstrahlung und vor zu großer Verdunstung. Viele Zimmerpflanzen vertragen die ungebremste Sonneneinstrahlung überhaupt nicht, und auch die widerstandsfähigeren mögen es nicht, wenn man sie längere Zeit im geparkten Auto „schmoren“ läßt.
Wenn man die Pflanze nun wohlbehalten nach Hause gebracht hat, wird sie aus der Verpackung genommen und an einen ihr zusagenden Standort gestellt. Dieser wird das künftige Schicksal der Pflanze ganz erheblich mitbestimmen. Blühende Pflanzen und Pflanzen mit panaschiertem Laub sollten – wie bereits erwähnt – einen sehr hellen Platz bekommen, an dem sie allerdings vor direkter Sonneneinstrahlung geschützt sind. (Es gibt Pflanzen, die auch volles Sonnenlicht ertragen, aber selbst diese Arten bekommen Schwierigkeiten, wenn die Fensterverglasung wie ein Vergrößerungsglas wirkt.)
Pflanzen, die wir mit Übertöpfen kaufen, sollten beim Wässern daraufhin kontrolliert werden, daß in den Übertöpfen kein „Fußbad“ stehenbleibt. Wenn dies nämlich längere Zeit der Fall ist, ähnelt die gesamte Vorrichtung eher einer Hydrokultur – mit dem Unterschied, daß anhaltend nasse Erde von den meisten Pflanzen überhaupt nicht vertragen wird. Infolge von Sauerstoffmangel werden die Wurzeln geschädigt und können dann recht leicht von Pilzen befallen werden. Sie be-

Durst löschen. Azaleen sind manchmal stark ausgetrocknet und extrem durstig. In solchen Fällen stellt man den Topf am besten in einen Eimer mit lauwarmem Wasser – Laub- und Blütenregion sollten jedoch nicht benetzt werden! Der Topf bleibt solange im Wasser, bis keine Luftblasen mehr aufsteigen. Pflanzen, die viel Wasser benötigen, werden am besten auf diese Art „gegossen“

ginnen zu faulen und sterben ab – die Pflanze kann also kein Wasser mehr aufnehmen, obwohl sie darin schwimmt. Um zu kontrollieren, ob eine Pflanze an Wurzelfäule leidet, nimmt man sie vorsichtig aus dem Topf und untersucht die auf der Ballenoberfläche verlaufenden Wurzeln. Gesunde Wurzeln sind bei den meisten Zimmerpflanzen weißlich bis gelblich gefärbt (Farne haben dunkelbraunes Wurzelwerk!). Sind die Wurzeln jedoch bräunlich, rötlich oder gar schwärzlich verfärbt oder lassen sich bei leichtem Druck sogar schon die äußeren Schichten vom Zentralzylinder abstreifen, so sind die Wurzeln abgestorben. Gegen diese Schädigung gibt es kein Mittel!

Sofern noch nicht das gesamte Wurzelwerk in Mitleidenschaft gezogen wurde, kann man versuchen, nach vorsichtiger Antrocknung des Ballens (ggf. die Pflanze 1–2 Tage lang aus dem Topf nehmen) und bei zurückhaltender Wässerung eine Neubewurzelung zu erreichen.

Kleinere Pflanzen kann man eventuell auch nach dem Entfernen der toten Wurzeln und der anhaftenden Erde durch Umtopfen in neues Substrat retten. Ein übergestülpter Plastikbeutel, eventuell sogar ein kräftiger Rückschnitt (nur bei strauchigen Arten) verringern den Wasserbedarf und verhindern damit den Welketod einer wurzelgeschädigten Pflanze. Vielleicht kann man aber auch noch Stecklinge nehmen.

Zusammenfassend sei gesagt:

Kaufen Sie Zimmerpflanzen wenn möglich nur beim Fachhandel. Wählen Sie nur Pflanzen aus, denen Sie einen artgerechten Standort bieten können. Kaufen Sie nur gesund und kräftig aussehende Pflanzen. Achten Sie auf Blattveränderungen (Verformungen, Verfärbungen). Zeigt die Pflanze neuen Wuchs? Achten Sie auf Schädlinge! Lassen Sie sich möglichst eine genaue Pflegeanweisung geben. Gewöhnen Sie die neue Pflanze langsam an ihre neue Umgebung.

Blattpflege. Abgestorbene Blätter sollten regelmäßig entfernt werden, sie sind sonst Brutstätte für Krankheiten. Beim Alpenveilchen dreht man sie vorsichtig ab.

Umtopfen

Das Umtopfen gehört zu denjenigen Pflegemaßnahmen, mit denen den Zimmerpflanzen oft erheblich geschadet wird, nicht etwa weil der Zimmerpflanzengärtner nachlässig ist, sondern weil er übereifrig ist und seine Pflanzen selbst dann umtopft, wenn es überhaupt nicht notwendig wäre. Bei vielen Pflanzen sind absterbende Blätter durchaus ein hinreichender Grund, sie wieder einmal umzutopfen. Handelt es sich jedoch um ein Krankheitszeichen, so erweist man der Pflanze in der Tat einen schlechten Dienst, wenn man ihr Wurzelwerk stört und sie in einen Haufen fremder Erde setzt.

Es gibt einen einfachen Trick, um herauszufinden, ob eine Pflanze tatsächlich umgetopft werden sollte: Man legt dazu die Hand auf die Topffläche, nimmt die Hauptachse der Pflanze zwischen zwei Finger und stülpt das Ganze um und klopft den Topfrand vorsichtig auf die Tischkante, bis sich der Ballen aus dem Topf löst. Pflanzen, die man umtopfen sollte, zeigen auf der Ballenoberfläche ein dicht entwickeltes Wurzelwerk, wobei sich die feinen Wurzeln vor allem im unteren Drittel des Ballens drängen. Umtopfen ist unnötig, wenn sich rundum überall mehr Topferde als Wurzelwerk zeigt. Bei dieser Überprüfung muß man sehr vorsichtig zu Werke gehen, da Teile der Topferde leicht vom Ballen abbröckeln und dann auch Wurzelteile mitreißen!

Umtopfen sollte man Pflanzen, die sichtbar zu groß für ihre Töpfe geworden sind, oder die man in viel zu kleinen Töpfen gekauft hat. Ebenfalls umtopfen sollte man Pflanzen, die längere Zeit „nasse Füße“ gehabt hatten und deren Wurzelwerk dabei beschädigt wurde.

Es gibt keine feste und für alle Zimmerpflanzen verbindliche Regel für die Häufigkeit des Umtopfens, da die Pflanzen unterschiedlich schnell wachsen und infolgedessen auch unterschiedlich große Wurzelmassen entwickeln. Die bekannte Grünlilie (*Chlorophytum*) ist ziemlich raschwüchsig und entwickelt schon nach kurzer Zeit ein reiches Wurzelwerk – man sollte sie daher zweimal im Jahr umtopfen. Die zur gleichen Familie gehörende *Sanseveria* dagegen kann jahrelang im gleichen Topf bleiben. Bei dieser Pflanze kann man mit dem Umtopfen sogar so lange warten, bis der Topf vom Wurzelwerk und den vielen Adventivsprossen regelrecht gesprengt wird.

Viele Zimmerpflanzen gedeihen nicht recht und kümmern vor sich hin – obwohl sie ständig umsorgt und gehegt werden. Aber man kann eine Pflanze auch „totpflegen“. Verbreitet ist die schlechte Angewohnheit, Pflanzen zu oft umzutopfen oder in viel zu große Töpfe einzusetzen. Anders als im geheizten Gewächshaus, in dem die Pflanzen eine rasche Entwicklung durchlaufen können, läßt das Wachstum zuhause im Wohnzimmer oft merklich nach. Daher ist zu häufiges Umtopfen weder nötig noch empfehlenswert. Die durchschnittliche Zimmerpflanze kann ohne Bedenken 2 Jahre lang in einem 12–13 cm-Topf verbleiben; man muß sie dann allerdings regelmäßig düngen. Stehen die Pflanzen bei gutem Wuchs erst

Wurzelfäule. Wenn eine Pflanze die Blätter hängen läßt (rechts), obwohl das Pflanzsubstrat nicht ausgetrocknet ist, kann dies ein Anzeichen für Wurzelschaden sein. Man sollte den Wurzelballen vorsichtig aus dem Topf nehmen und gründlich untersuchen (oben). Gesunde Wurzeln sind bei fast allen Pflanzen hell gefärbt. Braune und schwarze Wurzeln sind krank oder gar schon abgestorben. Die häufigsten Gründe für Wurzelfäule sind allzu reichliche Bewässerung und Staunässe. Vorbeugen ist auch hier besser als heilen. Pflanzen nie längere Zeit mit „Fußbad“ stehen lassen! Auf guten Abfluß achten! Bei niederen Temperaturen nicht zu viel wässern!

einmal in einem 17 cm-Topf, so können die meisten sogar 3 Jahre hierin bleiben. Sofern eine Pflanze nicht außergewöhnlich wüchsig ist und riesige Dimensionen erreicht, sind 25 cm-Töpfe bzw. -kübel das Maximum bei der Zimmerpflanzengärtnerei.

Unerfahrene Zimmerpflanzengärtner fragen oft, warum man junge, aber schon kräftige Pflanzen nicht gleich in größere Töpfe einpflanzen kann, um so das mehrmalige Umtopfen zu vermeiden. Dafür sind mehrere Gründe maßgebend: Einmal sieht es nicht sehr schön aus, wenn eine winzige Pflanze in einem riesigen Kübel wächst. Zum andern kann eine zu große Menge Substrat unerwünschte Veränderungen erfahren, lange bevor die Pflanze Gelegenheit hatte, sie richtig auszuschöpfen.

Es gibt verschiedene Topfgrößen und -formen, auch verschiedene Materialien. Bei der Wahl des richtigen Topfes sollte man sich in jedem Fall etwas von der gärtnerischen Praxis und Erfahrung leiten lassen.

In Großgärtnereien werden die Pflanzen zunächst gemeinsam in größeren Anzuchtbeeten gezogen und dann erst in 9 cm-Töpfe umgepflanzt. Wenn diese gut durchwurzelt sind (etwa nach 1 Jahr), werden die Pflanzen in 12–13 cm-Töpfe umgesetzt. Unter normalen Wuchsbedingungen bleiben sie in diesen Töpfen ein weiteres Jahr, um dann in 17 cm-Töpfe umgetopft zu werden. Nur besonders großblättrige und robuste Pflanzen benötigen ein nochmaliges Umtopfen in Behälter von 25 cm Durchmesser. Erstaunlicherweise gedeihen die meisten Zimmerpflanzen wesentlich besser in Töpfen, die, gemessen an der Wuchshöhe der Pflanzen, eher etwas zu klein wirken

Oft genug benötigen schlecht wachsende Pflanzen lediglich einer kleinen Ankurbelung, um ihre Wüchsigkeit wiederzuerlangen Statt umzutopfen, stochert man vorsichtig mit einem spitzen Gegenstand im oberen Drittel der Topferde herum, entfernt eine Lage von 2–5 cm und ersetzt sie durch frisches Substrat. Selbst wenn bei dieser Behandlung einige Wurzeln verletzt werden, wird der Schaden durch die frische Nährstoffgabe mehr als aufgewogen.

Gute Wasserdurchlässigkeit ist für alle Pflanzen äußerst wichtig. Bevor wir die Pflanze in einen größeren Topf umsetzen, muß dieser – wenn er aus Ton ist – einige Stunden gut gewässert werden. Bevor wir ihn mit frischer, gut durchfeuchteter – jedoch nicht wassergesättigter – Erde füllen, legen wir einen kleinen Topfscherben auf das Bodenloch. Hiermit wird ein Verstopfen des Wasserabflusses verhindert, und es kann sich im Wurzelbereich keine Staunässe bilden.

Wenn man eine Pflanze in einen neuen, größeren Topf umsetzt, sollte sie in diesem genau so tief in der Erde sitzen, wie in ihrem alten Topf. Wir füllen also soweit mit Erde auf, bis dieser Zustand erreicht ist. Jetzt halten wir die Pflanze etwa in die Mitte des Topfes und füllen mit der anderen Hand Erde zwischen Ballen und Topfwand ein. Die Erde muß gut angedrückt werden, sie darf weder zu locker oder gar lückig noch zu fest zusammengepreßt sein.

Nach dem Eintopfen wird die Pflanze gründlich gewässert. Danach erhält die Pflanze etwa 10 Tage lang gar kein Gießwasser. Dann wird sehr zurückhaltend und sparsam bewässert, bis die Pflanze nach einigen Wochen mit gutem Wuchs reagiert. In den nächsten 3–6 Monaten ist es auch nicht notwendig zu düngen. Der Zeitpunkt, an dem die Düngung wieder einsetzt, ist von Pflanze zu Pflanze verschieden. Raschwüchsige Pflanzen werden etwas früher nachgedüngt werden müssen als langsam wachsende.

Die beste Jahreszeit zum Umtopfen ist das Frühjahr und der Frühsommer; aber auch zu anderen Zeiten kann umgetopft werden, wenn es dringend notwendig ist.

Umtopfen. Beim Umtopfen muß das Wurzelwerk im neuen Topf fest angedrückt werden – ohne jedoch beschädigt zu werden! Lassen Sie einen Gießrand frei und packen Sie nicht zu fest!

Schädlinge und Krankheiten

Von allen Schädlingen, die Zimmerpflanzen befallen können, sind die **Roten Spinnmilben** gewiß am lästigsten. Diese Schädlinge sind sehr klein, an der Pflanze nur mühsam zu entdekken und sehr „anhänglich". Meist wird man erst auf sie aufmerksam, wenn sie schon größere Schäden angerichtet haben und sich zu Hunderten vermehrt haben. Sobald grüne Blätter strohgelbe Flecken bekommen, sind Spinnmilben am Werk. In diesem Stadium ist der Befall jedoch schon so weit fortgeschritten, daß eine Bekämpfung sehr mühsam wird. Feine weißliche Netze, auf der Blattunterseite zwischen den Blattnerven angebracht oder zwischen Blattgrund und Blattstiel oder an neuen Trieben aufgehängt, weisen ebenfalls auf diese lästigen Plagegeister hin. Wenn solche Netzgespinste deutlich sichtbar sind oder die Spinnmilben von einem Blatt zum andern laufen, ist die Schlacht schon beinahe verloren. Pflanzen mit Netzen oder Gespinsten an den jüngeren Blättern müssen sofort behandelt werden! Eine befallene Pflanze muß sofort außer Reichweite von gesunden Pflanzen gestellt werden; Rote Spinnmilben befallen alle Pflanzen und breiten sich beängstigend rasch aus! In heißer, trockener Umgebung treten besonders gern Spinnmilben auf. Dies bedeutet natürlich nicht, daß diese Schädlinge wie durch ein Wunder aus dem Nichts entstehen. Vielmehr befinden sich irgendwo an den Pflanzen an versteckten Stellen einzelne Spinnmilben, die sich bei trockenheißen Bedingungen sofort rasant vermehren. Sehr stark befallene Pflanzen vernichtet man am besten sofort! Akarizide richten hier meist nicht allzu viel aus. Befallene Pflanzen erholen sich leider nur sehr schwer von einem Spinnmilben-Befall. Will man dieser Parasiten Herr werden, so muß man sie so früh wie möglich bekämpfen. Manche Zimmerpflanzen, wie z.B. Kroton, Kanarischer Efeu oder verschiedene Aralien, sind besonders anfällig für Spinnmilben und sollten prophylaktisch mindestens einmal im Monat daraufhin untersucht werden. Wichtig ist es auch, die jungen, noch zusammenstehenden Blätter an der Sproßspitze vorsichtig zu untersuchen. Eine gute Lupe leistet hier wertvolle Dienste.

Sobald Sie Spinnmilben (die meisten sind rötlich oder fleischrot gefärbt) entdeckt haben, müssen Sie die befallene Pflanze mit einem Akarizid oder Insektizid behandeln – am besten spritzen Sie auch gleich die in der Nähe stehenden Pflanzen mit. Pflanzenschutzmittel sollten nie in einem geschlossenen Raum verspritzt werden! Beim Hantieren mit diesen Giften stets Gummihandschuhe tragen, in jedem Fall die Gebrauchsanweisung des Herstellers sorgfältig beachten und Kinder und Haustiere von den Sprühnebeln oder -dämpfen fernhalten!

Um sicher zu sein, daß auch die gesamte Pflanze von dem Pflanzenschutzmittel erreicht wird, kann man kleinere Exemplare als Ganzes in einen Eimer mit Insektizid-Lösung eintauchen. Dazu zieht man etwas Plastikfolie über den Topf, damit die Blumenerde beim Umstülpen der Pflanze nicht herausfallen kann. Dann taucht man die Pflanze ein und achtet darauf, daß auch wirklich alle Pflanzenteile benetzt werden. Zur Sicherheit wiederholt man die ganze Prozedur eine Woche später noch einmal.

Beim Einsprühen genügt es, wenn nur die Blattunterseiten und die neuen Triebe gut eingesprüht werden, denn gerade diese Stellen sind ein beliebter Aufenthaltsort der Spinnmilben. Das Einsprühen muß jedoch öfter wiederholt werden,

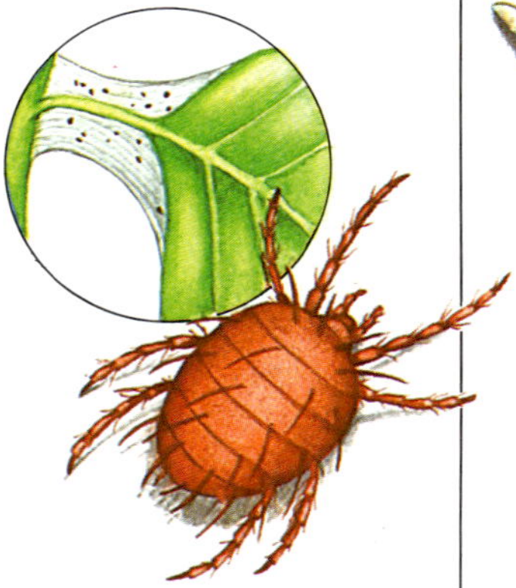

Rote Spinnmilben sind Schwächeparasiten, die fast alle Zimmerpflanzen befallen können, vor allem wenn diese in trockener Wärme gehalten werden. Man erkennt einen Befall an den kleinen, hellen Flecken (Anstichstellen) auf den Blättern und den feinen Gespinsten an den Blattunterseiten und Triebspitzen. Spinnmilben müssen so früh wie möglich bekämpft werden!

- Kleine Pflanzen mit allen oberirdischen Teilen in eine Lösung von Diazinon eintauchen.
- Größere Pflanzen wiederholt mit einem malathionhaltigen Mittel einsprühen.

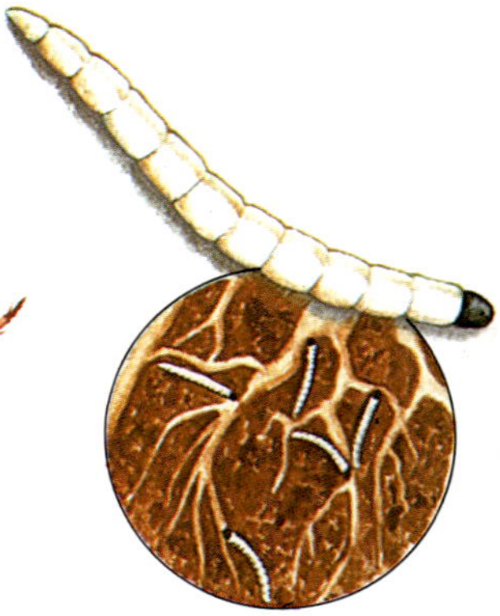

Trauerfliegen sind kleine Schadinsekten, die vor allem bei zu hoher Feuchtigkeit und schlechter Belüftung auftreten. Die erwachsenen Tiere legen ihre Eier in das Pflanzsubstrat, und die schlüpfenden Maden ernähren sich dann vom Wurzelwerk der Pflanze. Bei starkem Befall führt dies zum Welken und Absterben der Blätter.

- Der Wurzelballen sollte mit einer Endosulfan-Lösung durchtränkt werden, oder stecken Sie Lindan-Granulat in die Topferde.
- Die erwachsenen Tiere können durch Sprühen mit Endosulfan- oder Lindan-Lösung bekämpft werden.

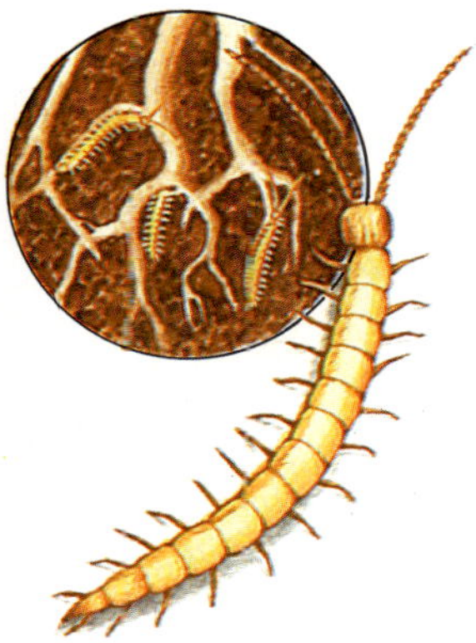

Symphaliden treten an Zimmerpflanzen eigentlich nur selten auf, richten dann aber gewaltige Schäden an. Sie sehen aus wie kleine Hundertfüßler, leben in der Topferde und ernähren sich vom Wurzelwerk; sie bohren sich in größere Wurzeln ein und vernichten kleine vollständig. Ein Befall äußert sich durch Welken der Blätter. Prüfen Sie die Topferde, indem Sie etwas Erde in Wasser geben. Die Symphaliden erscheinen dann bald an der Oberfläche.

- Wurzelballen mit Diazinon-Lösung durchtränken oder Malathion-Körnchen in die Erde mischen.

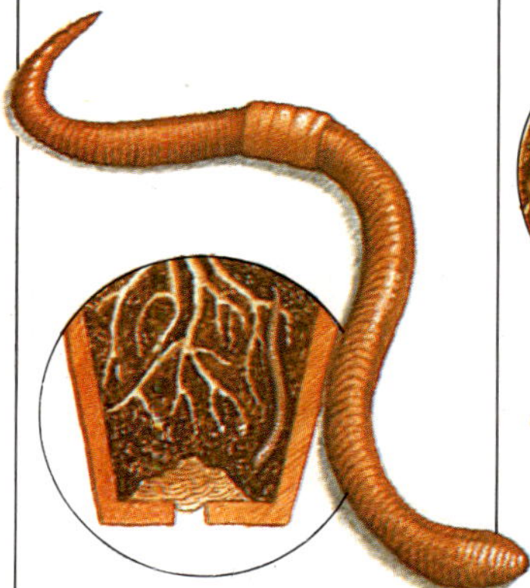

Regenwürmer können sich in Töpfen ansiedeln, die man im Sommer im Freien stehen hatte. Durch ihre Wühltätigkeit auf kleinem Raum können sie die Pflanze in ihrem Wachstum erheblich stören. Die Kothäufchen führen oft zu Staunässe im Topf. Ein Welken der Blätter, Erschlaffen oder Kräuseln weist auf die Schädigung hin.

- Nehmen Sie die Pflanze aus dem Topf und schütteln Sie alle lockere Erde vom Ballen; entfernen Sie die Regenwürmer, legen Sie die Abzugslöcher wieder frei und topfen Sie in frisches Substrat um.

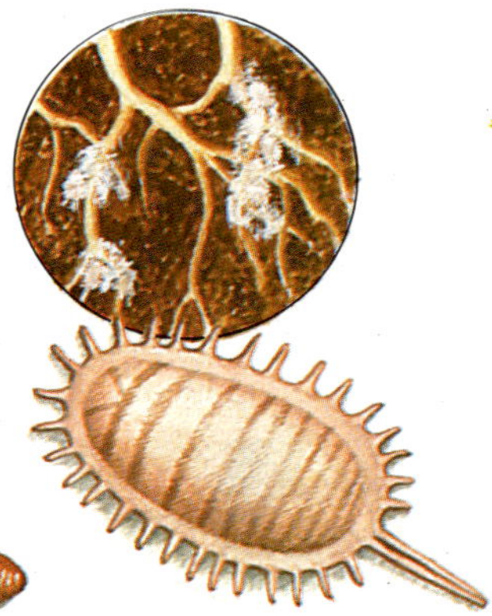

Wurzelwolläuse befallen die Wurzeln verschiedener Topfpflanzen, vor allem aber von Sukkulenten und Kakteen. Wollläuse gehören zu den Schildläusen, besitzen jedoch keinen festen Panzer, sondern sind von einer wolligen Schutzschicht eingehüllt. Da sie an den Wurzeln saugen, wird die gesamte Pflanze in ihrer Entwicklung gestört.

- Den Wurzelballen einmal wöchentlich mit einer Malathion-Lösung durchtränken. Zweimal wiederholen.

- Bei kleineren Pflanzen Erde aus dem Wurzelballen auswaschen, stark befallene Stellen entfernen, mit Malathion spülen, frisch eintopfen.

Blattläuse sind eine sehr artenreiche Gruppe von Pflanzenschädlingen. Sie stechen das Pflanzengewebe an und saugen es aus. Abgesehen davon, daß sie hierdurch die Pflanzen schwächen, übertragen sie auch verschiedene Virusinfektionen. Ihre Ausscheidungen (Honigtau) bieten einen idealen Nährboden für Pilze.

- Befallene Pflanzen gründlich mit Malathion-Lösung einsprühen. Behandlung in Abständen von wenigen Tagen wiederholen.

- Pflanzsubstrat ebenfalls mit einem Insektizid behandeln, hier eignet sich z. B. Bisulfoton.

wenn es zum Erfolg führen soll. Beim Sprühen einen Mindestabstand von 30 cm zur Pflanze halten!
Blattläuse sind ebenfalls sehr bekannte und weitverbreitete Pflanzenschädlinge, die man zum Glück jedoch heute schon sehr wirksam bekämpfen kann. Es ist jedoch auch hier sehr wichtig, die Läuse so früh wie möglich zu bekämpfen.
Blattläuse vermehren sich vor allem in den Sommermonaten in einem atemberaubenden Tempo. Pflanzen mit saftigen, fleischigen Sproßtrieben werden besonders gerne heimgesucht. Die an den Blättern saugenden Insekten verursachen Schäden, die man häufig erst viel später bemerken wird. Bei der Grünlilie (*Chlorophytum*) z. B. tragen Blätter, die in ihrer Jugend von Blattläusen befallen waren, unansehnliche Flekken.
Die **Weiße Fliege** oder **Mottenschildlaus** ist ein ebenfalls weit verbreiteter Pflanzenschädling an Zimmerpflanzen. Schon beim Kauf einer Pflanze sollte man deren Blattunterseiten sorgfältig nach Anzeichen für Weiße Fliegen untersuchen: Ihre Larven sitzen unter Schildchen auf den Blattunterseiten. Bei starkem Befall schwirren die geflügelten erwachsenen Tiere umher, sobald man sie beim Umdrehen der Blätter aufschreckt. Mit Weißen Fliegen befallene Pflanzen müssen hartnäckig mit einem Blattlausmittel eingesprüht werden – vor allem die Blattunterseiten. Die Schädlinge sind nicht einfach zu bekämpfen, und man muß schon etwas Geduld aufbringen, um alle Entwicklungsstadien auch sicher auszurotten. Die befallenen Pflanzen müssen im Abstand von je 3–4 Tagen mindestens dreimal behandelt werden.
Schildläuse sind jedem Zimmerpflanzengärtner ein Greuel. Zum einen sind sie oft schwer auszumachen, da sie sich in ihrer Färbung sehr geschickt ihrer Unterlage anpassen und optisch mit ihr „verschmelzen"; zum andern sind sie auch sehr schwer zu bekämpfen und auszurotten. Fast alle Schildläuse klammern sich fest an ihre Unterlage an und ihr Schild, der sie vollständig bedeckt, sitzt so dicht an der Unterlage auf, daß die meisten Spritzmittel die eigentliche Schildlaus gar nicht erreichen können. Am besten bekämpft man diese Parasiten, indem man dem Gießwasser ein starkes Insektizid (z. B. Metasystox) zufügt. Die Pflanze nimmt mit dem Wasser die Giftstoffe auf und leitet sie in die Stengel und Blätter weiter. Hier nehmen die saugenden Schildläuse das Gift dann mit dem aufgesaugten Pflanzensaft auf.
Schildläuse siedeln sich bevorzugt an den Blattunterseiten, den Blattstielen und entlang der Stengel an. Sind nur wenige Läuse vorhanden, dann ist die beste Methode, sie mechanisch zu entfernen: entweder sammelt man sie einzeln mit der Pinzette ab oder man benützt einen harten Schwamm oder eine alte Zahnbürste.
Schildläuse haben darüber hinaus aber noch eine andere unangenehme Eigenschaft: Sie geben ein klebriges Exkret ab, das einem Rostpilz als Nährsubstrat dient, so daß die befallenen Pflanzen mit der Zeit mit kleinen, schwarzen Pusteln übersät werden. Dieser Pilzbefall ist nicht allzu gefährlich, obwohl er die Spaltöffnungen verstopfen kann. In jedem Fall aber wirken die schwarzen, klebrigen Flecken sehr unschön. Man löst dieses Problem, indem man die in Mitleidenschaft gezogenen Blätter mit einem weichen Schwamm und etwas Seifenwasser vorsichtig abwäscht.

Manche Pflanzen leiden besonders stark an Schildlausbefall. Zu ihnen gehört z. B. *Ficus benjamina*. Hier kommt man dann

Mottenschildläuse (Weiße Fliegen) sind kleine Schadinsekten, die wie winzige, weiße Motten aussehen. Ihre Larven leben auf der Blattunterseite und sehen wie grünliche Schuppen aus. Sie saugen an der Pflanze und scheiden Blatthonig aus. Die befallene Pflanze bekommt gelbliche Blattflecken. Mottenschildläuse lieben trocken-warme Umgebung.

- Blätter, vor allem Blattunterseiten gründlich mit einem malathionhaltigen Mittel einsprühen. Behandlung öfter wiederholen.

- Disulfoton-Körnchen ins Pflanzsubstrat stecken.

Schildläuse sind ziemlich häufig anzutreffende, sehr schwer zu bekämpfende Parasiten. Sie befallen alle Pflanzenteile. Ältere Tiere sind durch eine Wachsschicht gut gegen Insektizide geschützt. Sie schwächen die Pflanzen durch Aussaugen der Zellen und scheiden ebenfalls Honigtau aus.

- Bei geringem Befall mechanisch entfernen; Blätter mit einem in Malathion getränkten Schwamm abwischen.

- Bei starkem Befall Pflanzen mit einer Giftlösung (z. B. Metasystox) gießen, so daß die Tiere das Gift mit dem Zellsaft aufsaugen. Vorsicht im Umgang mit Pflanzenschutzmitteln!

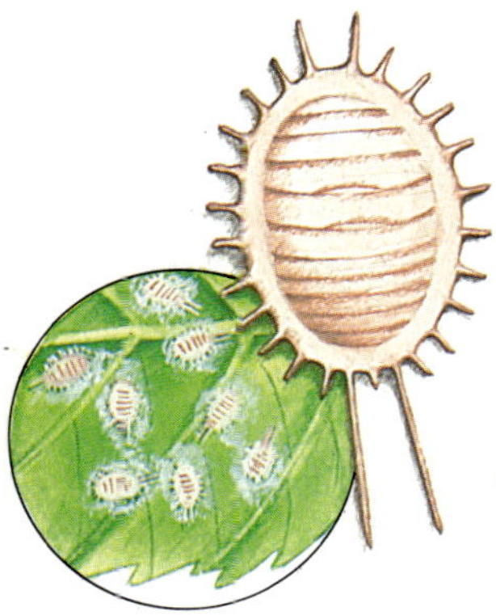

Wolläuse gehören ebenfalls zu den Schildläusen, besitzen aber keinen festen Schild, sondern sind von watteähnlichen Ausscheidungen umgeben, die sie leicht kenntlich und sichtbar machen. Sie sitzen meist an den Stengeln und Blattunterseiten. Befallene Pflanzen welken, die Blätter werden gelb und fallen ab.

- Bei geringem Befall Wolläuse einzeln ablesen.

- Bei stärkerem Befall Pflanze öfter mit Malathion gründlich einsprühen oder Insektizid ins Gießwasser geben.

Thripse (Blasenfüße, Fransenflügler) sind kleine Insekten, die sich meist hüpfend, selten fliegend fortbewegen. Sie saugen an jungen Blättern oder Blüten, was zu grauweißen Flecken führt. Ihre schwärzlichen Ausscheidungen verunzieren Blüten und Blätter. Stark befallene Pflanzen werfen ihre Blätter ab. Thripse treten häufig bei mangelnder Luftfeuchtigkeit auf.

- Pflanze mit einem systemischen Insektizid behandeln. Stark befallene Teile entfernen. Diazinon-Körnchen in das Pflanzsubstrat stecken.

Mehltau kann in verschiedenen Formen auftreten, macht sich aber immer in Gestalt mehligweißer Beläge auf Blättern und Stengeln bemerkbar. Diese Pilzerkrankung befällt besonders gerne Pflanzen mit weichen Blättern. Mehltau läßt die Pflanzen kümmern und unschön aussehen. Diese Pilzerkrankung tritt besonders gern bei feuchtwarmen Bedingungen auf.

- Stark befallene Pflanzenteile wegschneiden. Pflanze mit Dichloran oder einem anderen schwefelhaltigen Fungizid einsprühen.

Grauschimmel (Botrytis) ist eine ziemlich weit verbreitete Pilzerkrankung der Zimmerpflanzen. *Botrytis*-Befall tritt meist auf, wenn die Pflanzen zu kühl und zu feucht gehalten werden. Befallene Pflanzenteile werden braun und faulen.

- Befallene Pflanzenteile gründlich entfernen und Pflanze mit Dichloran einsprühen. Pflanzsubstrat eventuell auswechseln. Wasserzufuhr einschränken. Für gute Belüftung sorgen. Abgestorbene Pflanzenteile möglichst rasch beseitigen, da sie zu Fäulniserregern werden können.

mit dem mechanischen Absammeln der Schildläuse und dem Abwaschen der Blätter nicht mehr weit. Am besten, man schneidet sehr stark befallene Pflanzenteile einfach weg und gießt mit einem Insektizid. Auch Farne (vor allem der hübsche Vogelnestfarn) sind sehr anfällig für Schildläuse, die bevorzugt die Mittelrippen der Wedelunterseite besiedeln und dort nicht immer leicht zu erkennen sind. Meist führen die klebrigen Exkrete, die sich unter der Pflanze sammeln, erst auf ihre Spur. Farne vertragen oft die Anwendung von Insektiziden sehr schlecht. Man sollte daher zunächst erst an einem der unteren Wedel prüfen, ob die Pflanze das jeweilige Pflanzenschutzmittel überhaupt verträgt. Diesen Hinweis kann man auch für alle anderen Pflanzen verwenden!

Pflanzenschutzmittel zur chemischen Bekämpfung von Parasiten dürfen auf keinen Fall wahllos eingesetzt werden! Sie müssen mit äußerster Vorsicht angewendet werden! Bei geringem Schädlingsbefall sollte man versuchen, mit umweltfreundlicheren, biologischen Bekämpfungsmitteln auszukommen!

Nun gibt es auch Parasiten, die den „versteckten" Teil der Pflanze befallen können – die sogenannten Wurzelschädlinge. Zu ihnen gehören z. B. die **Trauermücken** (Sciaridae), kleine, schwarzgraue Zweiflügler mit buckeligem Brustteil.
Trotz ihrer zwei wohl entwickelten Flügel gebrauchen diese Schädlinge meist nur ihre schlanken, langen Beine, um auf der Blumenerde herumzulaufen. Aus den abgelegten Eiern schlüpfen weißliche, fast durchsichtige Maden, die von den jungen Wurzeln der Topfpflanzen leben. Durch Einsickern von Insektizid-Lösungen in den Blumentopf kann man dieser Plage leicht Herr werden, man sollte die Behandlung jedoch nach 10 Tagen noch einmal wiederholen. Günstige Entwicklungsbedingungen finden die Trauerfliegen nur in sehr feuchter, staunasser Umgebung. Bei guter Pflege der Zimmerpflanzen werden sie also kaum auftreten können.
Fransenflügler oder **Thripse** sind als Schädlinge ebenfalls recht selten, treten aber bevorzugt in den Sommermonaten, bei trocken-heißen Bedingungen in Erscheinung. Die Fransenflügler werden gerne zu den Schwächeparasiten gezählt, denn sie befallen gerne Pflanzen, die zu trocken oder zu warm gehalten werden. Die bis zu 3 mm langen, dunklen Insekten und ihre gelblichen Larven saugen an den Blättern. Ein sicheres Anzeichen für einen Thrips-Befall ist eine silbrige Verfärbung von Blüten und Blättern, deren ausgesaugte Zellen sich mit Luft gefüllt haben. Die befallenen Blätter fallen mit der Zeit ab. Durch Aufsprühen eines Insektizides kann man diese Schädlinge recht gut beseitigen.
Zu den häufigsten Wurzelschädlingen gehören die **Wurzelwolläuse.** Sie treten bevorzugt an älteren Pflanzen auf, die schon sehr lange im Gewächshaus gestanden haben. Außer in den Blumentöpfen siedeln sich diese Läuse auch in den Kiesschüttungen der Stellflächen an und befallen von hier aus die Pflanzen.
Wurzelwolläuse ähneln den Woll- oder Schmierläusen auf Blättern und Stengeln der Zimmerpflanzen. Man findet sie jedoch nur, wenn man den gesamten Wurzelballen aus dem Topf löst und vorsichtig untersucht. Sie ernähren sich von den Wurzeln und verraten ihre Anwesenheit durch feine, weißliche Filzbeläge besonders im unteren Drittel des Wurzelballens. Auch hier empfiehlt es sich, zur Bekämpfung der Schädlinge die gesamte Pflanze mit Wurzelballen in eine Insektizidlösung einzustellen und gründlich zu durchtränken. Meist wird man diese Behandlung mehrmals durchführen müssen, um auch wirklich alle Tiere abzutöten.
Mehltau gehört zu den häufigsten Krankheiten unserer Zimmerpflanzen. Mehltaupilze können eine große Zahl verschiedener Pflanzenarten befallen und sind fast allgegenwärtig. Die weißlichen, puderigen Mehltauflecken treten besonders dann an Zimmerpflanzen auf, wenn diese in schlecht gelüfteten Räumen stehen. Wenn keine ausreichende Luftumwälzung erreicht werden kann, haben die in der Luft schwebenden Pilzsporen alle Chancen, sich auf den Blättern der Pflanzen niederzulassen und anzusiedeln, während sie bei wirksamer Belüftung aus dem Bereich der Pflanzen abgezogen werden. Tatsächlich wachsen alle Schadpilze bevorzugt an Pflanzen, die in feuchter, schlecht belüfteter Umgebung stehen. Man darf diesen Pilzen aber auch keine Ausbreitungschancen bieten; d. h. abgestorbene Blätter, Blüten, Blattstiele und Stengel müssen immer sofort entfernt werden. Befallene Blätter kann man im Anfangsstadium mit einer speziellen Fungizid-Lösung behandeln, stark befallene Pflanzen sollte man aber am besten gleich wegwerfen.
Der **Grauschimmel** (*Botrytis*) ist eine weitere Pilzerkrankung, die bei Zimmerpflanzen gewaltige Verluste heraufbeschwören kann. Kleinere Pflanzen können in kurzer Zeit mit dem schmierigen Belag der Grauschimmelfäule überzogen werden und sind dann kaum noch zu retten. *Botrytis* gedeiht prächtig bei feucht-warmen Bedingungen und schlechter Belüftung!

Anfangs tritt der Befall vor allem an abgestorbenen Pflanzenteilen auf, vor allem verwelkte, abgefallene Blüten sind eine gute Brutstätte. Alle Pflanzenteile, an denen sich der Grauschimmel zeigt, müssen sofort entfernt werden, da die im Übermaß entwickelten Pilzsporen sonst auch alle übrigen Pflanzen gefährden. Eine gewissenhafte Überwachung der Zimmerpflanzen und das sofortige Entfernen abgestorbener Blüten oder Blattstücke sind die einzige Möglichkeit, einem Pilzbefall wirksam vorzubeugen. Begonien und Alpenveilchen sind für Grauschimmelfäule recht anfällig und sollten besonders oft kontrolliert werden. Bei den ersten Anzeichen eines Befalls muß die Pflanze mit einer Fungizid-Lösung behandelt werden.

Die **Blattfleckenkrankheit,** bei der die befallenen Pflanzenteile gelbliche bis braune, dunkelrandige Flecken tragen, rührt ebenfalls von einem Pilzbefall her. Die befallenen Pflanzenteile müssen so rasch wie möglich ab- oder ausgeschnitten, die ganze Pflanze mit einem Fungizid behandelt werden.

Vor allem bei Begonien tritt nicht selten die sogenannte **Ringfleckenkrankheit** auf, eine Viruserkrankung, die durch saugende Insekten übertragen wird. Diese Krankheit äußert sich in gelblichen bis bräunlichen, ringförmigen Flecken auf den Blättern (diese Flecken haben keinen dunklen Rand!), das gesamte Pflanzenwachstum zeigt einen deutlichen Stillstand. Pflanzen, die mit diesem Virus infiziert wurden, sind nicht mehr zu retten und sollten so schnell wie möglich weggeworfen werden, damit eine Übertragung auf noch gesunde Pflanzen verhindert wird.

Auch Pflanzen, die mit **Bakterien** befallen werden, sind meist nicht mehr zu retten. Bakterien kommen vor allem bei Fäulnis vor und können sehr leicht übertragen werden. Damit sich bakterielle Erkrankungen nicht weiter ausbreiten können, sollte man bei der Handhabung erkrankter Pflanzen äußerste Sauberkeit walten lassen und stets die Gerätschaften vor Anwendung bei anderen Pflanzen gut desinfizieren. Gegen einige Bakterienerkrankungen (z. B. die Ölfleckenkrankheit bei Begonien) kann und sollte man seine Pflanzen vorbeugend behandeln. Hier gibt der Fachhandel oder das nächstgelegene Pflanzenschutzamt sicher gerne Auskunft über die neuesten und wirksamsten Pflanzenschutzmittel.

Es gibt sehr viele Schädlinge und Krankheiten, die unsere Zimmerpflanzen befallen können. Würden wir sie hier alle auflisten, so wäre der zukünftige Zimmerpflanzengärtner sicher bald entmutigt. Die meisten ernstzunehmenden Probleme und Schwierigkeiten werden jedoch eigentlich erst durch den übereifrigen Zimmerpflanzengärtner an die Pflanzen herangetragen. Die Pflanzen wachsen um so besser, wenn man sie weitgehend in Ruhe läßt, anstatt sie ständig irgendwelchen Pflegemaßnahmen zu unterwerfen, die sie in ihrem natürlichen Wachstum und ihrer Entwicklung stören. Auch bei der Zimmerpflanzengärtnerei liegt der beste Erfolg im „goldenen Mittelweg“, zwischen totaler Vernachlässigung und dauerndem Herumkurieren!

Ausrüstungsgegenstände für den Zimmerpflanzengärtner: Blumentöpfe aus Ton oder Kunststoff, Blumenerde für die verschiedensten Ansprüche, Pflanzenschutzmittel in verschiedener Form (Sprühlösung, Pulver, Stäbchen, Körner), Handschuhe, die vor Pflanzenschutzmitteln schützen sollen, Düngemittel für verschiedenste Bedürfnisse, Bast zum Anbinden, Scheren, Gießkanne.

Pflege und Vermehrung

Wie wir im vorigen Kapitel schon gesehen haben, gibt es eigentlich nur zwei Möglichkeiten, einer Zimmerpflanze den Garaus zu machen: Man vernachlässigt sie völlig, oder man pflegt sie zu Tode. Das Gedeihen der Zimmerpflanzen hängt in erster Linie vom Geschick des Pflegers und den Bedingungen ab, unter denen man die Pflanze hält. Je sorgsamer der Zimmerpflanzengärtner und je günstiger die Umweltbedingungen, um so erfreulicher werden auch die Ergebnisse der Zimmerpflanzenkultur sein. Je besser der Zimmerpflanzengärtner die verschiedenen Probleme kennt, die seinen Pflanzen zu schaffen machen könnten, um so schneller kann er reagieren.

Einige Leute besitzen die erstaunliche Gabe, beinahe instinktiv zu wissen, was ihre Pflanzen zum guten Gedeihen benötigen – sie haben „einen grünen Daumen". Ein erfahrener Zimmerpflanzengärtner kann die Ursache eines Schadbildes an der Pflanze meist auf den ersten Blick richtig erkennen, da fast alle Krankheiten und Schädlinge ihre besonderen Kennzeichen und Merkmale besitzen. Die meisten Menschen jedoch benötigen einige Zeit – und leider auch einige Pflanzen –, um feststellen zu können, welche Bedingungen eine Pflanze benötigt und welche Krankheit welches Schadbild hervorruft. Gerade die Fähigkeit, eine Erkrankung schon im Frühstadium zu diagnostizieren, zeichnet den guten Zimmerpflanzengärtner aus.

Außer einer regelmäßigen Kontrolle auf Krankheits- oder Schädlingsbefall kommen auf den Zimmerpflanzengärtner im Laufe eines Jahres noch eine ganze Reihe weiterer Aufgaben zu. Mit dem Augenblick des Kaufs einer Pflanze setzt so etwas wie ein Arbeitsplan ein, der im günstigen Fall damit endet, daß man Ableger von der Pflanze gewinnt, abnimmt, sie eintopft und daraus neue Exemplare heranzieht. Die Vermehrung von Zimmerpflanzen erfordert jedoch eine ganze Reihe von Fähigkeiten, und nur geschickten Zimmerpflanzengärtnern werden die verschiedenen Verfahren gelingen (siehe hierzu auch Mitchell/Haynes, Pflanzen vermehren – aber richtig. Kosmos-Verlag, Stuttgart 1983). Wichtig ist, daß man der Pflanze den passenden **Standort** anbietet, d. h. aber, daß man sich schon beim Kauf informieren muß, welche Standortbedingungen die ausgewählte Pflanze benötigt: hell und warm, sonnig und luftig, kühl und hell, kühl und schattig, warm und schattig?

Zugluft kann vielen Zimmerpflanzen enorm schaden. Daher darf man empfindliche kleinere Pflanzen nicht in zugige Hausflure oder an kalte, nicht dicht schließende Fenster stellen. Offene Kamine werden gerade im Sommer häufig als Aufstellungsplatz verwendet. Etwas unempfindlichere Arten können hier in der Tat prächtig gedeihen, man sollte aber die Kaminöffnung mit Karton oder einer festen Folie verschließen, damit die Pflanzen nicht ständig im Luftzug stehen.

Heizungen können Pflanzen auf verschiedene Weise schädigen: Bei zu geringem Abstand zum Heizkörper können an den Blättern Hitze- oder Austrocknungsschäden auftreten; sie beginnen zu welken und fallen schließlich ab. Heizt man zu stark, so erniedrigt sich im Zimmer die relative Luftfeuchtigkeit; Pflanzen, die eine hohe Luftfeuchte benötigen, bekommen also wiederum Austrocknungsprobleme. Die Mehrzahl der Zimmerpflanzen wächst ziemlich problemlos in einem Temperaturbereich von 15–21 °C. In Zimmern mit sehr trockener Atmosphäre muß zweckmäßigerweise etwas unternom-

Die Wahl der Zimmerpflanzen beginnt mit der Festlegung des Standortes. Wenn man dann weiß, wo man die neue Pflanze plazieren möchte, sollte man sich in einem Fachbetrieb (links) die Arten zeigen lassen, die unter den vorhandenen Bedingungen (Platz, Licht, Temperatur, Luftfeuchtigkeit) gedeihen können.

Die Wahl des Standortes. Im Badezimmer treffen Zimmerpflanzen oft recht ähnliche Bedingungen an wie im Gewächshaus: diffuses Licht, hohe Luftfeuchtigkeit, Wärme. Neu angeschaffte Pflanzen lassen sich daher recht gut im Bad „einbürgern". Schädlich können allerdings die diversen Sprays (Haarspray, Körperspray usw.) auf die Blätter wirken

men werden, um die **Luftfeuchtigkeit** zu erhöhen, selbst wenn dies auch nur die nächste Umgebung der Pflanzen betrifft. Den Raum zwischen dem eigentlichen Blumentopf und seinem Übertopf z. B. kann man mit feuchtem Torf auffüllen. Solange diese Packung feucht gehalten wird, wird die Pflanze davon profitieren. Eine andere Möglichkeit besteht darin, eine größere Plastikwanne etwa 3–5 cm hoch mit Kies oder Sand zu füllen, den man gut feucht halten kann. In eine solche Wanne kann man dann mehrere Topfpflanzen zu einem hübschen Ensemble einstellen. Zur Erhöhung der Luftfeuchtigkeit werden im Fachhandel aber auch schon die entsprechenden Luftbefeuchter angeboten. Hier sollte man sich jedoch sorgfältig umsehen und prüfen, welches Gerät für einen selbst in Frage kommt – Luftbefeuchter sind nämlich nicht gerade billig.

Das **Bewässern** ist eine der schwierigsten Pflegemaßnahmen. Übermäßiges Gießen und Wässern bringt fast in allen Fällen Probleme und ist mit Sicherheit die häufigste Ursache für kümmernde oder gar sterbende Pflanzen. Die Frage, wie häufig gegossen werden muß und wieviel Wasser jedesmal zu geben ist, gehört zu den häufigsten, die Gärtnern von Laien gestellt werden. Pflanzen sind jedoch keine starren Automaten, die nach einem einmal festgelegten Pflegeplan zu behandeln sind. Was sie gerade benötigen, hängt sehr von ihren jeweiligen Umweltbedingungen ab. Diese Erfahrung geht soweit, daß nicht einmal zwei ähnliche Pflanzen im gleichen Raum genau das gleiche Pflegeprogramm benötigen. Pflanzen sind als Individuen zu behandeln. So findet man unter ihnen robuste, widerstandsfähige Exemplare, sensibler reagierende, langsam und schnell wachsende. Einige stehen in großen Töpfen, andere in kleinen. Manche werden in warmen, trokkenen Räumen gehalten, andere in feuchten, kühlen. Insofern kann man nicht voraussagen, wie häufig eine bestimmte Pflanze zu bewässern ist. Von nur wenigen Ausnahmen abgesehen, brauchen die meisten Zimmerpflanzen einen kräftigen Guß und dann eine Phase mäßiger Austrocknung, bevor man zum nächsten Mal zur Gießkanne greift. Alle Pflanzen werden es schätzen, wenn man zum Gießen lauwarmes Wasser verwendet! Man gießt soviel Wasser auf den Topf, daß alles überschüssige Wasser abzieht und sich im Untersatz oder im Übertopf ansammelt. Man läßt es noch eine kleine Weile im Sammelgefäß, damit noch etwas mehr Feuchtigkeit durch Kapillarkräfte im Wurzelballen gebunden wird. Wichtig ist es auf jeden Fall, daß der gesamte Topfinhalt gleichmäßig durchfeuchtet wird. Einige Wassertropfen auf die Oberfläche des Topfes gebracht, richten wenig aus, da die Pflanze die Hauptmenge der wasseraufnehmenden Wurzeln im unteren Drittel des Topfes entwickelt. Nach etwa einer halben Stunde gießen wir das überflüssige Wasser weg, damit die Pflanzen nicht mit „Fußbad" dastehen.

Bewässern Sie nur dann, wenn der Boden im Topf angetrocknet ist und dadurch zu erkennen gibt, daß Wasser durch Verdunstung verlorenging oder von der Pflanze selbst verbraucht wurde. Es mag altmodisch klingen, aber es stimmt: Um zuverlässig festzustellen, ob eine Pflanze dringend Wasser benötigt, prüft man den Feuchtigkeitsgrad des Bodens mit dem Daumen. Drücken Sie ihn ein wenig in die Pflanzenerde ein und gießen Sie auf keinen Fall, wenn Sie noch Feuchtigkeit fühlen. Meist ist nur die oberste Schicht etwas angetrocknet, darunter aber ist der Boden noch feucht. Andererseits sollte

man mit dem Gießwasser aber auch nicht so sparsam umgehen, daß die Pflanzerde schrumpft oder sogar so weit austrocknet, daß sie sich vom Blumentopf löst.
Pflanzen kann man durch Angießen von oben wässern, bis sich der Überschuß im Untersetzer sammelt, oder man stellt den Blumentopf in ein größeres, wassergefülltes Gefäß und läßt das Wasser durch Kapillarkräfte aufsteigen. Bewässerung von unten ist die ideale Methode für Pflanzen, deren Blätter eine Benetzung mit Wasser nicht vertragen, wie z. B. das Usambara-Veilchen. Blätter von Pflanzen, die im Sommer dem direkten Sonnenlicht ausgesetzt sind, sollte man ebenfalls nicht mit Wasser benetzen, da die kleinen Wassertropfen wie Brenngläser wirken.
Von wenigen Ausnahmen abgesehen, ist tropfnasse Erde und Staunässe für Zimmerpflanzen weitaus gefährlicher als ein leicht angetrockneter Boden.
Die **Düngung** ist ebenso ein Problemfeld wie die richtige Bewässerung. Häufig wird dieser Bereich der Pflanzenpflege jedoch völlig vernachlässigt. Mitunter neigen Zimmerpflanzenliebhaber aber auch dazu, zuviel des Guten zu tun. Und beides ist schädlich für die Pflanzen! In Großgärtnereien werden Topfpflanzen etwa jede Woche einmal gedüngt. Im Winter werden die Abstände zwischen den einzelnen Düngergaben größer, da die meisten Pflanzen zu diesem Zeitpunkt ohnehin eine Wachstumspause einlegen. Daher werden Pflanzen, die man frisch gekauft hat, wochen- oder monatelang regelmäßig gedüngt worden sein. Man sollte also diesen Düngerhythmus zunächst noch eine Weile fortsetzen, bis man einen eigenen Rhythmus gefunden hat. Pflanzen, die frisch umgetopft wurden, benötigen die nächsten Wochen keine zusätzliche Düngung. Man wartet damit, bis die Wurzeln sich den neuen Wurzelraum vollständig erobert haben (was einige Wochen bis Monate dauert). Um den Durchwurzelungsgrad zu prüfen, stülpt man ganz vorsichtig den Topf um, wobei eine Hand die Topferde abdeckt und die Pflanze gleichzeitig zwischen zwei Fingern gehalten wird. Sobald der Pflanztopf gründlich durchwurzelt ist, werden die feinen Wurzelverzweigungen das Erdreich ziemlich fest halten. Man sollte die Pflanze jedoch nicht öfter als unbedingt nötig aus ihrem Topf nehmen!
Das Angebot an Blumendünger ist sehr reichhaltig. Es gibt Flüssigdünger, Tabletten, Granulat, Pulver und Zäpfchen. Einige muß man ins Gießwasser geben, andere gibt man einfach in die Erde, andere sprüht man auf die Blätter auf. Als Faustregel mag dabei helfen, daß Düngemittel für die sogenannten Blattpflanzen besonders reich an Stickstoffverbindungen sein sollten. Dies ist auf den Packungen bzw. in der Auflistung der Bestandteile des Düngemittels durch den Großbuchstaben „N“ markiert. Für Blütenpflanzen sollte der Dünger dagegen einen höheren Kalium- oder Pottaschegehalt aufweisen („K“). Diese beiden Grundtypen von Pflanzendünger sollte ein Zimmerpflanzengärtner immer zur Hand haben. In der Praxis düngt man auch Blütenpflanzen immer dann mit stickstoffreichen Präparaten, wenn es darum geht, lediglich die Blattmasse zu verbessern. Zur Blütezeit dieser Pflanzen wechselt man dann wieder auf eine kaliumhaltige Mischung über.
Man kann den Pflanzendünger in schwacher Konzentration

Wiederbelebungsversuche. Es ist sehr wichtig, daß Pflanzen die nötige Menge Wasser bekommen: nicht zuviel, aber auch nicht zu wenig; wobei es einfacher ist, eine zu trocken gehaltene Pflanze wiederzubeleben als eine, die ständig zu feucht gehalten wurde. Wassermangel kündigt sich recht bald an: Die Blätter welken, vertrocknen und fallen ab. Aber auch jetzt noch ist die Pflanze zu retten. Man lockert die oberste Bodenschicht vorsichtig auf, stellt den ganzen Topf bis zum Rand in lauwarmes Wasser und besprüht zusätzlich noch die oberirdischen Pflanzenteile. Sobald sich keine Luftblasen mehr zeigen, nimmt man den Topf aus dem Wasser und läßt ihn gut ablaufen. Überschüssiges Wasser, das sich noch im Untersetzer oder Übertopf ansammelt, muß bald entfernt werden, denn „nasse Füße“ bekommen den meisten Pflanzen ganz und gar nicht. Man gießt nun erst wieder, wenn die Erde leicht angetrocknet ist.

mit dem Gießwasser verabreichen. Dann erhalten die Pflanzen jedesmal dann eine Zufuhr mineralischer Nährstoffe, wenn sie auch Wasser aufnehmen. Gute Erfolge erzielt man aber auch mit der Verwendung von Düngetabletten oder ähnlichen Düngeformen, die man in die Topferde steckt. Sie reichen meist mehrere Wochen, und die Pflanzen erhalten einen ununterbrochenen Nachschub an Nährsalzen. Tablettendünger ist die beste Wahl für Hängepflanzen, an die man ja nicht immer bequem herankommt. Neben der Düngung über den Wurzelhorizont durch Einbringen von Nährsalzen in den Boden, kann man die Pflanzen auch über ihr Blattwerk mit den entsprechenden Mineralien versorgen. Ob eine Pflanze diese Blattdünger in größerem Umfang aufnehmen und nutzen kann, hängt u. a. von der Beschaffenheit ihrer Blätter ab: Durch derbe, lederige Blätter werden gewiß keine respektablen Düngermengen durchdringen können. Eine Blattdüngung ist bei akuter Nährstoffunterversorgung besonders vorteilhaft und sollte auch bei Pflanzen, die wie die Farne kein besonders kräftiges Wurzelsystem besitzen, angewendet werden.

Man sollte sich auf jeden Fall bei der Verwendung von Düngemitteln an die Gebrauchsanweisungen, die jeder Packung beiliegen müssen, halten!

Anzeichen von ungenügender Düngung sind im allgemeinen zu helle, bleiche Blätter (Chlorose) und die Anlage von kleineren Blättern

Auch die Wahl des **Pflanzsubstrats** spielt beim Gedeihen der Pflanzen eine nicht unbeträchtliche Rolle. Man muß hier in hohem Maße auf Qualität achten! Wenn das Substrat nur aus ein wenig zusammengebuddelter Vorgartenerde besteht, sind alle Voraussetzungen dafür gegeben, daß die Pflanze kümmert und sogar eingeht. Für die Entwicklung vielseitig verwendbarer Substrate haben Gärtner und Wissenschaftler viele Jahre Versuchsarbeit investiert. Die Zusammensetzung käuflicher Blumenerde variiert beträchtlich – woraus abzuleiten ist, daß man auf verschiedene Weise erfolgreich Zimmerpflanzenkultur betreiben kann. Im letzten Jahrzehnt hat beispielsweise ein bemerkenswerter Wechsel zu erdefreien Substraten stattgefunden. Solche Wuchssubstrate bestehen fast ausschließlich aus Torf, dem Kalk und eine Palette weiterer Nährstoffe zugemischt wurden. Diese Torfkultursubstrate (TKS) eignen sich hervorragend für Pflanzen in kleinen Töpfen. Allerdings darf man dieses Substrat nie austrocknen lassen. Pflanzen in größeren Behältern benötigen etwas mehr „Körper" im Substrat, in dem sie ja mehrere Jahre verbleiben sollen. Für sie eignet sich ein lehmhaltiges Substrat besser. Dieses wird unter der Bezeichnung „Einheitserde" im Fachhandel angeboten. Beim Kauf der Blumenerde muß man darauf achten, daß der Beutelinhalt noch frisch ist. Zu lange gelagertes Substrat verarmt, da seine Inhaltsstoffe durch Mikroorganismen abgebaut und erschöpft werden. Mischungen, die wie Sand durch die Finger rinnen, sind zu mager. Sie können nicht allzuviel Wasser speichern und eignen sich nur für wenige ökologische Spezialisten unter den Zimmerpflanzen. Unbrauchbar sind aber auch alle dichten und wasserundurchlässigen Bodenmischungen. Sie neigen dazu, gerade im Oberflächenbereich hart zu verkrusten und die tiefer gelegenen Bereiche zu versiegeln. Auf solchen Böden stellt sich

Luftfeuchtigkeit ist ein Erfordernis, das eine durchschnittliche Wohnung den Pflanzen kaum in ausreichendem Maße bieten kann. Zur Erhöhung der Luftfeuchtigkeit kann man die Töpfe zusammen in eine mit Sand oder Kies gefüllte Schale stellen, die gut feucht gehalten werden muß.

recht bald grauer Schimmelbelag ein, der nicht nur unansehnlich ist, sondern die Pflanzen auch schädigen kann. Verkrustete, verhärtete Böden oder wasserundurchlässige Lagen kann man vorübergehend mit einem spitzen Stöckchen etwas auflockern. Dabei darf man jedoch nicht tiefer als etwa 2 cm im Blumentopf herumstochern, da man sonst das Wurzelwerk schädigen würde. Man kann aber auch eine dünne Lage guter Blumenerde aufbringen, die die Wasserzügigkeit erhöht und damit dem Allgemeinbefinden der Pflanze entgegenkommt.

Es klingt etwas merkwürdig, aber es stimmt: Zimmerpflanzen müssen von Zeit zu Zeit **gereinigt werden.** Mit der Zeit werden sie nämlich ebenso staubig und schmutzig wie alle anderen Gegenstände, die man nicht regelmäßig abwischt.

Im Handel gibt es spezielle Pflanzen- und Blattreinigungsmittel, die das Aussehen einiger Pflanzen tatsächlich verbessern helfen, die aber für viele Arten auch große Probleme bringen. Sie eignen sich z. B. nicht für Pflanzen mit behaarten Blättern. Auch der Geweihfarn, dessen große Wedel darauf programmiert sind, Staub zu „fangen“, verträgt die Behandlung mit Chemikalien nicht. Auch neue Blätter darf man noch nicht mit Reinigungsmitteln belasten oder gar mechanisch bearbeiten. Wenn Reinigungsmittel unvermeidlich sind, sollte man sie jedoch nur bei Raumtemperaturen oberhalb 15 °C einsetzen und nur bei Pflanzen, die nicht dem direkten Sonnenlicht ausgesetzt sind. Kräftige, glänzende Blätter (Gummibaum, Philodendron) reinigt man am besten mit wenig Seifenwasser und einem weichen Schwamm. Beim Abwaschen muß man die einzelnen Blätter mit der freien Hand unterstützen, damit sie nicht abbrechen. Pflanzen, die zwar derbe, aber zahlreiche kleine Blätter besitzen, behandelt man etwas anders: Man spannt etwas Plastikfolie über den Topf, damit die Erde nichts abbekommt, und taucht die übrige Pflanze in einen Eimer mit dünnem Seifenwasser. Mit einem weichen Schwamm kann man nun leicht über die einzelnen Blätter wischen. Es ist jedoch wichtig, daß die tropfnassen Blätter vollständig abgetrocknet sind, bevor die Pflanze wieder an das Sonnenfenster gestellt wird. Pflanzen mit behaarten Blättern reinigt man vorsichtig mit einem weichen Pinsel.

Manche Zimmerpflanzen (Efeu, Weinrebe) benötigen Wuchshilfen wie Stöckchen oder Gitter. Das **Aufbinden** sollte recht sorgsam geschehen, damit keine jungen Triebe beschädigt werden. Die Wuchshilfen sollten nicht auffallen, müssen aber kräftig genug sein, um der Pflanze Halt zu geben. Pflanzen, die von Natur aus zahlreiche Luftwurzeln hervorbringen, werden dankbar dafür sein, wenn man ihnen eine moosbedeckte Unterlage anbietet, in die sie die Luftwurzeln versenken können. Verwenden Sie dazu ein Stück Gummi- oder Plastikschlauch von etwa 20 mm Durchmesser und befestigen Sie darum mit einem plastikbeschichteten Bindedraht das Moos. Hält man dieses Polster immer ein wenig feucht, so können sich die Luftwurzeln optimal entwickeln. Kleinere Kletterpflanzen entwickeln sich weitaus üppiger, wenn sie an einem Gitter ranken können. Hänge- und Ampelpflanzen sollten in nicht zu kleinen Töpfen gehalten werden, da man Pflanzen in kleinen Töpfen häufiger versorgen muß als in großen, und dies bei Hängepflanzen oft nicht so leicht ist. Die Hängevorrichtungen sollten mindestens Töpfe von etwa 12 cm Durchmesser aufnehmen können.

Von Zeit zu Zeit müssen fast alle Zimmerpflanzen zurückgeschnitten werden. Der **Rückschnitt** wird notwendig, weil sie sich zu üppig entfaltet haben oder ihrem zugewiesenen Platz entwachsen sind. Bei nichtblühenden Pflanzen werden überzählig erscheinende Pflanzenteile einfach bis auf das gewünschte Format weggeschnitten. Kletterpflanzen muß man nicht unbedingt zurückschneiden, man kann ihre rasch wachsenden Teile auch umleiten oder die gesamte Pflanze an ihrem Gestell dichter aufbinden. Vorsicht, die Hauptachsen dürfen nicht zu scharf umgebogen werden! Das Zurechtschneiden sehr großer Pflanzen wird dem Pflanzenliebhaber nicht allzu leicht fallen, denn das Kappen der Spitzenregion ist nicht nur für die Pflanze selbst ein traumatisches Erlebnis. Am besten wird der Schnitt im Winter vorgenommen, wenn die Pflanzen ohnehin eine Ruhepause einlegen. Zu dieser Zeit wird auch nicht sehr viel Blutungssaft aus der Schnittfläche austreten. Zum Schneiden darf nur ganz scharfes Werkzeug verwendet werden, das die Pflanzenteile glatt und gerade trennt. Den Saftaustritt aus der Schnittstelle kann man im einfachen Fall durch etwas feuchte Erde abdämmen. Im Fachhandel gibt es aber auch spezielle Pasten oder Aufstri-

Eine unterernährte Pflanze (hier *Pittosporum tenuifolium*) wächst nicht gut, sieht dürr aus und bildet nur kleine, blaß gefärbte Blätter.

che, die den Saftfluß besser abschwächen. Eine abgeschnittene Spitzenregion kann in mehrere Sproßstücke mit je einem Blatt zerlegt werden, um neue Pflanzen daraus zu ziehen. Man läßt die Schnittstellen gut antrocknen und setzt sie dann in feuchten Torfboden. Bis diese Stecklinge mit dem Wachstum beginnen, sollte die Anzuchttemperatur Tag und Nacht bei etwa 21 °C liegen.

Die **Vermehrung** von Zimmerpflanzen ist ein Unternehmen, das in manchem Pflanzenliebhaber so eine Art Mutterinstinkt weckt. In der Tat ist es schon eine aufregende Sache, wenn die anfangs noch schlaffen Stecklinge plötzlich aufrecht wachsen. Eine der wichtigsten Vorbedingungen für eine erfolgreiche Pflanzenvermehrung ist die Temperatur, die so hoch eingestellt werden muß, daß die Samen keimen und die Stecklinge sich bewurzeln können. Obwohl manche Pflanzen auch bei niedrigen Temperaturen gedeihen, wird man mit den meisten Zimmerpflanzen Glück haben, wenn man im Bereich um 21 °C arbeiten kann.

Ungeheuer wichtig ist es auch, den Wasserumsatz der Pflanzen stark einzuschränken, solange noch kein funktionstüchtiges Wurzelwerk vorhanden ist. Am besten verwendet man einen kleinen Treibkasten. In käuflichen Modellen ist oft auch schon eine elektrische, regulierbare Heizung eingebaut. Pflanzen transpirieren Wasser. Sie nehmen mit ihren Wurzeln die

Blattreinigung. Um atmen zu können, müssen Blattpflanzen von Zeit zu Zeit „entstaubt" werden. Pflanzen mit derben, glänzenden Blättern (oben) können mit einem Schwamm und Seifenwasser bequem gereinigt werden. Vorsicht, nur Seifenwasser verwenden, nur fertig entwickelte Blätter reinigen, nicht zu fest reiben! Zarte, behaarte oder beschuppte Blätter mit einem weichen Pinsel abbürsten. Beim Reinigen die Blätter von unten mit der Hand unterstützen.

Düngung. Es gibt verschiedene Methoden der Düngung von Zimmerpflanzen. Entweder man fügt dem Gießwasser Flüssigdünger oder Nährsalze zu (bitte genau an die Gebrauchsanleitung, die auf der Packung steht, halten!) oder man steckt in das Pflanzsubstrat Düngerstäbchen oder -tabletten ein, die sich in einer gewissen Zeitspanne auflösen. Im Fachhandel gibt es die verschiedensten Fabrikate und Zusammensetzungen, Dünger für Blattpflanzen und Dünger für Blütenpflanzen.

Bodenfeuchtigkeit auf, leiten sie durch die Sproßachsen und geben sie über die Blätter an die Atmosphäre ab. Im Normalfall reicht die Wurzelmenge einer Pflanze aus, um das über die Blätter verlorene Wasser zu ersetzen. Stecklinge, die noch kein ausgebildetes Wurzelsystem besitzen, würden unweigerlich eingehen, wenn alles in den Sproßachsen und Blättern enthaltene Wasser durch Transpiration verlorenginge. Deshalb muß man die Stecklinge in einem abgeschlossenen Raum halten, in dem die Luftfeuchtigkeit erhöht wird, so daß der Transpirationsverlust verringert wird. Anzuchtkästen aus Kunststoff sind im allgemeinen nicht sehr teuer und recht nützlich. Man kann sich aber auch mit einem selbstgebauten Kasten oder einer Schublade helfen, die man mit Folie oder einer Glasscheibe abdeckt. Man kann aber auch mehrere Stecklingstöpfe in eine verschlossene Plastiktüte stellen und auf diese Weise die größten Wasserverluste vermeiden. Die Anzuchtgefäße stellt man zweckmäßigerweise nicht in der Sonne auf.

Die Stecklinge setzt man am besten in frischen, feuchten Torf, aus dem man das Wasser gerade ausquetschen kann, wenn man eine Hand voll davon zusammenpreßt. Die Stecklinge, die man zur Vermehrung verwenden möchte, müssen von sehr guter Qualität sein. Alle erforderlichen Schnitte müssen mit einem scharfen Messer ausgeführt werden. Um die Bewurzelung zu erleichtern, kann man die Stecklinge auch noch mit einer speziellen Hormonmischung (im Fachhandel erhältlich) behandeln. Ein uralter Gärtnertrick arbeitet auf der glei-

Kletterhilfen. Rankende oder kletternde Pflanzen benötigen Unterstützung, wenn sie ihre volle Pracht entfalten sollen. Im Fachhandel gibt es viele verschiedene Kletterhilfen (siehe oben), man kann sich mit einem bißchen bastlerischem Geschick solche Gestelle aber auch selbst herstellen. Zum Anbinden (vorsichtig, damit die Stengel und Triebe nicht abbrechen!) verwendet man am besten Bast oder Plastikband. Nicht zu fest anbinden, damit das Bindematerial nicht einschneidet (links).

Bromelien (rechts) sind Luftpflanzen, die man am besten mit einem kleinen Polster aus Moos oder Baumfarn an Rinden oder Baumstämmen befestigt.

chen Basis: Bei größeren Stecklingen spaltet man das untere Ende mit einem feinen Schnitt etwas und klemmt in diesen Spalt ein Gersten- oder Roggenkorn. Dieses beginnt in der feuchten Umgebung ebenfalls seine Entwicklung, und die von ihm produzierten Wuchsstoffe regen auch die Bewurzelung des Stecklings an.

Man kennt verschiedene Methoden der Stecklingsvermehrung: Sproßstecklinge, Blattstecklinge, Blattknospenstecklinge, Knospenstecklinge und Wurzelschnittlinge.

Am meisten angewendet wird wohl die Vermehrung durch Sproßstecklinge, d. h. man schneidet von der zu vermehrenden Pflanze eine oder mehrere Triebspitzen ab, pflanzt sie gleich in feuchtes Torfgemisch oder läßt die Sproßstecklinge erst im Wasser „Wurzeln ziehen".

Die Vermehrung durch Blattstecklinge ist in der Hauptsache beim Usambara-Veilchen bekannt: Man nimmt ein festes, gesundes Blatt, ritzt die größeren Blattadern auf der Unterseite etwas ein und legt das Blatt in einen Topf mit Torfmischung. Damit es nicht hin- und herrutscht, wenn man den Topf bewegt, beschwert man das Blatt mit einem kleinen Kieselsteinchen. Den Topf stellt man halbschattig bei ungefähr 21 °C auf. Nach einigen Wochen bilden sich an den Schnittstellen schon kleine, neue Pflänzchen.

Samen werden ebenfalls in kleine Kästen oder flache Schalen ausgesät. Hierbei sollte man sich ganz genau an die auf den Saatgutpackungen angegebenen Anweisungen halten (Angaben über Bodenhöhe, beste Zeit zur Aussaat). Nach dem Auslegen der Samen decken wir das Anzuchtgefäß mit einer Glasscheibe ab, bis die jungen Keimpflänzchen sich zeigen. Sollte sich an der Scheibe zuviel Kondenswasser sammeln, so muß man das Anzuchtgefäß einmal kurz „lüften", da die Keimlinge sonst zu faulen beginnen. Sobald die Keimlinge sich gegenseitig den Platz streitig zu machen beginnen, muß man sie entweder vorsichtig pikieren oder in kleine Töpfe einzeln verpflanzen.

Pflanzen teilen. Pflanzen, die zu mehreren in einem Topf wachsen, kann man meist recht einfach im Wurzelbereich trennen: Anhaftende Erde vorsichtig abschütteln, Pflanzen vorsichtig und ohne Zerren trennen und einzeln einpflanzen.

Zurückschneiden. Manchmal wird es notwendig, eine Pflanze zurückzuschneiden, sei es, weil sie zuviel Platz benötigt, sei es, weil sie keine schöne Wuchsform mehr besitzt, sei es, weil man buschigeren Wuchs erzielen will. Störende Triebe und Zweige werden mit einem scharfen Schneidegerät (Messer, Schere) glatt abgetrennt. Buschigeren Wuchs erzielt man, wenn man oberhalb der ruhenden Knospen abschneidet und diese somit zum Wachstum anregt. Wird ein üppiges Verzweigen nicht gewünscht, dann darf man nur die zu langgewordenen Achseltriebe wegknipsen. Sorgfältiger Schnitt läßt die Pflanze kräftiger heranwachsen und besser aussehen.

Durch Blattstecklinge lassen sich ebenso leicht Begonien, Kalanchoen, *Streptocarpus*-Arten und Sansevierien vermehren. Beim Zypergras schneidet man zur Vermehrung einfach einen Blattschopf ab, kürzt die Blätter bis auf ca. 1 cm und stellt ihn in ein Gefäß mit weichem Wasser, und zwar so, daß der restliche Stengelteil aus dem Wasser schaut, die abgeschnittenen Blätter aber völlig mit Wasser bedeckt sind. Das Gefäß nun hell und warm aufstellen und das Wasser alle 4–5 Tage wechseln. Zwischen den alten Blättern entwickeln sich nach 2–3 Wochen neue Pflänzchen, die man vom alten Blattschopf abtrennt und einzeln in kleine Töpfe pflanzt. Pflanzsubstrat gut feucht halten.

Eine weitere Art der Vermehrung ist die Teilung älterer oder zu groß gewordener Pflanzen, wobei jede der neuen Pflanzen Wurzeln, Stengel und Blätter besitzt, die sich für sehr viele Zimmerpflanzen-Arten anbietet. Zur Teilung geeignete Pflanzen sind Arten, die leicht Sprosse bilden; Knollenpflanzen, deren Knolle geteilt werden kann; Arten, die Ausläufer, Ableger oder Kindel bilden.

(Genauere Hinweise zur Vermehrung von Zimmer- und Gartenpflanzen gibt das Buch von MITCHELL/HAYNES, Pflanzen vermehren – aber richtig. Kosmos-Verlag, Stuttgart 1983).

Vermehrung. Außer durch Samen kann man sehr viele Pflanzen auch durch Stecklinge vermehren, die man in einfachen Anzuchtkästen (links) zur Bewurzelung bringt. Diese Kästen gibt es in verschiedenen Ausführungen und Preisklassen, mit eingebauter Heizung und ohne, mit flachem Deckel oder Schrägdach. Man kann die Stecklinge direkt in diese Kästen pflanzen oder aber einzeln in kleinen Töpfen hineinstellen. Stecklinge kann man auf verschiedene Art gewinnen, als Trieb-, Blatt- oder Stengelsteckling. Beim Efeu z. B. (oben) verwendet man Sproßstücke, die man kurz unterhalb eines Blattknotens abtrennt. Beim Efeu sind meist zahlreiche Luftwurzeln entwickelt, die dem Steckling bei der anfänglichen Wasserversorgung helfen. Die Länge des Stecklings hängt von der Art der Pflanze ab. Als Faustregel gilt jedoch, daß er mindestens drei Blattknoten umfassen sollte. Um die transpirierende Oberfläche zu verkleinern, entfernt man am besten einige der Blätter. Schutz vor Feuchtigkeitsverlust ist wichtig, wenn sich der Steckling gut bewurzeln soll. Frisch eingepflanzte Stecklinge schützt man daher mit einem übergestülpten Plastikbeutel oder Glas (unten), wenn man keinen Anzuchtkasten verwendet. Beide müssen gut schließen und dürfen den Steckling nicht berühren. Die Stecklinge werden in gute Pflanzerde eingesteckt und gut angedrückt. Der Anzuchtkasten oder -topf muß hell und warm (über 20 °C) untergebracht werden. Man muß jedoch darauf achten, daß sich keine Staunässe bildet und die Luftfeuchtigkeit nicht zu hoch wird, da sonst Fäulnis eintritt. Mit einem speziellen Hormonpräparat, das man im Fachhandel bekommen kann, kann man die Bewurzelung anregen. Dazu taucht man das Ende des Stecklings in das Pulver (oben), bevor man den Steckling in die Erde setzt.

Der richtige Standort

Um Zimmerpflanzen erfolgreich zu kultivieren, benötigt man einige Kenntnisse über die Herkunft und die Lebensgewohnheiten seiner Pflanzen, etwas Geschick (oder Einfühlungsvermögen?) und den richtigen Standort, an dem die Pflanzen all das bekommen, was sie zum guten Gedeihen benötigen. Für die richtige Wahl des Standortes gibt es einige Erfahrungsgrundsätze und Faustregeln: Pflanzen mit hellgrünem Blattwerk, vor allem Farne, gedeihen an lichtärmeren Standorten viel besser als Pflanzen mit stark ausgefärbten oder gescheckten Blättern. Alle Blütenpflanzen benötigen einen hellen, lichten Standort, wenn sie sich wohlfühlen und viele Blüten hervorbringen sollen.

Selbst in zentralbeheizten Durchschnittswohnungen kann man seinen Pflanzen Bedingungen schaffen, die ein gutes Gedeihen der Zimmerpflanzen ermöglichen. In einem Punkt unterscheiden sich die Pflanzenstandorte einer Wohnung aber ganz beträchtlich von denen in einem Gewächshaus, und das ist die Luftfeuchtigkeit, die in einer beheizten Wohnung meist sehr zu wünschen übrig läßt. Selbst wenn man Topfpflanzen regelmäßig gießt und ihnen damit über den Wurzelballen Wasser zuführt, reicht dies zur Wasservorsorgung noch nicht aus. Bei geringer Luftfeuchtigkeit werden z. B. manche Schädlinge (z. B. Rote Spinnmilben) sehr stark gefördert. Zur Verbesserung der Luftfeuchtigkeit in einer Wohnung gibt es heutzutage aber schon recht gute technische Geräte, sogenannte Raumbefeuchter. Preiswerter und durchaus hilfreich ist es, die Pflanzen regelmäßig mit einem Feinzerstäuber zu besprühen. Vorsicht, einige Pflanzen vertragen eine Benetzung ihrer Blätter jedoch nicht. Man kann also nicht wahllos besprühen! Verdunstungsschalen auf der Heizung oder auf der Fensterbank zwischen den einzelnen Blumentöpfen sind ebenfalls eine kleine Hilfe zur Verbesserung der Luftfeuchtigkeit. Je höher die Luftfeuchtigkeit, um so besser werden die meisten Pflanzen wachsen. Die Aufstellung der Pflanzen in einem Wohnraum sollte man durchaus nach gestalterischen Gesichtspunkten vornehmen – dabei aber nie die Bedürfnisse der Pflanzen außer acht lassen.

Da ja nicht alle Pflanzen gleich groß sind, wird man sie stufenförmig unterbringen. Wenn man sie einfach alle auf die Fensterbank oder auf die Erde stellt, werden viele dekorative Arten gar nicht zur Geltung kommen können. Dies kann sich grundlegend ändern, wenn man diesen Pflanzen einen extra Platz zuweist, auf einem Tischchen, in einer Hängeampel, auf einem Regal oder einem an der Wand befestigten kleinen Brett. In kühlen Wohnräumen, die jedoch gleichzeitig genügend Licht bringen, kann *Aralia sieboldii* ein sehr wirksamer raumgestalterischer Blickfang sein. Den gleichen Zweck erreicht auch ein schöner Vogelnestfarn (*Asplenium nidus*). Er bevorzugt jedoch etwas wärmere, halbschattige Standorte. Da die Schönheit gerade dieses Farns erst dann in vollem Maße zur Geltung kommt, wenn man auf die trichterförmigen Wedel schaut, sollte er nicht höher als 1 m vom Boden entfernt untergebracht werden. Die vielen hübschen *Philodendron*-Arten bieten für fast jeden Aufstellungsort eine passende Art an. Als Alternative zu den zwar sehr dekorativen, aber auch teuren größeren Pflanzen, kann man auch Gruppen kleinerer Arten zu schönen Pflanzungen, Blickfängen oder Raumunterteilungen arrangieren. In einem solchen Arrangement ist auch das Problem der Luftfeuchtigkeit nicht mehr so gravierend.

Durch dieses große Fenster kommt den ganzen Tag, vor allem aber mittags, volles Licht. Pflanzen, die direkt an der Scheibe stehen, müssen mittags abgeschattet werden.

Auch durch dieses Fenster dringt viel Helligkeit den ganzen Tag über, die Morgensonne ist jedoch noch nicht so kräftig.

In einem großen und gut beleuchteten Zimmer bietet die Zimmerecke auch noch Lichtbedingungen an, die für Pflanzen mit mäßigem Lichtbedürfnis geeignet sind. Pflanzen, die Halbschatten benötigen, werden sich hier am wohlsten fühlen.

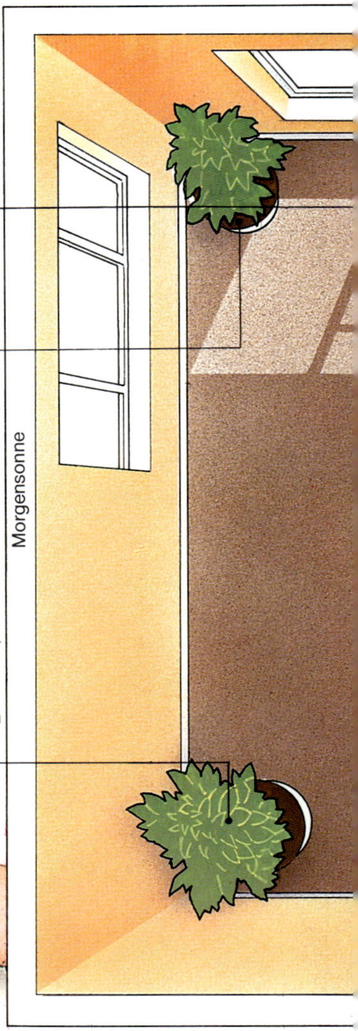

Lichtmessung. Zur Ermittlung der Beleuchtungsstärke am Pflanzenstandort kann man einen in der Fotografie üblichen Belichtungsmesser verwenden. Wählen Sie eine Filmempfindlichkeit von 15 DIN (25 ASA). Halten Sie ein Blatt Papier an die Pflanze und den Belichtungsmesser davor. Messen Sie nun die Blende, die bei einer Verschlußzeit von 1/4 Sekunde nötig wäre. Blende 64 bzw. 32 bedeuten volles Sonnenlicht, Blende 16 hell und Blende 8 mittlere Lichtintensität.

Diese Zimmerecke ist recht dunkel, da auch der ganze Raum nur Abendsonne bekommt. Hier gedeihen nur schattenliebende Pflanzen.

Dieses Zimmer ist den ganzen Tag über wenig ausgeleuchtet. Hier fühlen sich Pflanzen wohl, die niedrigere Temperaturen und wenig Licht bevorzugen.

Der Baum im Garten behindert den Lichtzutritt durch dieses Fenster, nur die wärmende Abendsonne kann einfallen.

Blütenpflanzen und Pflanzen mit gefärbten Blättern mögen es recht hell. Direkte Sonneneinstrahlung ist jedoch meist schädlich. Hier hilft ein leichter Vorhang oder ein Rollo, die sengenden Strahlen zu dämpfen. Sonnenlicht, das jedoch nur kurze Zeit eine Zimmerecke erhellt, wird einer dort aufgestellten lichthungrigen Pflanze für ein gutes Wachstum jedoch nicht ausreichen.

Menge und Richtung des einfallenden Lichtes beeinflussen sehr stark das Wachstum einer Pflanze. Eine Pflanze, die vor einer hellen Wand in Fensternähe steht, erhält direktes und reflektiertes Licht. Pflanzen vor einer dunklen Wand (rechts) neigen sich stärker in Richtung Lichtquelle, also dem Fenster zu.

Kräftig gezeichnete Pflanzen benötigen unbedingt einen hellen Standort! Eine bemerkenswerte Ausnahme sollte jedoch hervorgehoben werden: Die Efeutute (*Scindapsus aureus*) besitzt wunderschön goldgelb und grün panaschierte Blätter, kann aber dennoch an halbschattigen Stellen gehalten werden. Gleichzeitig kann sie entweder klettern, frei ranken oder hängen – was immer man gerade benötigt. Man sollte der Pflanze aber auf jeden Fall kleine Wuchshilfen anbieten, an denen sie ihre langen Seitenzweige befestigen kann.

Bei der Zusammenstellung verschiedener Pflanzen sollte man darauf achten, daß nicht ein Sammelsurium aller möglichen Größen, Formen und Farben die Attraktivität einer Pflanzgruppe ausmacht, sondern daß hier auch eine Beschränkung auf wenige Pflanzenarten ein wichtiges gestalterisches Moment ist, und daß sich nicht alle Pflanzen, die miteinander gut aussehen auch miteinander vertragen.

Bevor man sich Unmengen von Zimmerpflanzen zur Verschönerung seines Heimes kauft, sollte man sich auf jeden Fall gründlich über die Bedürfnisse der einzelnen Arten informieren, wissen, welche Temperaturen das Jahr über in welchen Wohnräumen herrschen, wie die jeweiligen Licht- und Luftfeuchtigkeitsverhältnisse sind. Am besten läßt man sich auch noch von einem Fachmann beraten. Nichts kann enttäuschender sein, als zu sehen, wie einstmals schöne Pflanzen langsam dahinvegetieren und absterben!

Dieser Standort würde den meisten Pflanzen gut bekommen: Er ist hell genug, wird jedoch kaum von direktem Sonnenlicht erreicht und liegt nicht im Bereich von Zugluft.

Der Fensterplatz eignet sich am besten für Blütenpflanzen oder Pflanzen mit gefärbten Blättern. Vorsicht jedoch vor direkter Sonneneinstrahlung und Zugluft!

Nur sehr widerstandsfähige Pflanzen gedeihen in einer dunklen Ecke neben der Tür. Abgesehen von den schlechten Lichtverhältnissen herrschen hier stets veränderte Temperaturen, Zugluft und Trockenheit. Hier kann man gerade noch eine Schusterpalme aufstellen – gut gedeihen wird aber auch sie nicht.

Schon eine kleine Auswahl dekorativer Pflanzen in der Diele sind ein wirkungsvoller Blickfang (links). Das große Eingangsfenster und die verglaste Tür garantieren genügend Licht. Allerdings ändern sich Temperatur und Luftfeuchtigkeit jedesmal, wenn die Haustür geöffnet wird. Das schränkt die Artenauswahl natürlich ein.

Farne (rechts) gedeihen am besten in großen, feuchten Gewächshäusern oder an nicht zu hellen und trockenen Standorten im Zimmer.

In diese Ecke können wir nur schattenliebende Pflanzen stellen, es sei denn der Raum selbst ist groß und hell, dann wachsen hier auch Farne und *Monstera*.

Ein nicht benutzter Kamin mit dekorativen Blattpflanzen bestückt, ist ein wirksamer Blickfang. Da die meisten Pflanzen jedoch keine Zugluft vertragen, muß der Rauchabzug verschlossen werden.

Der Platz zwischen Heizung und Fenster bringt zwar Wärme und Licht, die Luftfeuchtigkeit ist aber gerade hier äußerst gering. Der Standort eignet sich also in erster Linie für wärme- und lichtbedürftige Pflanzen, die keine hohe Luftfeuchtigkeit benötigen.

Sehr viele Pflanzen benötigen viel Licht, vertragen jedoch keine direkte Sonneneinstrahlung. Hier muß für Abschattung gesorgt werden.

Topfchrysanthemen benötigen einen hellen, kühlen Standort. Die Pflanze sollte öfter einmal eingenebelt werden.

Soforthilfeprogramm

	Düngen	Wässern	Umtopfen	Standort ändern	Weniger gießen	Weniger düngen
Pflanze wächst schlecht	●		●		●	
Blätter welken		●				
Blätter werden fleckig						
Blattränder werden braun				●	●	●
Blüten hängen schlaff herab				●	●	
Blätter verfärben sich				●		
Blätter fallen ab					●	
Stiele oder Blätter faulen					●	
Blattfärbung zu blaß	●			●		
Blätter klein, Wuchs spärlich	●					
Blätter werden gelb					●	
Blätter löchrig						

Suchen Sie in den grünen Leisten Ihr Pflanzenproblem auf und lesen Sie in den blauen Spalten nach, was zu tun ist.

Wurzelballen prüfen
Schädlinge?
Blätter abwischen
Grauschimmel an den Blättern?
Luftfeuchtigkeit erhöhen
Jahreszeitliche Ruhepause?
Pflanze legt Entwicklungspause ein
Bodenqualität prüfen
Virusinfektion
Aus der Sonne stellen
Nur vorsichtig bewegen
An einen günstigeren Platz stellen
Düngerpräparat wechseln
Abgestorbene Blüten entfernen
Mehr Licht anbieten
Rote Spinnmilben?
Vor Zugluft schützen
Auf Maden oder Raupen achten

Zimmerpflanzen von A–Z

Acalypha hispida Katzenschwanz, Nesselschön

Heimat: Tropisches Südostasien
Verholzender Strauch, der als Topfpflanze bis 2 m hoch werden kann. Der besondere Reiz dieser Pflanze liegt in ihren langen, leuchtend roten, hängenden Blütenähren, die im Sommer in verschwenderischer Fülle erscheinen. Zu ihrer Ausbildung benötigt die Pflanze reichliche Düngung, helles Licht ohne direkte Sonneneinstrahlung und eine Mindesttemperatur von 18 °C.
Vermehrung: Neue Pflanzen kann man im Frühjahr durch Bewurzelung von Stecklingen heranziehen. Dazu werden Spitzentriebe mit etwa 4 Blättern einzeln in kleine Töpfe mit Torfsubstrat gesteckt. Bei einer Temperatur von 18–21 °C bewurzeln sich die Stecklinge am schnellsten, wenn sie mit Bewurzelungshormon behandelt und in einen geschlossenen Vermehrungskasten gestellt werden. Die Pflanzen sind nährstoffhungrig und sollten nicht zu lange in den kleinen Töpfen bleiben. Durch gelegentliches Austopfen kontrolliert man das Wurzelwachstum, so daß man die jungen Pflanzen rechtzeitig in größere Behälter mit lehmiger Humuserde (leichte Torfgemische sind ungeeignet) umpflanzen kann.

Gesundes Blatt. Eine gesunde *Acalypha* hat glänzend grüne, harte Blätter, deren Größe bei 20–25 cm liegt.

Gesunde Pflanze. Vor dem Kauf sollte man die Pflanze sorgfältig prüfen. Eine gesunde, gut ernährte *Acalypha* trägt glänzend grüne Blätter und ist voll belaubt, d. h. auch die unteren Äste tragen Blätter. Die Blütenähren sind leuchtend rot und 20–30 cm lang.

Kranke Pflanze. Sind die Blätter gelblich, so leidet die Pflanze unter Nährstoffmangel. Gerne werden Acalyphen von Spinnmilben befallen (rechts), die wahre Verwüstungen anrichten können. Hier hilft nur die Behandlung mit einem Milbenbekämpfungsmittel. Man sollte die Pflanze nicht in die Nähe von Heizkörpern stellen, da dies den Milbenbefall begünstigen würde.

Krankes Blatt. Stumpf grüne Blätter mit winzigen, helleren Pünktchen sind die Anfangszeichen für einen Befall mit Spinnmilben.

Haltungsbedingungen

Standort

Die *Acalypha* benötigt einen hellen Standort, darf jedoch direkter Sonneneinstrahlung nicht ausgesetzt sein.

Nahe Heizquellen und trockene Luft fördern den Befall mit Spinnmilben.

Temperaturbedingungen

Nesselschön gedeihen am besten bei Temperaturen zwischen 15–21 °C. Stecklinge und junge Pflanzen sollten bei 18–21 °C gehalten werden.

Die Pflanze benötigt eine hohe Luftfeuchtigkeit und sollte gelegentlich mit weichem, lauwarmem Wasser besprüht werden.

Bewässerung

Die Pflanze gedeiht am besten in gleichmäßig feuchter Erde. Sie verträgt jedoch keine „nassen Füße"!

Pflanze am besten durchdringend von oben gießen und Überschuß gut ablaufen lassen.

Düngung

Während der Wachstumszeit in den Sommermonaten benötigen Nesselschön hohe Düngergaben; in der winterlichen Ruhezeit wird gar nicht mehr gedüngt.

Jahreszeitliche Pflege

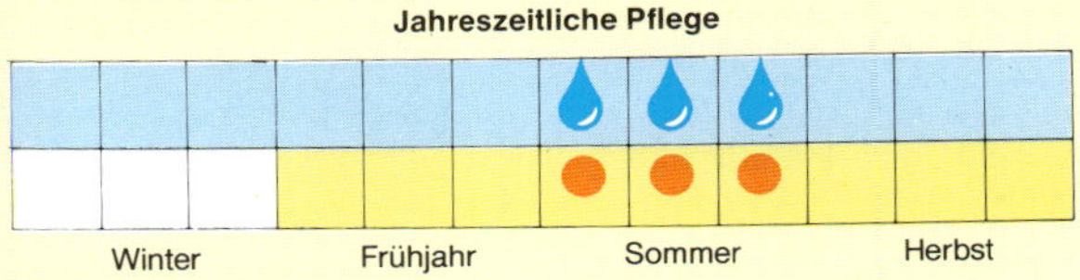

Nesselschön sollen das ganze Jahr über hell stehen und nie unter 15 °C gehalten werden. Die Erde sollte immer gut feucht – nicht naß! – sein, die Luftfeuchtigkeit sollte gleichmäßig hoch sein. Im Sommer reichlicher gießen und düngen, vor praller Sonne schützen. Im Winter häufiger besprühen, um die trockene Heizungsluft auszugleichen.

Pflanzsubstrat

Stecklinge hält man am besten in kleinen Töpfen mit frischem Torfsubstrat. Größere Pflanzen benötigen zum guten Gedeihen lehmige Humuserde.

Aechmea Lanzenrosette

Heimat: Tropisches Südamerika
Diese epiphytisch lebenden, sehr widerstandsfähigen Pflanzen besitzen gebogene, bis zu 30 cm lange, harte und am Rand mit kleinen Stacheln besetzte Blätter, die je nach Art in der Farbe von Hellgrau bis Rot variieren. Die Blätter sind so angeordnet, daß sie einen wasserdichten Trichter bilden. In den heimatlichen Dschungel-Standorten füllt sich dieser Trichter mit Regenwasser und nächtlichem Tau, so daß die Pflanzen auch mehrmonatige Trockenzeiten überstehen können. Mit ihren herrlichen Blütenständen in Rosa und Violett, die mehrere Monate lang halten, machen die Pflanzen viel Freude.
Vermehrung: Obwohl man die Aechmeen unter optimalen Bedingungen auch aus Samen vermehren kann, sollten wir diese Methode doch lieber dem Fachmann überlassen. Einfacher ist es, die an der Basis verblühter Pflanzen entstandenen Adventivsprosse abzutrennen und in einer lockeren Mischung aus Torf und Laubstreu anzuziehen.

Arten und Anschaffung

Im Blumenfachhandel werden verschiedene *Aechmea*-Arten angeboten. Egal, um welche Art es sich handelt, man wähle am besten Pflanzen, deren Blütenstand bereits über den Trichter herausragt, aber noch nicht so weit entwickelt ist, daß sich Blüten gebildet haben.
Aechmea fasciata. Diese Art ist als Zimmerpflanze am besten geeignet. Mit ihren graugrünen Blättern und dem faustgroßen, rosafarbenen Blütenkolben mit den intensiv blauen Blütchen ist sie eine äußerst dekorative Erscheinung. Der herrliche Blütenstand behält 6 Monate lang seine satten Farben. Nach der Blüte stirbt die Mutterpflanze langsam ab, in dieser Zeit entwickeln sich an ihrer Basis Jungpflanzen. Diese sog. Kindel können abgenommen werden, sobald sie ein paar eigene Wurzeln gebildet haben. Es kann jedoch länger als 1 Jahr dauern, bis diese Jungpflanzen Blüten hervorbringen.
Aechmea fulgans discolor. Diese Art ist viel kleiner als die vorige, die Blattrosette ist offener, die Blätter oben braungrün und unten rot. Der scharlachrote Blütenstand ist rispenartig aufgebaut. Die Blütchen sind purpurfarben.

Haltungsbedingungen

Standort

Die Aechmeen gehören zu den Bromelien, die nicht dunkel stehen wollen. Sie gedeihen am besten an einem hellen Standort mit partieller Sonneneinstrahlung. Sie vertragen längere Trockenheit und trockene Heizungsluft nur sehr schlecht.

Temperaturbedingungen

Aechmeen sind nicht sehr temperaturempfindlich. Am besten wachsen sie jedoch bei 15–21 °C. Unter 10 °C sollten die Temperaturen allerdings nicht sinken! An die Luftfeuchtigkeit werden keine Ansprüche gestellt. Steht die Pflanze zu warm und trokken, welken die Blätter.

Bewässerung

Erde stets tabakfeucht halten. Mit lauwarmem, weichem Wasser gießen. Vorsicht vor Staunässe, auf guten Ablauf achten. Im Blatttrichter sollte immer ca. 2,5 cm hoch Wasser stehen (alle 3 Wochen wechseln).

Düngung

Eine regelmäßige Düngung ist nicht notwendig. Gelegentliche Zusätze von Flüssigdünger zum Gießwasser schaden jedoch nicht, vor allem vor der Blüte.

Jahreszeitliche Pflege

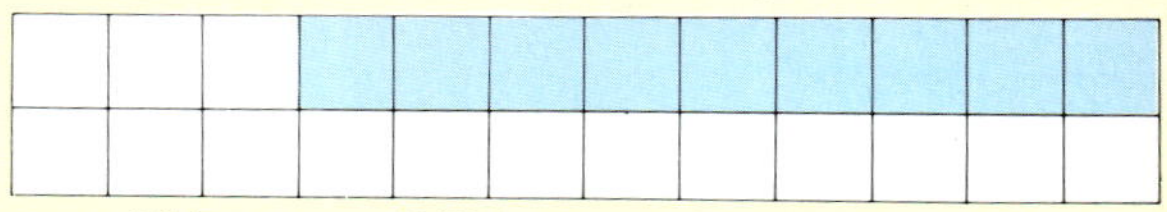

Das ganze Jahr über tabakfeucht halten, bei niedrigeren Temperaturen (nie unter 10 °C) etwas trockener halten. Wenn möglich nicht zu oft umstellen. Aechmeen haben keine Ruhezeiten. Nach der Blüte stirbt die Mutterpflanze ab, inzwischen hat sich aber schon ein Ableger gebildet. Blattrosette stets mit weichem Wasser gefüllt halten, dieses Wasser jedoch nicht zu lange stehenlassen. Wenn die Blüte welkt, sollte sie dicht über der Basis abgeschnitten werden.

Pflanzsubstrat

Ideal ist eine Mischung aus gleichen Teilen grober, verrotteter Blätter und Torf, vermischt mit etwas frischem *Sphagnum*-Moos. Auf gute Drainage achten. Alle 2 Jahre umtopfen. Nach der Blüte Ableger nehmen.

Krankheiten

Gelegentlich findet man auf älteren Blütenständen reifer Pflanzen **Schmierläuse.** Man entfernt sie vorsichtig mit einer feinen, in Methylalkohol getauchten Zahnbürste.

Blattoberfläche. Auf der Oberfläche eines Aechmeen-Blattes befinden sich leicht abwischbare Schuppenhaare, die der Wasser- und Nährstoffaufnahme dienen. Durch unvorsichtige Behandlung kann dieser Schuppenbelag zerkratzt und abgerieben werden (links). Deshalb darf man die Blätter der Aechmeen nie feucht abwischen oder gar mit künstlichen Blattglanzpräparaten behandeln.

Mißfarbiger Blütenstand. Nach etwa 7 Wochen kann der Blütenkolben leicht nachdunkeln. Jede andersartige Verfärbung beruht auf zu kühler Haltung.

Gesunde Blätter sind fest, eben und bogenförmig geschwungen.

Blätter, die an den Enden braun und welk werden, leiden eventuell unter Hitze und Trockenheit. Bei direkter Sonneneinstrahlung Pflanze beschatten.

Gesunde Pflanzen besitzen straffe, grau-grüne Blätter, die im schönen Bogen vom zentralen Stamm nach außen schwingen.

Aglaonema Kolbenfaden

Heimat: Malaiisches Archipel, Ostindien
Die meisten *Aglaonema*-Arten sind kompakt gebaute, langsam wachsende Pflanzen mit dichtstehenden, kurzstieligen Blättern, die in Bodenhöhe entspringen. Bemerkenswert ist ihre Fähigkeit, noch bei sehr schlechtem Licht zu gedeihen.
Vermehrung: Zu jeder Zeit durch Stecklinge, die in einem warmen, geschlossenen Anzuchtkasten herangezogen werden, oder durch Teilung großer Büsche in kleinere.

Schädlinge und Krankheiten

Die dichtstehenden Blätter bieten die idealen Bedingungen für **Schmierläuse.** Am wirksamsten ist es, das Insektizid in einer Gießkanne zu mischen und die Pflanze dann zu überbrausen. Schmierläuse, die sich an den Wurzeln befinden, werden durch das in den Boden dringende Insektizid ebenfalls abgetötet.

Aglaonema crispum 'Silver Queen' ist eine ausgezeichnete Zimmerpflanze, die sich auch für die Hydrokultur eignet. Die 12–15 cm langen Blätter sind silbrig-weiß gefleckt. Die Pflanze benötigt viel Wärme, nimmt dafür aber auch mit einem schattigen Platz vorlieb.

Aglaonema trewbii wird 50–100 cm hoch und besitzt spitze, gelblich-grüne Blätter, die dichter stehen als die von *A. crispum.* Auch diese Art verträgt einen schattigen Standort.

Arten und Anschaffung

Beim Kauf von *Aglaonema*-Pflanzen sollte man darauf achten, daß die Blätter gut gefärbt, straff und dicht stehen.
Aglaonema crispum 'Silver Queen' ist wohl die am schönsten gefärbte Art.

Aglaonema trewbii besitzt schmälere, dichtgepackte Blätter.
Aglaonema modestum, das Chinesische Immergrün, trägt 40 – 50 cm lange, einfarbig grüne Blätter.

Blattschäden. Grauschimmel (*Botrytis*) hat das linke Blatt befallen, das rechte leidet unter einer Blattfleckenkrankheit. In beiden Fällen Pflanze mit einem Fungizid behandeln und befallene Blätter entfernen.

Haltungsbedingungen

Standort

Der Kolbenfaden gedeiht am besten an einem halbschattigen Platz, verträgt aber auch andere Lichtverhältnisse – außer direktem Sonnenlicht. Vor Zugluft sollten die Pflanzen geschützt sein.

Temperaturbedingungen

Diese Pflanzen sind sehr tolerant, was die Temperatur betrifft, sie sollten jedoch nicht unter 12 °C und über 25 °C gehalten werden.
Je nach Temperatur muß für entsprechende Luftfeuchtigkeit gesorgt werden. Bei hohen Temperaturen öfter mit lauwarmem, weichem Wasser besprühen, bei niedrigeren Temperaturen trockener halten.

Bewässerung

Im Sommer muß die Pflanze feuchter gehalten werden als im Winter, am besten zweimal wöchentlich gießen, jedoch darauf achten, daß keine Staunässe entsteht! Lieber das Pflanzsubstrat zwischen zwei Wassergaben etwas antrocknen lassen.

Düngung

Im Sommer regelmäßig alle 14 Tage mit kalkfreiem Düngemittel ernähren, am besten in Form von Flüssigdünger dem Gießwasser zugeben. Im Winter nur wenig düngen.

Jahreszeitliche Pflege

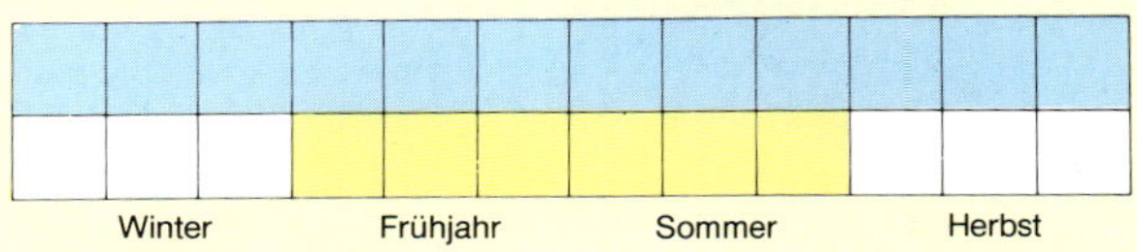

Aglaonema benötigt im Sommer mehr Feuchtigkeit und Dünger als im Winter. Im Sommer die Luftfeuchtigkeit durch gelegentliches Besprühen erhöhen; im Winter kann die Pflanze auch ohne Besprühen auskommen, wenn die Heizungsluft nicht zu trocken ist. Das ganze Jahr über für gute Belüftung – keine Zugluft! – sorgen. Im Frühjahr umtopfen. Regelmäßig die Blätter vom Staub befreien (Schwamm und Seifenwasser).

Pflanzsubstrat

Aglaonemen wachsen am besten in lockerer, durchlässiger Torfmischung. Man pflanzt sie in nicht zu große, mehr breite als hohe Töpfe. Pflanzsubstrat nicht zu fest einfüllen. Jedes Frühjahr umtopfen.

Anthurium Flamingoblume

Heimat: Tropisches Südamerika.
Aufrechte, 50–60 cm hohe Pflanzen mit immergrünen, breit pfeilförmigen Blättern, die auf schlanken Stielen stehen. Die exotisch anmutenden Blüten behalten ihre Farbe viele Wochen lang. Es gibt viele verschiedene Arten, aber nur 3 sind als Zimmerpflanzen wirklich geeignet: *Anthurium andreanum, Anthurium scherzerianum* und *Anthurium guatemala.*
Vermehrung: Durch Teilung oder durch Kopf- oder Stammstecklinge, die im warmen, geschlossenen Vermehrungskasten herangezogen werden.

Gesunde Pflanzen zeichnen sich durch glänzend grüne, straffe Blätter und aufrechte Blütenstiele aus.

Haltungsbedingungen

Standort

Die Pflanzen benötigen einen hellen Standort, müssen jedoch vor praller Sonne geschützt werden. Sie sollten möglichst frei stehen, um sich gut entfalten zu können. Vor Zugluft schützen.

Temperaturbedingungen

Zum guten Gedeihen sind gleichmäßige Temperaturen zwischen 16–21 °C notwendig. Starke Temperaturwechsel sind schädlich. Diese Tropenpflanze benötigt eine hohe Luftfeuchtigkeit und sollte am besten täglich mit weichem Wasser besprüht werden. Blütenscheide vor Wasser schützen!

Bewässerung

Während der Hauptwachstumszeit (April–September) reichlich mit weichem Wasser gießen, jedoch Staunässe vermeiden. Im Winter weniger gießen, Pflanze aber nicht austrocknen lassen.

Düngung

In der Wachstumszeit und während der Blüte wöchentlich dem Gießwasser ein Flüssigdüngerpräparat zufügen. Im Winter nicht mehr düngen.

Jahreszeitliche Pflege

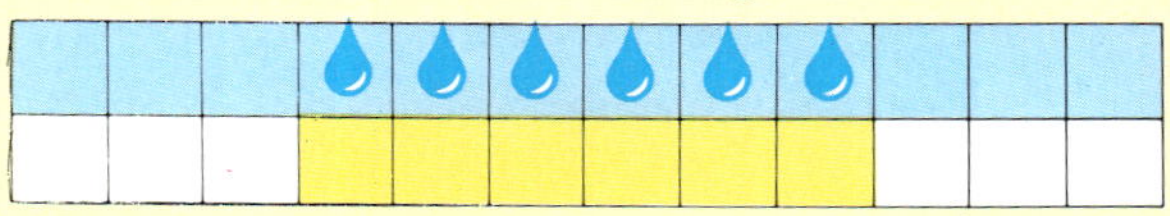

Anthurien sind nicht leicht zu halten und zum Blühen zu bringen. Sie benötigen im Sommer einen hellen, jedoch vor praller Sonne geschützten Standort, eine hohe Luftfeuchtigkeit, viel Wärme, regelmäßiges Gießen und Düngen. Im Winter sollen sie ebenfalls hell stehen, werden jetzt aber weniger gegossen und nicht mehr gedüngt.
Ältere Blätter müssen vorsichtig hin und wieder vom Staub befreit werden. Alle 2 Jahre umtopfen.

Pflanzsubstrat

Das Pflanzsubstrat sollte sich aus gleichen Teilen Torf, *Sphagnum*-Moos und verrotteten Blättern zusammensetzen und recht locker sein. Für gute Drainage sorgen!

Arten und Anschaffung

Das wichtigste Kriterium beim Kauf einer Flamingoblume sind glänzend grüne, straffe und unbeschädigte Blätter und viele neue Triebe.

Anthurium andreanum. Dies ist wahrscheinlich die anspruchsvollste Art dieser Gattung. Sie benötigt viel Wärme und eine hohe Luftfeuchtigkeit, um zum Blühen zu kommen – entschädigt aber diesen Aufwand durch herrliche, lang haltende, orangerote Blütenscheiden.

Anthurium scherzerianum. Diese Art besitzt rosarote Blütenscheiden mit spiralig gedrehten Kolben. Die Blütenstände müssen u. U. gestützt werden. Hohe Luftfeuchtigkeit fördert die Blühwilligkeit.

Anthurium guatemala. Bei besten Haltungsbedingungen (Wärme, hohe Luftfeuchtigkeit) blüht diese Art das ganze Jahr über.

Natürliches Welken. Diese Blüte ist aus Alters- nicht Krankheitsgründen verwelkt.

Kranke Blüte. Diese Blüte leidet, genau wie die Blätter, am Grauschimmel (*Botrytis*) – hervorgerufen durch zu kühle Haltung bei hoher Luftfeuchtigkeit.

Gelbe Blattspitzen deuten auf zu kühle, feuchte Haltung hin, es könnte sich aber auch um eine Reaktion auf ein Insektizid handeln.

Braune Flecken deuten auf einen Pilzbefall hin. Kranke Blätter sofort entfernen, die Pflanze mit einem Fungizid behandeln.

Aphelandra Glanzkölbchen

Heimat: Mexiko
Von der Gattung *Aphelandra* sind buntlaubige und grünlaubige Arten bekannt. Am häufigsten sieht man *A. squarrosa* mit ihren grünen, silbrig gerippten Blättern. Von April bis September erscheinen die leuchtend gelben Blütenstände. Die kleinen gelben Röhrenblüten sind zwar ziemlich unscheinbar, aber die kräftig gelb gefärbten Hochblätter, die monatelang an der Pflanze halten, machen diese Art zu einer beliebten Zimmerpflanze.
Vermehrung: Glanzkölbchen werden vegetativ durch Kopf- oder Stammstecklinge vermehrt. Die Stecklinge müssen entweder zwei Blätter oder zwei Augen besitzen. Sie werden in eine Torf-Sand-Mischung gesteckt und bei mindestens 21 °C und hoher Luftfeuchtigkeit gehalten.

Gesunde Pflanzen besitzen kräftige, wohl gezeichnete Blätter. Pflanzen mit gelben (rechts), fleckigen oder schlaffen Blättern meiden.

Haltungsbedingungen

Standort

Die Pflanze benötigt auf jeden Fall einen hellen Standort, reagiert jedoch sehr empfindlich auf pralle Sonneneinstrahlung. Vor Zugluft schützen! Zur Ausbreitung der Blätter ist viel Platz notwendig.

Temperaturbedingungen

Temperaturen zwischen 15 °C und 24 °C werden noch gut vertragen – je höher die Temperatur, desto höher jedoch die Luftfeuchtigkeit. Nach der Blüte etwas kühler (12 °C) halten. Bei zu trockener Umgebung färben sich die Blattspitzen gelb oder die Blätter fallen ab.

Bewässerung

Während der Wachstumszeit gleichmäßig feucht – nicht naß! – halten. Nicht austrocknen lassen! Nach der Blüte 4–6 Wochen lang wenig wässern.

Düngung

Die Pflanzen produzieren viele Wurzeln und neue Blätter, benötigen daher auch viel Nahrung. Während der Wachstumszeit alle 14 Tage düngen. Wenn die neuen Blätter kleiner werden, fehlt Dünger.

Jahreszeitliche Pflege

Nach der Blüte benötigt die Pflanze eine Ruhezeit, d. h. kühler (12 °C) stellen, weniger gießen, Luftfeuchtigkeit erniedrigen, nicht mehr düngen. Die Pflanze neigt im Winter zur Langstieligkeit; mehrtriebige Pflanzen erhält man durch Kappen der Haupttriebe. Im Frühjahr aus Trieb- oder Blattstecklingen neue Pflanzen ziehen. Blätter ab und zu reinigen.

Pflanzsubstrat

In nicht zu große Töpfe mit einer nahrhaften Mischung aus gleichen Teilen Humus und Einheitserde pflanzen. Nach der Ruhezeit umtopfen. Im Frühjahr Stecklinge in Komposterde pflanzen und bei 24 °C bewurzeln lassen.

Arten und Anschaffung

Beim Kauf wählen wir nur Pflanzen mit straffen, glänzenden, gut ausgefärbten Blättern und noch nicht ganz geöffneten Blüten, d. h. die unscheinbaren kleinen Blütchen dürfen den Rand der Hochblätter noch nicht überragen.
A. squarrosa Dania besitzt einen kompakten Wuchs und kürzere Blätter als die anderen Glanzkölbchen-Arten. Diese Art wird am meisten angeboten.
A. squarrosa Louisae besitzt 20–30 cm lange Blätter und auffällige, orange-gelbe Hochblätter.
A. squarrosa Brockfeld ist eine kompakte Pflanze mit dunkelgrünen Blättern.
A. chamissoniana besitzt eng gestellte, 10–12,5 cm lange Blätter und spitze, schmale, gelbe Hochblätter.

Blattschäden. Das obere Blatt ist von Schildläusen befallen, die bewegungslos unter einem braunen Schild sitzen und Zellsaft saugen. Das untere Blatt ist vom Grauschimmel (*Botrytis*) befallen. Diese Pilzkrankheit tritt oft bei zu feuchter, stehender Luft auf.

Schmierläuse (rechts) befallen gelegentlich Stamm und Wurzeln. Man erkennt sie leicht an ihrem weißen, wolligen Äußeren.

Schädlinge und Krankheiten

Trotz ihrer robusten Erscheinung ist die Gattung *Aphelandra* für eine Anzahl von Schädlingen und Krankheiten empfänglich.
Schildlausbefall äußert sich durch gelblichbraune Flecken auf der Blattoberseite, vor allem entlang der Blattnerven. Die Schildläuse selbst sitzen an der Blattunterseite, gut geschützt von einem braunen Schild. Bei geringem Befall sammelt man die Schädlinge am besten einzeln ab oder wischt die Blattunterseiten mit einem in Malathion getauchten Schwamm ab. (Gummihandschuhe benützen!) Bei starkem Befall Pflanze ins Freie stellen und mit Malathion oder Metasystox einsprühen – Vorsicht, beide Mittel sind stark giftig!
Blattläuse siedeln sich gerne an den neuen Trieben und jungen Blättern an; Blätter und Triebe verformen sich und rollen sich ein. Zur Bekämpfung genügt ein Insektizid.
Wenn sich die Blätter gelb verfärben und abfallen, auf der Unterseite weiße Gespinste anzutreffen sind, dann haben sich die gefürchteten **Spinnmilben** angesiedelt. Zu trockene, warme Bedingungen unterstützen diesen Befall. Befallene Blätter entfernen, Pflanze mit einem Akarizid einsprühen, Luftfeuchtigkeit erhöhen.
Stecklinge, die zu feucht gehalten werden, werden oft von einer Pilzkrankheit, der **Schwarzbeinigkeit**, befallen, d. h. die Stengel faulen an der Basis. Hier hilft nichts, infizierte Pflanzen müssen weggeworfen werden.

Aralia elegantissima Fingeraralie

Heimat: Neukaledonien
Diese Pflanze ist auch unter einem anderen Gattungsnamen (*Dizygotheca elegantissima*) bekannt und wird umgangssprachlich oft als „Falsche Aralie" bezeichnet. Die Fingeraralie wird ca. 1,20 m hoch und besitzt sehr schöne, handförmig gefingerte, zarte, filigranartige Blätter von dunkelgrüner bis fast schwarzer Färbung. Die Blattstiele entspringen derben, zentralen Stämmchen, um die sich die Blätter bei zunehmendem Wachstum gleichmäßig gruppieren. Mit zunehmendem Alter verliert die Pflanze ihre zarten Blätter und trägt dann größeres, gröberes Laub.
Vermehrung: Am einfachsten lassen sich Fingeraralien durch Samen vermehren, sie können aber auch aus Stammstecklingen gezogen werden. Bei beiden Vermehrungsarten muß die Temperatur bei mindestens 21 °C liegen, damit der Samen keimt und die Stecklinge sich bewurzeln.

Krankheiten und Schädlinge

Schildläuse scheinen eine Vorliebe für Fingeraralien zu besitzen. Sie sind auf dieser Pflanze zudem noch sehr schwer ausfindig zu machen, da sie in der Färbung der Farbe des holzigen Stammes gleichen. Man sollte den Stamm und die Blattstiele prophylaktisch öfter einmal genau in Augenschein nehmen, da die Schildläuse so schnell wie möglich bekämpft werden müssen. Einsprühen wird bei dieser Pflanze nicht viel nützen, da die Blätter sehr locker angeordnet sind, Am besten hilft ein sorgfältiges Abwischen der Pflanze mit einem Malathiongetränkten Schwamm. Man kann die Schildläuse aber auch wirkungsvoll von „innen" her bekämpfen, indem man dem Gießwasser ein Insektizid (z. B. Metasystox) beigibt, das die Läuse dann mit dem Zellsaft aufsaugen.
Schmierläuse (siehe Seite 55 oben) siedeln sich ebenso gern an Aralien an, sind aber aufgrund ihrer wachsig weißen Ausscheidungen gut auszumachen. Sie werden wie Schildläuse bekämpft.
Wurzelläuse gehören ebenfalls in die Gruppe der Schildläuse; da sie im Boden leben, wird man auf sie jedoch erst aufmerksam, wenn die Pflanze zu kümmern beginnt. Man topft am besten die Aralie dann um und tränkt das neue Pflanzsubstrat gründlich mit Malathion oder Metasystox.
Blattläuse besiedeln bei günstigen Bedingungen kolonieweise Stengel und junge Blätter, an denen sie Zellsaft saugen. Bei geringem Befall fährt man einfach mit Zeigefinger und Daumen am Stengel oder Blatt entlang – fest genug, um die Läuse abzustreifen, aber doch so vorsichtig, daß die Pflanzenteile nicht beschädigt werden. Bei stärkerem Befall muß man mit einem Insektizid sprühen.

Haltungsbedingungen

Standort

Fingeraralien können an einem hellen bis halbschattigen Platz stehen, vertragen jedoch kein direktes Sonnenlicht, Zugluft oder trockene Luft. Größere Pflanzen stellt man am besten direkt auf den Boden.

Temperaturbedingungen

A. elegantissima zieht warme Bedingungen vor; sie sollte im Sommer bei mindestens 21 °C, im Winter bei mindestens 15 °C gehalten werden. Zum guten Gedeihen benötigt die Pflanze eine recht hohe Luftfeuchtigkeit. Sie sollte aus diesem Grund täglich mit lauwarmem, weichem Wasser besprüht werden.

Bewässerung

Fingeraralien mögen mäßige Bodenfeuchtigkeit und sollten regelmäßig, aber nicht übermäßig gegossen werden – im Sommer etwas mehr als im Winter. Mit weichem Wasser gießen.

Düngung

Während der Wachstumszeit fügt man dem Gießwasser alle 14 Tage einen Flüssigdünger bei. Im Winter ist Düngen oft gar nicht notwendig. Langsames Wachstum und kleine neue Blätter weisen auf Nahrungsmangel hin.

Jahreszeitliche Pflege

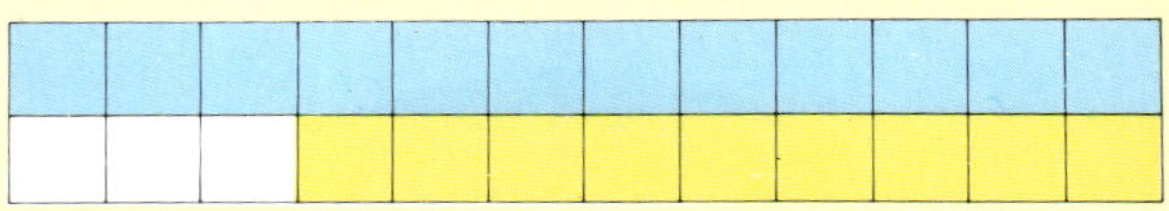

Die Pflege der Fingeraralie unterliegt kaum jahreszeitlichen Änderungen. Die Pflanze sollte stets mäßig feucht sein, die oberen zwei Drittel des Bodens dürfen dabei etwas austrocknen. Die Luftfeuchtigkeit sollte stets relativ hoch sein – abhängig natürlich von der Temperatur. Während der Wachstumszeit öfter düngen. Stets für gute Belüftung sorgen.

Pflanzsubstrat

Aralien nicht in zu große Töpfe pflanzen. Die Fingeraralie wächst langsam, sollte also nur alle 2 Jahre umgetopft werden. Als Pflanzsubstrat Einheitserde verwenden.

Schmierläuse setzen sich gerne in den Blattachseln und zwischen den Blattspreiten fest. Sie vermehren sich sehr rasch und schädigen die Pflanze beträchtlich – müssen also so früh wie möglich intensiv bekämpft werden. Man entfernt so viele Läuse wie möglich mechanisch, wischt vorsichtig Blatt für Blatt mit einem Malathiongetränkten Schwamm ab oder gießt mit einem Insektizid. Sprühen hilft bei dem lockeren Wuchs meist wenig.

Beim Kauf von Fingeraralien achte man auf guten Wuchs, glänzende Blätter und viele neue Triebe. Die Fingeraralie ist zwar eine sehr aparte Zimmerpflanze, jedoch nicht leicht zu pflegen.

Araucaria excelsa Zimmertanne

Heimat: Norfolk-Inseln
Diese immergrüne Konifere erreicht im Zimmer eine Höhe von 1,50 m. Ihre tannenartigen Wedel stehen waagerecht vom Stamm ab und tragen leuchtend grüne Nadeln.
Vermehrung: Zimmertannen werden am besten aus Samen gezogen, den man im Herbst oder Frühjahr bei 10–13 °C keimen läßt.

Schädlinge und Krankheiten

Auf den noch weichen Triebspitzen junger Pflanzen siedeln sich gerne Blattläuse an, die jedoch leicht mit einem Insektizid bekämpft werden können.
Beim Sprühen dieses Insektizids den Mindestabstand von 30 cm zur Pflanze halten, da die jungen Triebspitzen sonst durch das Spritzmittel zusätzlich geschädigt werden.

Beim **Kauf einer Zimmertanne** muß man darauf achten, daß die schweren Wedel horizontal vom Stamm abstehen und leuchtend grüne Nadeln tragen, sowie viele junge hellgrüne Triebe angesetzt haben. Auch die unteren Wedel müssen dicht benadelt sein und dürfen keine gelben Nadeln besitzen oder gar ihre Nadeln abwerfen. Pflanzen mit blasser Ausfärbung benötigen Nährstoffe und wurden schlecht gehalten. Bei gesunden Pflanzen muß der Stamm stark genug sein, um die schweren Wedel ohne Unterstützung zu tragen. Die im Handel erhältlichen Zimmertannen werden meist aus Samen gezogen, die aus Neuseeland importiert werden.

Kranke oder schlecht gehaltene Pflanzen neigen dazu, die Nadeln der unteren Äste zu verlieren, schlecht zu wachsen oder zu verblassen. Lassen sie die Wedel hängen (rechts), dann leiden sie wahrscheinlich unter zu hohen Wassergaben, Hitze, stehender Luft oder Lichtmangel.

Arten und Anschaffung

Zimmertannen werden gewöhnlich in kleinen Töpfen als ca. 30 cm hohe Pflänzchen verkauft. *Araucaria excelsa* ist die einzige Art, die sich als Zimmerpflanze eignet. Fürs Gewächshaus bietet sich *Araucaria araucana* an, die aus dem Bergland Chiles stammt. Diese Art ist dunkler grün und besitzt breitere, stachelige Nadeln.

Haltungsbedingungen

Standort

Ein heller Standort ist zum guten Gedeihen der Zimmertanne sehr wichtig. Am besten eignet sich ein Südfenster, wobei die Pflanze allerdings vor direkter Sonne geschützt werden muß.

Temperaturbedingungen

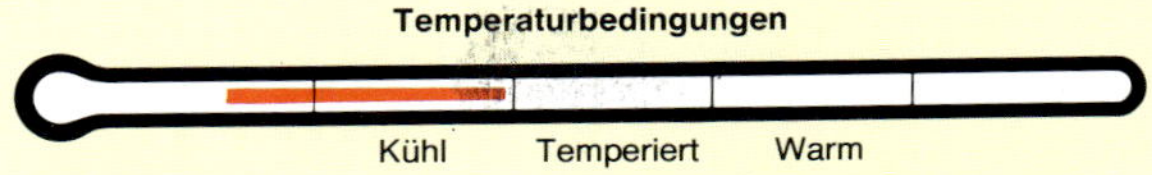

Die Pflanze verlangt kühle Temperaturen (13–18 °C), darf aber nicht zu trocken gehalten werden. Bei warmer, trockener Haltung werden die Nadeln gelb und fallen ab, die Wedel hängen schlaff herunter. Im Sommer öfter mit weichem Wasser übersprühen.

Bewässerung

Erde nur tabakfeucht halten und mit weichem Wasser gießen – kalkhaltiges Wasser vertragen die Pflanzen auf Dauer nicht. Vor dem nächsten Gießen Pflanzsubstrat etwas antrocknen lassen.

Düngung

Während der Wachtstumszeit in den Sommermonaten alle 14 Tage schwach düngen (nur die halbe Konzentration wie auf der Packung angegeben verwenden).

Jahreszeitliche Pflege

Wie die meisten Zimmerpflanzen bedürfen die Zimmertannen der Aufmerksamkeit während des Wachstums im Frühjahr und Sommer. Im Winter können die Pflanzen kühler (mindestens jedoch 5 °C) stehen; sie werden jetzt weniger gegossen und nicht mehr gedüngt. Bei älteren Pflanzen müssen die unteren Wedel, die dann Nadeln verlieren, weggeschnitten werden. Junge Pflanzen jedes Jahr umtopfen.

Pflanzsubstrat

Eine Pflanzmischung auf Lehmbasis ist für alle Wachstumsphasen geeignet. Beim Umtopfen darauf achten, daß der Stamm nur bis zum Wurzelansatz eingepflanzt wird.

Aspidistra elatior Schusterpalme, Metzgerpalme

Heimat: Japan, China, Himalaya
Die Schusterpalme war früher groß in Mode, hat dann eine Zeitlang als unverwüstliche Dekoration in Schaufenstern und auf Ladentheken gestanden und wird heute nur noch sehr selten angeboten, obwohl sie problemlos zu halten ist. Die speerförmigen, dunkelgrünen Blätter können bis 70 cm lang werden, allerdings wächst die Pflanze nicht sehr schnell.
Vermehrung: Durch Teilung größerer Pflanzen im Frühjahr.

Arten und Anschaffung

Die Pflanze sollte viele geschwungene, sattgrüne, unbeschädigte Blätter haben.
A. elatior ist die einzige in Kultur befindliche Art dieser Gattung. Wegen ihrer Zähigkeit wird sie in England auch „Gußeisenpflanze" genannt.

A. elatior 'Variegata' ähnelt sehr der Normalform, besitzt aber weiße oder gelbliche Längsstreifen auf den Blättern.

Eine gesunde Schusterpalme im entsprechenden Topf ist mit ihren geschwungenen, dunkelgrünen oder gestreiften Blättern ein wahres Schmuckstück – zudem noch sehr pflegeleicht. Die Blätter sollten öfter vom Staub befreit, jedoch nicht mit Blattglanzpräparaten behandelt werden.

Haltungsbedingungen

Standort

Schusterpalmen wachsen unter fast allen Lichtbedingungen, vertragen jedoch keine pralle Sonne. Die gestreifte Varietät benötigt etwas mehr Licht, um nicht zu vergrünen.

Temperaturbedingungen

Schusterpalmen gedeihen in einem ziemlich weiten Temperaturbereich, bevorzugen jedoch Temperaturen zwischen 13 °C und 21 °C. Frost oder zuviel Hitze schaden auch ihnen! An die Luftfeuchtigkeit werden auch keine Ansprüche gestellt; ein gelegentliches Übersprühen der Blätter wirkt sich jedoch günstig aus.

Bewässerung

Im Sommer etwas mehr gießen als im Winter. Vor dem nächsten Gießen die obere Bodenschicht etwas antrocknen lassen, dann kräftig gießen; Wasser gut ablaufen lassen.

Düngung

Schusterpalmen benötigen auch nicht viel Dünger. Geben Sie alle 14 Tage während des Wachstums ins Gießwasser etwas Flüssigdünger.

Jahreszeitliche Pflege

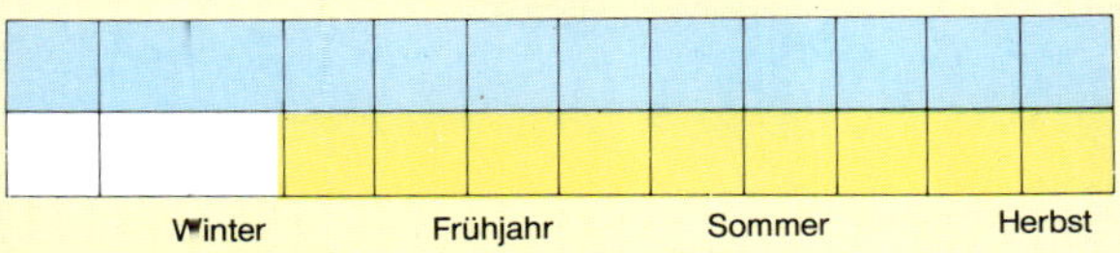

Der wesentliche Vorteil der Schusterpalme ist ihre Anspruchslosigkeit. Während der Wachstumszeit (Frühjahr–Herbst) wird etwas mehr gegossen und gelegentlich gedüngt. Im Winter weniger gießen, gar nicht düngen, eventuell etwas kühler stellen. Pflanzen nur alle 2–3 Jahre im Frühjahr umtopfen.

Pflanzsubstrat

Pflanzmischung mit hohem Lehmanteil verwenden. Neue Pflanzen erhält man durch Teilung älterer. Jedes abgeschnittene Rhizomstück sollte aber mindestens 2 Blätter haben.

Schädlinge und Krankheiten

Wegen ihrer lederigen, zähen Blätter hat die Schusterpalme selten unter Schädlingen zu leiden.
Gelbe Flecken entlang der Blattnerven weisen auf **Schildläuse** hin. Man entfernt sie am besten durch Abwischen mit einem Malathiongetränkten Schwamm. Gelb- und später Braunfärbung der Blätter sowie Gespinste auf den Blattunterseiten weisen auf **Spinnmilben** hin, die man sofort mit einem Akarizid bekämpfen muß.

Blattschäden können die verschiedensten Ursachen haben: Bei Überdüngung reißen die Blätter in Richtung der Längsnerven ein. Sofort das Düngen für den Rest des Jahres einstellen!

Braune Flecken auf den Blättern rühren entweder von direkter Sonneneinstrahlung oder zu großer Hitzeeinwirkung her.

Azalea indica Azalee

Heimat: China, Japan
Diese kleine, bis 75 cm hoch werdende, buschige, reichblühende Pflanze ist heute unter dem Namen *Rhododendron simsii* bekannt. Die Farbskala der einfachen oder gefüllten Blüten reicht von gedecktem Weiß bis zu dunklem Rot, mehrfarbige Varietäten eingeschlossen.
Vermehrung: Azaleen können durch Triebstecklinge vermehrt werden. Die Vermehrung ist jedoch sehr schwierig – wir sollten dies lieber dem Fachmann überlassen.

Azaleen gehören zu den schönsten Winterblühern. Eine gesunde Pflanze besitzt viele feste Blütenknospen und harte, dunkelgrüne Blätter sowie viele neue Triebspitzen, an denen saftige, hellgrüne Blättchen sitzen. Die Pflanze sollte keine Blätter verlieren. Da die Pflanzen nur sehr langsam wachsen und sich nicht leicht vermehren lassen, sind sie auch relativ teuer.

Arten und Anschaffung

Azaleen werden vom Fachhandel künstlich vorgetrieben, damit sie zur Winterzeit in voller Blüte stehen. Im Spätherbst kommen die ersten Azaleen in den Handel. Man wähle Pflanzen mit vielen Blütenknospen, die gerade im Aufgehen begriffen sind. So verlockend es auch sein mag: Pflanzen, die voll in Blüte stehen, sollte man nicht mehr kaufen. Andererseits empfiehlt es sich auch nicht, Pflanzen mit unterentwickelten Knospen oder gar knospenlose auszusuchen. Meist gelangen diese Stücke nicht mehr zur vollen Blüte. Der Pflanztopf muß sich schwer und feucht anfühlen – ein Zustand, den er für den Rest des Azaleenlebens auch beibehalten sollte.

A. indica (= *Rhododendron simsii*) wird am meisten angeboten. Diese Art umfaßt ein großes Spektrum verschiedenfarbiger Pflanzen. Diese Art benötigt viel Feuchtigkeit und eine gleichmäßig kühle Temperatur. Je niedriger die Temperaturen sind, desto länger blühen die Pflanzen.
A. japonicum (= *Rhododendron obtusum*) ist nicht so leicht zu treiben wie *A. indica* und deshalb auch erst im Spätwinter erhältlich. Die Japanische Azalee ist noch etwas robuster als die Indische. Ihre Blüten sind jedoch kleiner. Die Blütenfarbe ist meist rosa, es gibt aber auch weiße, violette und rote Varianten.

Haltungsbedingungen

Standort

Azaleen benötigen einen hellen, vor Sonne geschützten Standort und können im Sommer sowohl im Zimmer als auch im Garten gehalten werden. Im Herbst müssen die Pflanzen auf jeden Fall ins Haus genommen werden.

Temperaturbedingungen

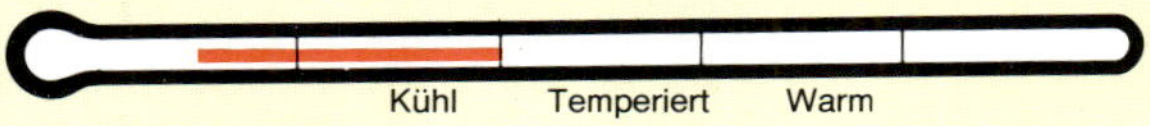

Azaleen gedeihen am besten in kühlen Räumen (10–15 °C), je kühler desto mehr Blüten setzen sie an. Die Luftfeuchtigkeit sollte relativ hoch sein – in den warmen Monaten empfiehlt es sich daher, die Pflanze mit kalkfreiem, lauwarmem Wasser zu besprühen, dabei sollte allerdings kein Wasser auf die Blütenknospen kommen, sofern schon welche angesetzt haben.

Bewässerung

Während der Blüte benötigen Azaleen viel Wasser. Man gießt am besten alle 2 Tage mit kalkfreiem Wasser. Niemals den Topf austrocknen lassen, aber auch keine Staunässe verursachen!

Düngung

Zur Blütezeit sollte man alle 14 Tage dem Gießwasser etwas Flüssigdünger zufügen, jedoch lieber etwas schwächer als zu stark dosieren.

Jahreszeitliche Pflege

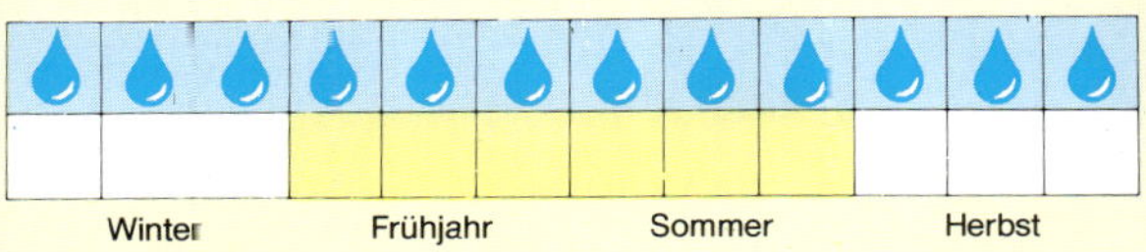

Azaleen reagieren sofort auf schlechte Behandlung. Wichtig sind ein heller, kühler Standort und regelmäßige Feuchtigkeit. Wenn im Frühjahr keine Fröste mehr zu erwarten sind, können wir die Pflanzen schon ins Freie setzen. Man senkt die Töpfe am besten in Torf oder lockere Erde ein, die stets gut feucht gehalten werden müssen. Vor dem Einsetzen der ersten Nachtfröste im Herbst die Töpfe wieder ins Haus holen. Regelmäßig alte Blüten und Blätter absammeln.

Pflanzsubstrat

Azaleen bevorzugen humusreiche, leicht saure Pflanzmischungen. Man topft die Pflanzen im Herbst in Tontöpfe um, drückt das Substrat fest an und wässert gründlich.

Schädlinge und Krankheiten

Bei zu trockener, schlecht belüfteter Umgebung siedeln sich, vor allem an neuen Trieben und Knospen, gerne Spinnmilben und Blattläuse an. Pflanze mit Malathion sprühen, bei sehr starkem Befall lieber wegwerfen, ehe die Schädlinge auf andere Pflanzen übergehen können. Welkende, abfallende Blätter deuten auf zu warme und trockene Haltung hin, sich nicht öffnende Blütenknospen auf Staunässe.

Austrocknung kann eine Azalee sehr schnell umbringen. Alarmsymptome sind welkende Blätter und Blüten. In diesem Fall muß die Pflanze sofort an einen kühleren Platz gestellt und gut gewässert werden. Am besten man stellt den ganzen Topf in einen Eimer mit weichem, lauwarmem Wasser und läßt ihn sich vollsaugen. Danach läßt man ihn gut ablaufen und prüft nach einer halben Stunde nochmals den Untersetzer auf stehendes Wasser.

Blattläuse halten sich nur auf frischen, weichen Trieben und Knospen auf. Bei geringem Befall können sie leicht mit einem Insektizid bekämpft werden. Mindestabstand beim Sprühen mit Insektiziden einhalten, da sonst Blüten und Blätter Schaden nehmen. Hin und wieder können Raupen vom **Azaleenwickler** oder der **Azaleenmotte** auftreten, die sich von den Blättern ernähren.

Begonia Begonie, Schiefblatt

Heimat: Assam

Es gibt eine sehr große Anzahl verschiedener Begonien: kriechende, kletternde, aufrecht wachsende und hängende. Fast alle besitzen sie dekorative Blätter und lang haltende, oft farbenprächtige Blüten. Man kann die Begonien ganz grob unterteilen in Blattbegonien und Blütenbegonien, wobei die Blütenbegonien sich wieder in zwei Gruppen teilen lassen: in solche mit Wurzeln und solche mit Knollen.

Begonien eignen sich hervorragend als Zimmer-, Balkon-, Garten- und Friedhofspflanzen.

Vermehrung: Blatt- und Blütenbegonien mit Wurzeln lassen sich auf zwei Arten vermehren, durch Blatt- oder durch Triebstecklinge. Aus Blattstecklingen lassen sich auf zwei verschiedene Methoden neue Pflanzen heranziehen. Der einfachere Weg besteht darin, daß man ein festes, unbeschädigtes Blatt abnimmt und dessen Längsnerven auf der Unterseite mit einem scharfen Messer oder einer Rasierklinge an mehreren Stellen durchschneidet. Dann legt man das Blatt mit der Unterseite nach oben in ein flaches Gefäß mit einer Torf-Sandmischung, drückt es etwas an und beschwert es mit ein paar Kieselsteinen, so daß die Blattnerven das Pflanzsubstrat berühren. An den Einschnitten bilden sich bald neue Pflänzchen.

Grauschimmel (*Botrytis*) tritt bei allzu schwüler, stehender Luft auf (rechts). Befallene Blätter bekommen zunächst braune Flecken und sterben dann ab. Befallene Blätter entfernen, Pflanze mit Fungizid behandeln. Für gute Belüftung sorgen, abgestorbene Blätter stets entfernen.

Beim Kauf achte man auf kompakten Wuchs, saftige, unbeschädigte, farbenprächtige Blätter, neue Triebe. Zu feuchte Haltung (unten) führt zu schlaffen, braunen Blättern, die bald absterben.

Es gibt eine Fülle verschiedener Blattbegonien, die als buntlaubige Zimmerpflanzen sehr geschätzt sind. Schon mit wenigen, verschiedenen Sorten läßt sich ein vielfarbiger Blickfang im Zimmer arrangieren. Bei guter Pflege bewahren die Blätter über 2 Jahre lang ihre natürliche Schönheit. Durch Blattstecklinge sind die Pflanzen leicht zu vermehren und unschön gewordene können durch neue ersetzt werden.
Blattbegonien sind besonders anfällig für Grauschimmel, Ringfleckenkrankheit (bräunliche Ringe auf den Blättern) und Ölfleckenkrankheit (fettartige, glasige Flecken auf den Blättern). Befallene Blätter sofort entfernen.

Arten und Anschaffung

Begonia rex. Die Varietäten dieser attraktiven Blattbegonie sind nicht zu zählen. Am besten wendet man sich an einen Begonien-Züchter, bei dem man unter einer großen Zahl von Varietäten wählen kann.
Begonia glaucophylla gehört zu den Blütenbegonien. Sie besitzt hellgrüne Blätter und bringt im Spätwinter oder zeitigen Frühjahr Trauben orangefarbener Blüten hervor.
Begonia corallina besitzt große, hellgrüne Blätter, wird bis 1,80 m hoch und trägt große Trauben dunkelrosafarbener Blüten, die monatelang halten.
Begonia hiemalis ist eine sehr bekannte Blütenbegonie mit weichen, zerbrechlichen Blättern von dunkelgrüner Färbung.
Begonia semperflorens gehört zu den kleineren Begonien. Sie besitzt fleischige, grüne Blätter und rote, weiße oder rosafarbene Blüten.
Begonia tuberhybrida gehört zu den Knollenbegonien, die man entweder schon als Topfpflanze oder aber als Knolle kaufen kann. Die Varietäten dieser Art tragen zerbrechliche, zugespitzte, hell- bis dunkelgrüne Blätter und sind in vielen verschiedenen Blütenfarben erhältlich.
Begonia mexicana ist eine kriechende Form mit tief gelappten und gezähnten Blättern. Vermehrt man diese Art mit Triebstecklingen, so erhält man hängende oder kriechende Pflanzen, Blattstecklinge ergeben dagegen mehr buschige Formen.

Um all die verschiedenen Arten und Züchtungen zu beschreiben, benötigte man ein ganzes Buch – am besten läßt man sich von einem Begonien-Züchter einen Katalog kommen oder sieht sich die Pflanzen bei ihm in natura an.

Bei der zweiten Methode wird ein unbeschädigtes Blatt in briefmarkengroße Stücke geschnitten, die man dann ebenfalls in ein Torf-Sandgemisch steckt. Es muß der Teil des Blattes, der dem Stiel am nächsten war, mit Sand bedeckt sein.
Die Blattstecklinge müssen gut feucht und warm (21 °C) gehalten werden.

Knollenbegonien werden durch Stecklinge oder durch Teilung der Knollen vermehrt. Die Knollen werden im zeitigen Frühjahr in flache Schalen mit feuchtem Torfgemisch eingelegt (die flache Seite der Knolle muß oben liegen und darf gerade eben mit Pflanzsubstrat bedeckt sein) und bei ca. 18 °C gehalten. Wenn sich kleine Triebe zeigen (alle 2 Tage kontrollieren), werden die Knollen in Stücke mit wenigstens ei-

Blühende Strauchbegonien (oben links) sind herrliche Pflanzen mit viel bunt gefärbtem Laub und in Trauben stehenden, zarten Blüten. Die Pflanzen benötigen eine regelmäßige Düngung und genügend Feuchtigkeit.

Knollenbegonien (oben rechts) eignen sich am besten für ein Nordfenster. Sie brauchen regelmäßiges, reichliches Wässern und Düngen und einen nicht zu warmen Standort. Die hier abgebildete Pflanze leidet unter Wassermangel, d. h. die Blätter bekommen braune Spitzen, rollen sich ein und welken schließlich ganz; auch die Blüten werden bald braun und welk.

Bei schlechter Belüftung befällt oft **Mehltau** (*Erysiphe*) die Pflanzen und läßt Stengel und Blätter wie überpudert aussehen (links außen). Das befallene Gewebe vergilbt mit der Zeit und wird braun.

Diese Pflanze (links) leidet unter **Wassermangel**, wie die verfärbten Blätter zeigen.

Grauschimmel (*Botrytis*) tritt auf, wenn die Pflanzen bei zu hoher Luftfeuchtigkeit, niedrigen Temperaturen und stehender Luft gehalten werden. Erste Anzeichen sind braune Flecken auf den Blättern (rechts), denen der typische graubraune Schimmelbelag folgt.

nem Trieb geteilt und einzeln in ca. 12 cm große Tontöpfe mit einem Torf-Humusgemisch gepflanzt.

Bei den Blütenbegonien ist eine Vermehrung durch Samen auch noch möglich; diese Art der Vermehrung ist aber nicht ganz einfach. Die Sämlinge gedeihen am besten bei einer Temperatur zwischen 20 °C und 22 °C unter Glas.

Blütenbegonien (unten) sind einjährig. Bei guter Pflege (schattiger, nicht zu warmer Standort, regelmäßiges Gießen mit kalkarmem Wasser, regelmäßiges Düngen) blüht die Pflanze das ganze Jahr über.

Haltungsbedingungen

Standort

Begonien möchten eher etwas schattig als zu hell stehen. Direktes Sonnenlicht verträgt keine der vielen Arten. Blütenbegonien sollten etwas heller stehen als Blattbegonien.

Temperaturbedingungen

Während des Wachstums und zur Blütezeit gedeihen fast alle Arten bei Temperaturen zwischen 15 °C und 20 °C. Nach der Blüte und in der Ruhezeit sollten die Temperaturen etwas niedriger sein (13 °C). Begonien brauchen eine relativ hohe Luftfeuchtigkeit (abhängig von der Raumtemperatur) und gute Belüftung. Auf den Blüten und den Blättern, vor allem den behaarten, sollte jedoch nie Wasser stehenbleiben.

Bewässerung

Während des Wachstums gut gießen und möglichst nur abgestandenes, lauwarmes Wasser verwenden. Zwischen jedem Gießen lieber die Erde etwas antrocknen lassen, als die Pflanzen zu naß zu halten, da Begonien zu Wurzelfäule neigen.

Düngung

Während der Wachstumszeit (April – September) alle 2 Wochen düngen – Knollenbegonien aber eher etwas weniger, da die Knollen Nahrung speichern können.

Jahreszeitliche Pflege

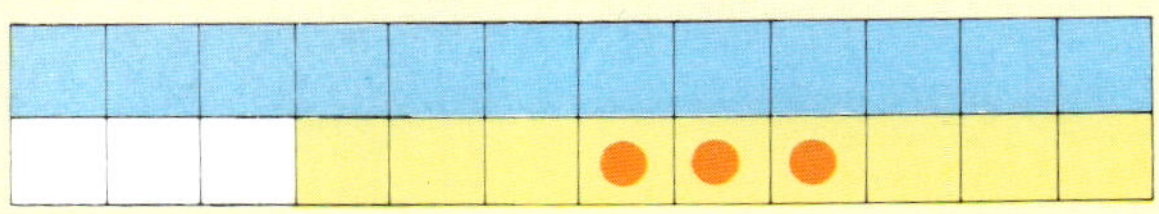

Bei allen Begonien muß darauf geachtet werden, daß abgestorbene Pflanzenteile so bald wie möglich entfernt werden, um der Gefahr von Pilzinfektionen vorzubeugen. Während der Wachstumszeit und der Blüte etwas wärmer halten, mehr gießen und düngen als in den Wintermonaten. Im Frühjahr Stecklinge nehmen und umtopfen, eventuell zurückschneiden.

Pflanzsubstrat

Begonien gedeihen fast alle in Einheitserde, der etwas Torf beigemischt ist. Blattbegonien wachsen gut in kleinen Töpfen mit lockerem Pflanzsubstrat, Blütenbegonien bevorzugen eher lehmige Mischungen.

Beloperone guttata Zimmerhopfen

Heimat: Mexiko
Dieser immergrüne Halbstrauch ist von Grund auf reich verzweigt, wird bis 80 cm hoch und trägt eiförmige Blätter, die auf beiden Seiten kurz behaart sind. Bei guter Pflege blüht er fast das ganze Jahr durch und trägt dann endständige, überhängende 10–20 cm lange Blütenähren mit braunroten Deckblättern und weißen, unscheinbaren Rachenblüten.
Vermehrung: Das ganze Jahr über durch krautige, etwa 10 cm lange Stecklinge, die bei ca. 20 °C Boden- und Lufttemperatur leicht bewurzeln.

Eine gesunde Pflanze zeichnet sich durch buschigen Wuchs, zahlreiche bräunlichrote, zopfähnliche Blütenstände, reichlich dunkelgrünes Laub aus. Die Pflanze sollte von Grund auf reich verzweigt sein, die Blätter fest und straff am Stiel sitzen. (Es gibt von *B. guttata* auch eine Form mit gelben Blütenähren.) Man vermeide beim Kauf Pflanzen, die hochaufgeschossen (vergeilt) sind, gelbliche Blütenähren besitzen und schlaffes, helles Laub tragen. Der Zimmerhopfen ist manchmal auch unter dem Namen *Drejerella guttata* im Handel und wird oft auch Spornbüchschen genannt.

Haltungsbedingungen

Standort

Der Zimmerhopfen benötigt zum guten Blühen sehr viel Licht und verträgt sogar direkte Sonneneinstrahlung. Während der Ruhezeit nicht in die pralle Sonne stellen

Temperaturbedingungen

Im Sommer verträgt die Pflanze Temperaturen bis 24 °C – bei guter Belüftung. In der winterlichen Ruhezeit sollte die Temperatur jedoch sehr niedrig sein (7 °C–15 °C). Extrem hohe oder niedrige Temperaturen schaden auch dem Zimmerhopfen! Die Luftfeuchtigkeit sollte relativ hoch sein, während der Blüte die Pflanze jedoch nicht besprühen!

Bewässerung

Im Sommer muß die Pflanze reichlich gegossen werden. Vorsicht jedoch vor Staunässe! Auf Trockenheit reagiert die Pflanze mit Blattfall. Im Winter weniger gießen.

Düngung

Im Sommer ca. alle 3 Wochen düngen. Nahrungsmangel äußert sich in hellen Blättern. Wenn die Blätter gelb und gekräuselt werden, fehlt der Pflanze Eisen (Eisenmangelchlorose), mit eisenhaltigem Dünger düngen.

Jahreszeitliche Pflege

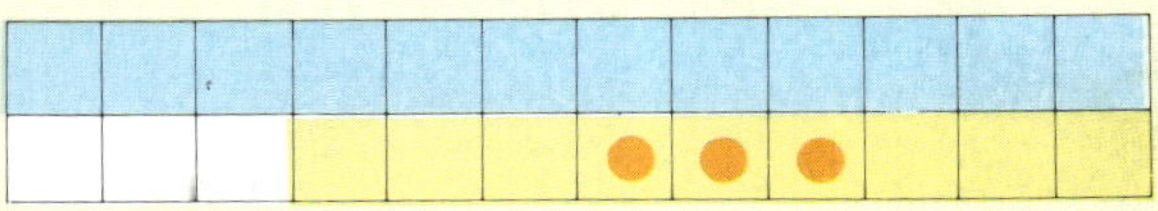

Im Sommer sehr hell stellen, reichlich gießen (oft sogar zweimal täglich) und gut düngen. Im Winter kühler stellen, nicht in die pralle Mittagssonne, weniger gießen, kaum düngen. Pflanze kann im Winter aus natürlichen Gründen die Blätter abwerfen. Bei sparrigem Wuchs fördert man Verzweigung, wenn man die Triebspitzen abschneidet. Im Frühjahr oder nach der Blüte zurückschneiden. Jedes Frühjahr in neue Einheitserde umtopfen.

Pflanzsubstrat

Der Zimmerhopfen gedeiht am besten in einer Mischung, die auf Lehmbasis beruht. Stecklinge setzt man in ein Torf-Sand-Gemisch. Starke Jungpflanzen müssen eventuell zweimal im Jahr umgetopft werden.

Wenn der Zimmerhopfen nicht mehr so recht gedeihen will, obwohl sich die Haltungsbedingungen nicht geändert haben, kann das daran liegen, daß die Pflanze dem Topf entwachsen ist. Man erkennt dies daran, daß die Wurzeln fast den ganzen Topfinhalt umfassen (links) und schon zum Abzugsloch hinauswachsen.

Bei **„Unterernährung"** verfärben sich die Blattspitzen braun (unten), das Blatt wird schlaff, gelb und fällt ab.

Schädlinge und Krankheiten

Wenn die Pflanze aufgrund von Haltungsfehlern schon geschwächt ist, wird sie Anziehungspunkt für etliche Schädlinge: **Blattläuse** siedeln sich an den frischen Trieben an und schwächen die Pflanze durch ihr Saugen noch mehr. Ihre klebrigen Ausscheidungen bilden den Nährboden für Pilzinfektionen und ziehen Staub und Schmutz an. Bei trockenwarmem Klima dauert es nicht lange und **Spinnmilben** treten auf. Bei geringem Befall sind sie nicht leicht auszumachen, man wird erst auf sie aufmerksam, wenn die Blätter gelbe Flecken bekommen und die ersten Gespinste auf der Blattunterseite sichtbar werden. Die Pflanze muß sofort isoliert und mit einem Akarizid behandelt werden! Luftfeuchtigkeit erhöhen!

Auf Haltungsfehler sind folgende Schäden zurückzuführen:

Schwarze Flecken auf den Ähren rühren von stehendem Wasser auf den Blüten her.

Gelbe Blätter lassen sich auf zu viel Wässern zurückführen.

Abfallende Blätter weisen auf zu trockene Haltung hin, können aber auch ein Zeichen für zu kalte Haltung sein. Wenn die Pflanze im Winter nicht mehr blüht und Blätter abwirft, so ist dies allerdings natürlich.

Eine **blasse Ausfärbung der Hochblätter** zeugt von zu dunkler Haltung. Pflanze jedoch nicht in direkte Sonne stellen!

Bougainvillea glabra Bougainvillie

Heimat: Brasilien
Bougainvillien sind unbewehrte oder dornige, 3–4 m hoch werdende, recht unscheinbare Kettersträucher mit wechselständigen, eirunden, dünnen Blättern. Im April jedoch, wenn die Sträucher zu blühen beginnen, sind sie alles andere als unscheinbar! Die Pflanze ist über und über bedeckt mit violetten, rosafarbenen, roten oder kupferfarbenen Hochblättern, zwischen denen kleine, gelblichweiße Blütchen sitzen.
Vermehrung: Im Frühjahr durch schon etwas verholzte Stammstecklinge, die bei einer Bodentemperatur von 25–30 °C bewurzeln. Die Vermehrung ist schwierig und sollte dem Fachmann überlassen werden.

Gesunde Pflanzen zeichnen sich durch unbeschädigte, leuchtend grüne, fleckenfreie Blätter und neue Triebe aus. Beim Kauf suche man sich eine Pflanze aus, die schon einige voll ausgefärbte Hochblätter (rechts) besitzt und viel Blütenansatz zeigt.

Rußtau (oben) tritt oft als Folge von Läusebefall auf. Er ist nicht nur sehr unschön, sondern schädigt auch die Pflanze. Läuse mit einem Insektizid bekämpfen!

Schmierläuse (links) halten sich gern in den Blattachseln auf. Hier hilft Einpinseln mit Methylalkohol.

Schädlinge und Krankheiten

Mehltau kann bei dieser Pflanze auftreten, da sie eine hohe Luftfeuchtigkeit benötigt. Für gute Belüftung sorgen.
Schmierläuse, Schildläuse und **Spinnmilben** setzen sich gerne an den Blättern der Bougainvillien fest. Um der Pflanze durch Sprühen nicht zu schaden, bekämpft man diese Parasiten am besten von innen her, indem man dem Gießwasser das entsprechende Insektizid zufügt.

Gelbe Blätter sind ein Zeichen zu nasser Haltung.
Blatt- und Blütenfall im Sommer (nur die Hochblätter bleiben stehen) rührt von zu warmer und trockener Haltung her. Pflanze wässern und gut einsprühen. Im Winter, zur Ruhezeit der Pflanze, ist ein Blattfall normal.
Kleine, neue Blätter sind ein Anzeichen dafür, daß der Pflanze Nahrung fehlt. Öfter düngen.

Arten und Anschaffung

Bougainvillien sollten gekauft werden, wenn man anhand einiger fertig ausgefärbter Hochblätter erkennen kann, welche Färbung die Pflanze zur Blütezeit trägt.

B. glabra ist die am häufigsten zu bekommende Art, die in mehreren Kulturformen im Handel ist. Der kletternde Strauch trägt bedornte Zweige.

Als Zimmerpflanze wird der Strauch nicht sehr hoch, muß aber dennoch unterstützt werden (links).

B. spectabilis ist eine nicht ganz so robuste Art wie *B. glabra*. Der kräftige Kletterstrauch trägt gekrümmte Dornen, behaarte Blätter und lilafarbene Hochblätter.

Haltungsbedingungen

Standort

Bougainvillien benötigen einen sehr hellen Standort. Bei zu dunkler Haltung blühen sie nicht. Ältere Pflanzen blühen bei Zimmerhaltung ebenfalls nicht mehr. Vor Zugluft schützen.

Temperaturbedingungen

Während der Wachstumszeit sind die Pflanzen nicht sehr temperaturempfindlich, sie sollten aber nicht über 24 °C gehalten werden. Im Winter müssen die Pflanzen eine Ruhezeit bei 8–10 °C einhalten. Die Luftfeuchtigkeit sollte so hoch wie möglich sein. Im Sommer öfter besprühen, nicht jedoch die Blüten.

Bewässerung

Während des Wachstums sehr feucht halten, jedoch für gute Drainage sorgen! Mit kalkhaltigem Wasser gießen. Im Winter höchstens einmal wöchentlich gießen, lieber etwas zu trocken halten, da die Temperaturen niedrig sind.

Düngung

Während der Wachstumszeit düngt man ca. alle 14 Tage mit einem sehr kaliumhaltigen Dünger (angegebene Menge halbieren). Wichtig ist eine Initialdüngung im Frühjahr. Im Winter nicht düngen.

Jahreszeitliche Pflege

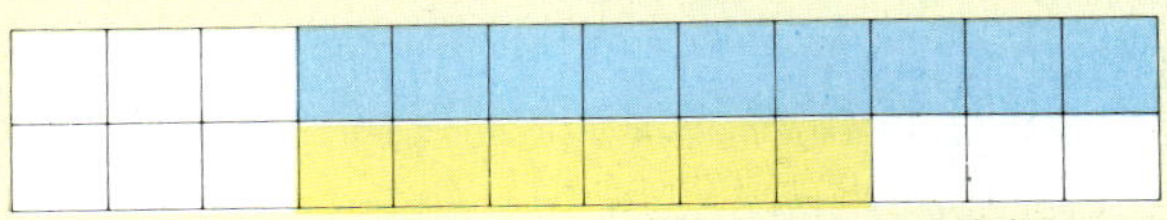

Der jährliche Pflegerhythmus wird bestimmt von der sommerlichen Vegetationsperiode und der strengen Winterruhe. Während viele Zimmerpflanzen im Winter nur etwas weniger Wasser und Dünger benötigen, kommen die Bougainvillien in dieser Zeit ohne Düngung und mit minimalen Wassergaben aus, da die Pflanzen meist sämtliche Blätter abwerfen.
Im Frühjahr umtopfen und eventuell zurückschneiden.

Pflanzsubstrat

Bougainvillien verlangen lehmhaltige Komposterde, die man jedes Frühjahr nach dem Triebbeginn erneuert. Ab einem Topfdurchmesser von 20 cm topft man nicht mehr um, sondern ernährt die Pflanze durch Düngung.

Bromelien, Zisternenpflanzen

Heimat: Amerika

Zu den Bromelien gehören eine Vielzahl verschiedener, rosettenartiger Pflanzen mit verschiedenfarbigen Blättern und Blüten. Am bekanntesten sind die Gattungen *Aechmea, Billbergia, Cryptanthus, Guzmania, Neoregalia, Nidularium, Tillandsia* und *Vriesea.*

Cryptanthus sind relativ kleine, robuste, bodenbewohnende Bromelien, die sich gut für die Haltung im Zimmer oder in Flaschengärten eignen. Sie benötigen lockere, humusreiche Erde und einen hellen Standort.

Von der Gattung **Guzmania** sind die Arten mit den leuchtend rot gefärbten, sternförmigen Blütenständen am beliebtesten. Guzmanien benötigen einen schattigen Standort mit hoher Luftfeuchtigkeit.

Die epiphytischen **Neoregalien** stammen fast alle aus Brasilien. Sie bilden geschlossene Rosetten aus stark bedornten und gesägten Blättern, die violett, weiß oder bläulich gefärbt sind. Diese Gattung benötigt viel Licht.

Zur Gattung *Billbergia,* dem Zimmerhafer (oben), gehören einige leicht zu haltende Bromelien. Die kleinen Blüten sind von leuchtend roten, rosafarbenen oder orangefarbenen Deckblättern umgeben. In einem Topf können mehrere Rosetten gleichzeitig gehalten werden.

Wer sich für die Haltung von Bromelien entscheidet, muß wissen, daß sie nicht alle die gleichen Ansprüche stellen, daß erdbewohnende Arten ganz anders gehalten werden müssen als epiphytisch lebende, stark beschuppte anders als kahle. Für einen solchen bewachsenen Ast (rechts) sind also nicht alle Bromelien geeignet.

Nidularium-Arten wachsen ebenfalls epiphytisch und kommen in den feuchten Wäldern Brasiliens vor. Sie bevorzugen einen schattigen Standort.

Tillandsien leben meist epiphytisch auf Bäumen. Die Arten mit stark beschuppten Blättern müssen hell, luftig und warm gehalten werden (im Winter etwas kühler). Arten ohne Schuppen benötigen weniger Licht, dafür aber eine höhere Luftfeuchtigkeit.

Vriesea-Arten leben meist epiphytisch. Man unterscheidet Arten mit farbigen Blättern und mit grünen Blättern. Als Bewohner des tropischen Regenwaldes benötigen sie einen schattigen Platz mit hoher Luftfeuchtigkeit.

Vermehrung: Entweder durch Samen oder durch Abtrennen von Kindel, die sich meist nach der Blüte am Grunde der Pflanze bilden.

Cryptanthus-Arten (Versteckblüte) leben terrestrisch zwischen Felsen, Baumstümpfen oder Wurzeln. Sie bilden flach niedergedrückte Rosetten aus längsgestreiften, gewellten und am Rande bedornten Blättern. Sie benötigen einen sehr hellen, warmen Standort und müssen an heißen Tagen besprüht werden, da sich sonst die Blattspitzen braun verfärben. *C. bromelioides* (oben) besitzt große Rosetten grün-weiß gestreifter Blätter mit rosafarbenem Rand. Im Sommer Wurzelballen stets feucht halten, weiches Wasser zum Gießen verwenden. Bei zu feuchter Haltung faulen die Pflanzen an der Basis.

Anschaffung und Arten

Beim Kauf von Bromelien, von denen es eine ungeheuere Vielfalt im Handel gibt, sollte man darauf achten, daß auch kleine Exemplare schon Wurzeln haben, die Blätter nicht verletzt oder fleckig sind und wenn möglich schon ein Blütenansatz vorliegt. Voll erblühte Pflanzen halten leider oft nicht sehr lange. Aus der großen Vielfalt, hier einige häufigere Arten:

Billbergia nutans, der Zimmerhafer, besitzt ca. 30 cm lange, schmale Blätter mit kleinen Randdornen, rosarote Hochblätter und rosafarbene und blaue Blütchen. Die Pflanze bildet viele Ausläufer.

Cryptanthus acaulis besitzt eine kleine, mittelgrüne Blattrosette, die mehlartig bestäubt ist. Bei zu warmer Haltung werden die Blätter am Rand trokken und braun.

Guzmania minor wird ca. 38 cm hoch, besitzt glänzend hellgrüne, schmale Blätter und leuchtend orangefarbene und rote Hochblätter. Die Pflanze benötigt einen hellen, warmen Standort und eine hohe Luftfeuchtigkeit.

Neoregelia carolinae zeichnet sich durch dichtgestellte, riemenförmige, ca. 40 cm lange, glänzend grüne Blätter aus, die am Rand mit feinen Dornen besetzt sind. Zur Blütezeit färben sich die Blätter in der Rosettenmitte rot. Die Blüten selbst sind violett bis blau und sitzen am Grund der Rosette. Der Blatttrichter sollte stets mit weichem Wasser gefüllt sein. Die Pflanze gedeiht am besten bei einer gleichmäßigen Temperatur von 15 °C an einem hellen Standort.

Nidularium striatum, die Nestrosette, besitzt hellgrüne, glänzende, feinbedornte Blätter und weiße Blüten. Die Blätter sind sehr weich, deshalb verlangt die Pflanze einen schattigen, nicht zu feuchten Standort. Man kann sie aber auch an einem Epiphytenast halten.

Tillandsia lindeniana fällt durch ihre schöne zweischneidige Blütenähre auf, die aus dichten rosafarbenen Deckblättern und großen, blauvioletten Blüten besteht. Sie benötigt eine relativ hohe Luftfeuchtigkeit.

Vriesea splendens, das Flammenschwert, wird ebenfalls gerne als Zimmerpflanze angeboten (siehe unten).

Die Varietät **Neoregelia carolinae 'tricolor'** (oben) besitzt sattgrüne Blätter mit cremeweißen Streifen. Zur Blütezeit sind die Blätter rötlich gefärbt. Füllt man den Trichter mit weichem Wasser, so kann man diese Färbung verlängern.

Bei im Gewächshaus gehaltenen Bromelien können Schnekken auftreten, die durch das stehende Wasser in der Blattrosette angelockt werden. Regelmäßiges Erneuern dieses Wassers ist notwendig.

Eine gesunde *Vriesea* zeichnet sich durch straffen, aufrechten Wuchs aus. Beim Kauf sollte die rote, schwertähnliche Blüte noch nicht voll ausgebildet sein. Das Flammenschwert benötigt einen sehr hellen, warmen (18–21 °C) Standort und eine hohe Luftfeuchtigkeit. Die oben abgebildete Pflanze leidet unter Wassermangel, d. h. die Blattspitzen werden braun und schrumpfen zusammen.

Wurzelschmierläuse (rechts) leben im Boden; ein Befall mit ihnen wird erst erkannt, wenn die Pflanze schon stark geschädigt ist.

Diese Tillandsienblüte (oben) welkt auf natürliche Weise. Nach bzw. schon während der Blüte bilden sich am Grund der Pflanze neue Pflänzchen, sogenannte Kindel. Wenn die Blüte verwelkt ist, stirbt auch die Mutterpflanze bald ab. Sobald sich die Blätter braun färben, entfernt man das Kindel und topft es in ein lockeres Pflanzsubstrat ein. Die Töpfe müssen gut drainiert sein, da bei zu nasser Erde die jungen Pflänzchen zu faulen beginnen würden. Lieber die Erde etwas trockener halten und dafür die Pflanze öfter mit weichem Wasser besprühen.

Haltungsbedingungen

Standort

Infolge der großen Artenvielfalt ist eine generelle Angabe der Lichtansprüche der Bromelien nicht möglich. Arten mit beschuppten Blättern müssen auf jeden Fall hell stehen; unbeschuppte Arten haben ein geringeres Lichtbedürfnis.

Temperaturbedingungen

Für fast alle Bromelien gilt eine warme (15–25 °C) Haltungstemperatur im Sommer, im Winter können die Pflanzen etwas kühler stehen – unter 10 °C sollte die Temperatur aber bei keiner Art fallen. Je höher die Haltungstemperatur liegt, desto höher muß die Luftfeuchtigkeit sein, wobei beschuppte Arten weniger Luftfeuchtigkeit benötigen als kahlblättrige.

Bewässerung

Bromelien dürfen im Wurzelbereich nicht zu feucht gehalten werden. Mäßig gießen. Die obere Substratschicht darf zwischen zwei Wassergaben ruhig austrocknen. Zum Gießen lauwarmes, weiches Wasser verwenden. In der Ruhezeit weniger gießen.

Düngung

Während der Wachstumszeit und vor der Blüte müssen nicht epiphytisch lebende Bromelien alle 14 Tage gedüngt werden. Bromelien, die auf Rinde oder Moos gehalten werden, benötigen das ganze Jahr über regelmäßig schwache Düngergaben.

Jahreszeitliche Pflege

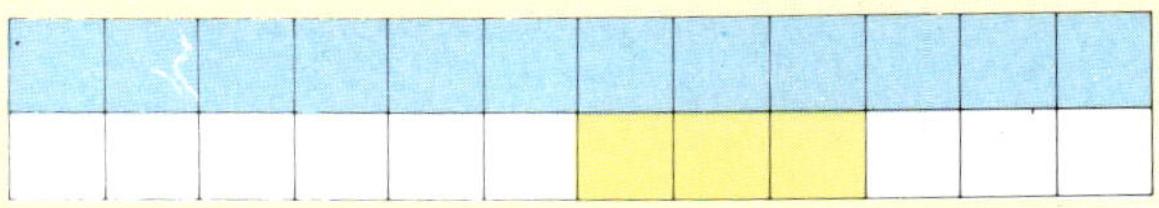

Auch bei der jahreszeitlichen Pflege kann man keine generellen Pflegehinweise geben, da jede Gattung einen etwas anderen Lebensrhythmus besitzt, einige Arten benötigen eine Ruhezeit, andere nicht. Es gilt auf jeden Fall, daß bei warmer Haltung die Luftfeuchtigkeit dementsprechend erhöht werden muß, und daß Bromelien nach der Blüte absterben, sich am Grunde der Mutterpflanze aber zwischenzeitlich Kindel entwickelt haben, aus denen neue Pflanzen herangezogen werden können.

Pflanzsubstrat

Alle Bromelien bevorzugen einen lockeren Humus. Empfohlen wird eine Mischung aus ca. 50% *Sphagnum*, 50% halbverrottetem Laubstreu und etwas Sand. Die Töpfe müssen sehr gut drainiert sein!

Kakteen und andere Sukkulenten

Heimat: Amerika
Kakteen und andere Sukkulenten umfassen eine sehr große Gruppe äußerst beliebter Zimmer- und Gewächshauspflanzen.
Alle Kakteen sind Sukkulenten, aber nicht alle Sukkulenten sind Kakteen. Unter Sukkulenten versteht man Pflanzen, die in besonderen Geweben Wasser speichern können. Man unterscheidet zwischen Blatt-, Stamm- und Wurzelsukkulenten. Die Kakteen gehören in der Mehrzahl der Gruppe der Stammsukkulenten an und unterscheiden sich von anderen sukkulenten Pflanzen durch den Besitz besonderer filziger Polster (Areolen), aus denen Stacheln, neue Sprosse und Blüten hervorgehen.
Die meisten Sukkulenten eignen sich für die Haltung im Zimmer recht gut, da sie die trockene Heizungsluft besser vertragen als andere Zimmerpflanzen und besondere Vorliebe für Südfenster und direkte Sonneneinstrahlung besitzen. Es ist jedoch ein Irrtum anzunehmen, diese Pflanzengruppe bedürfe weniger Pflege als andere Zimmerpflanzen. Hier nun genaue Pflegeanleitungen geben zu wollen, würde den Rahmen dieses Buches weit überschreiten, über die Haltung und Pflege von Kakteen und anderen Sukkulenten gibt es jedoch eine Menge Spezialliteratur im Handel. Grundsätzlich kann aber gesagt werden, daß das Wässern eine ganz entscheidende Rolle über Erfolg und Mißerfolg bei der Haltung und Pflege von Kakteen und Sukkulenten spielt. Ganz wichtig ist es, daß der Pflanztopf einen guten Ablauf besitzt, damit keine Staunässe entsteht!
Vermehrung: Kakteen und andere Sukkulenten kann man auf verschiedene Weise vermehren: durch Samen, Stecklinge, Teilung oder Kindel.
Kakteen werden meist aus Samen großgezogen oder geteilt. Der Samen sollte ganz frisch sein, um ein Auskeimen auch zu gewährleisten. Man legt ihn in flache Schalen, die mit einem gut durchlässigen Erde-Sand-Gemisch gefüllt sind und stellt diese Schalen an einen hellen, luftigen und warmen (18 °C) Platz auf. Stamm- und Blattsukkulenten lassen sich leicht durch Stecklinge vermehren. Bevor man diese jedoch in das Sand-Erde-Gemisch steckt, sollten die Schnittflächen etwas angetrocknet sein, um einem Faulen vorzubeugen. Anzuchtschale warm und hell aufstellen, jedoch vor praller Sonne schützen. Nur mäßig feucht halten, auf keinen Fall mit Folie abdecken!

Opuntien (rechts) zeichnen sich durch flachgedrückte Glieder und dicht mit widerhakenförmigen Stacheln besetzte Areolen aus. Sie benötigen einen sonnigen Standort zum guten Gedeihen.

Echeverien (oben) gehören zur Familie der Dickblattgewächse (Crassulaceae) und sind in den verschiedensten Blattfärbungen zu erhalten. *E. glauca* (ganz oben) besitzt eine violett getönte Blattrosette, *E. setosa* (oben) eine bräunlich-grüne. Echeverien brauchen viel Wasser und sollten einmal im Monat gedüngt werden. Zum guten Gedeihen ist eine Ruhezeit im Winter bei 5–10 °C notwendig.

Haltungsbedingungen

Standort

Bei der Wahl des richtigen Standortes muß man vom natürlichen Vorkommen der Kakteen ausgehen: Wüstenkakteen benötigen so viel Licht und Sonne wie nur möglich; Wald- und Savannenkakteen gedeihen besser bei leichter Schattierung.

Temperaturbedingungen

Wenn wir uns mit dem natürlichen Standort der Kakteen beschäftigen, so lernen wir auch, welche Temperaturbedingungen die einzelnen Arten benötigen. Allgemein kann man sagen, daß die Tagestemperaturen im Sommer zwischen 20–30 °C liegen können, nachts wollen es die meisten Arten etwas kühler. Von wenigen Ausnahmen abgesehen, halten die Kakteen eine Winterruhe bei etwa 10–15 °C.

Bewässerung

Während der Wachstumszeit vom Frühjahr bis Herbst gießt man kräftig, sobald die Erde ausgetrocknet ist. Im Winter kann man auf das Gießen fast ganz verzichten. Meist zeigen die Pflanzen an, ob sie Wasser benötigen oder nicht.

Düngung

Im Sommer sollte man alle 14 Tage mit einem speziellen Kakteendünger düngen. Im Winter gar nicht düngen!

Jahreszeitliche Pflege

Kakteen und Sukkulenten lieben viel frische Luft, deshalb sollte man sie im Sommer auch an einem geschützten Platz im Freien unterbringen. Fast alle Arten legen im Winter eine Ruhezeit ein, in der sie kühl, aber frostfrei und trocken gehalten werden müssen. In der Ruheperiode schrumpfen einige Arten stark zusammen, wir sollten uns davon nicht verleiten lassen, die Pflanzen im Winter auch zu gießen. Zusammengeschrumpfte Pflanzen erholen sich relativ rasch wieder im Frühjahr. Bei zu warmer Haltung während der Ruhezeit setzen die Pflanzen im nächsten Jahr keine Blüten an.

Pflanzsubstrat

Das Pflanzsubstrat muß gut wasserdurchlässig und porös sein, die Pflanze muß aber noch einen guten Halt haben. Für Kakteen und Sukkulenten gibt es spezielle Erdmischungen auf Lehmbasis.

Anschaffung und Arten

Beim Kauf von Kakteen und Sukkulenten achte man darauf, daß die Pflanzen unbeschädigt und frei von Schädlingen sind und fest in den Töpfen stehen. Große Pflanzen werden häufig in zu kleinen Töpfen verkauft und sollten möglichst bald in etwas größere Gefäße umgepflanzt werden. Trockene, braune Stellen an Blattkakteen sind harmlos, Pflanzen mit nassen, braunen Stellen sollte man auf keinen Fall erwerben, ebenfalls auch keine Pflanzen, die nicht fest im Topf sitzen, sie haben nämlich meist zu wenig Wurzeln oder gar keine! Sehr gerne gekauft und gut zu halten sind folgende Gattungen:

Astrophytum, kugelige Wüstenkakteen, die nach ca. 2 Jahren zylindrisch zu werden beginnen. Ab dem 3. Jahr kann man mit einer Blüte rechnen. Die Blüte hält aber nur einen Tag. Die Vermehrung dieser Gattung erfolgt am besten durch Samen.

Echinocereus-Arten sind meist niedrig und verzweigt, wachsen entweder solitär oder in Gruppen. Sie besitzen einen weichfleischigen, grünen, wenig- bis vielrippigen Stamm. Sie lassen sich durch Seitentriebstecklinge recht leicht vermehren. Stecklinge im Frühsommer abnehmen.

Epiphyllum-Arten leben epiphytisch in Bäumen. Sie besitzen grüne, abgeflachte Triebe mit winzigen Areolen und wenigen oder gar keinen Stacheln. Die Blüten sind groß und halten relativ lang. Dieser Blattkaktus läßt sich leicht durch ca. 10 cm lange Blattstecklinge vermehren.

Kakteen der Gattung **Hamatocactus** sind entweder kugelig oder etwas verlängert, vielrippig und weichfleischig. Die Blüten halten recht lange. Sie wollen einen nicht zu hellen Standort.

Cleistocactus strausii (ganz links) ist ein dicht bestachelter, säulenförmiger Kaktus, der sonnig plaziert werden muß und Winterruhe benötigt.

Euphorbia pseudocactus (links) ist ein kleines strauchförmiges Wolfsmilchgewächs mit spitzen Stacheln entlang der Rippen. Hell aufstellen, Winterruhe einhalten.

Notocactus leninghausii (oben) benötigt Schutz vor praller Sonne und sollte im Winter kühl gehalten werden.

Astrophytum

Echinocereus

Epiphyllum

Hamatocactus

Lithops

Lithops (links), die Lebenden Steine gehören zur Familie der Eiskrautgewächse (Mesembryanthemaceae). Sie müssen während der Wachstumszeit sehr hell stehen, benötigen wenig Wasser und kaum Dünger. Nie auf die Pflanzen Wasser bringen. Im Winter kühl stellen, jedoch nicht unter 10 °C, und ganz trocken halten. Arten dieser Gattung lassen sich leicht durch Samen vermehren. Als Pflanzsubstrat eine Mischung aus gleichen Teilen Lehm, Lauberde und Perlite verwenden.

Echeveria gibbiflora (ganz oben) ist eine robuste Sukkulente mit blaugrünen Blattrosetten. Die Pflanze benötigt einen hellen Standort und viel Feuchtigkeit, jedoch kein Wasser auf der Blattrosette stehenlassen!

Der Weihnachtskaktus (*Zygocactus truncatus*) (oben) ist wohlbekannt. Während der Blüte Pflanze nicht bewegen und nie austrocknen lassen! Bei 14–20 °C halten, Winterruhe einhalten.

Trichocereus spachianus (rechts) ist ein kräftiger, gut wachsender Säulenkaktus, der aber erst ab 30 cm Länge blüht – um diese Länge zu erreichen benötigt er jedoch 8–10 Jahre.

Schädlinge und Krankheiten

Kakteen und andere Sukkulenten sind für einige Schädlinge und Krankheiten besonders anfällig; hinzu kommt, daß man diese Pflanzengruppe oft weniger sorgfältig beachtet als andere Zimmerpflanzen, Schädlinge sich also oft recht lange unbemerkt entwickeln können.

Wurzelläuse treten bei älteren Sukkulenten öfter auf und werden leider erst sehr spät bemerkt. Die Pflanze verfärbt sich, welkt und stirbt ab. Zur Bekämpfung durchnäßt man die Erde mit Malathion.

Bei zu feuchter Haltung greift **Naßfäule** die Pflanzen von unten her an. Das Gewebe wird braun, weich und verfault schließlich. Befallene Pflanzen sind meist nicht mehr zu retten.

Grauschimmel (*Botrytis*) äußert sich in nassen, faulenden Flecken an der Stammbasis oder an den Blättern und Trieben von Sukkulenten und Kakteen. Befallene Stellen mit einem scharfen Messer wegschneiden – wenn möglich – und Schnittstellen mit einem Fungizid bestreichen.

Zusammenschrumpfen der Pflanzen deutet auf Wassermangel und zu große Hitze hin. Ausgetrocknete Pflanze gut wässern und feuchter halten, jedoch keine Staunässe aufkommen lassen und für gute Drainage sorgen.

Diese Bischofsmütze (*Astrophytum myriostigma,* links) wurde zu kühl und feucht gehalten und fault nun – die Pflanze ist nicht mehr zu retten. Bei den ersten Anzeichen von Fäulnis befallene Stellen wegschneiden und Schnittstellen mit einem Fungizid behandeln.

Diese beiden Weihnachtskakteen leiden unter ganz verschiedenen Haltungsfehlern: der obere wurde zu feucht gehalten und fault nun, der untere dagegen ist am Vertrocknen. Zu trockene Haltung zeichnet sich durch Schlaffwerden der einzelnen Glieder aus.

Campanula isophylla Glockenblume

Heimat: Oberitalien
Diese schöne Hängepflanze besitzt kurz-eiförmige, am Rand gezähnte, haarige, dunkelgrüne Blätter und trägt vom Frühjahr bis Spätsommer viele weiße, hellblaue oder lilafarbene Blüten und eignet sich hervorragend als Ampelpflanze.
Vermehrung: Durch Stecklinge, die im Februar in Sand gesteckt werden. Bis zum Bewurzeln bei 8–10 °C halten. Um einen buschigen Wuchs zu erhalten, entfernt man die Triebspitzen.

Anschaffung und Arten

Wählen Sie eine buschige Pflanze mit vielen Blütenknospen und vielen neuen Trieben. Achten Sie auf Schädlinge und Verfärbungen der dunkelgrünen Blätter. Angeboten werden folgende Arten und Varietäten:

C. isophylla mit hellblauen Blüten
C. isophylla 'Alba' mit weißen Blüten und
C. isophylla 'Mayi' mit lilafarbenen Blüten.

Schädlinge und Krankheiten

Spinnmilben kündigen sich meist durch Gelbfärbung der Blätter an. Luftfeuchtigkeit erhöhen und mit Malathion sprühen.
Gelbfärbung der Blätter deutet aber auch auf zu trockene Haltung, Licht- oder Nahrungsmangel hin. Bitte Haltungsbedingungen prüfen.
Fäulnis an Blüten und Stengeln deutet auf zu kalte, feuchte Haltung hin.
Sparriger Wuchs und **keine Blütenbildung** deuten auf zu warme Haltung.

Diese *C. isophylla 'Alba'* zeigt sich von ihrer schönsten Seite: Sie trägt eine Menge leuchtend weißer Blüten und straffe, grüne Blätter.

Haltungsbedingungen

Standort

Glockenblumen lieben sehr helles Licht, mit oder ohne Besonnung. Im Sommer muß man sie jedoch vor praller Sonne schützen, da die Pflanze sonst verbrennt und austrocknet. Für gute Belüftung sorgen.

Temperaturbedingungen

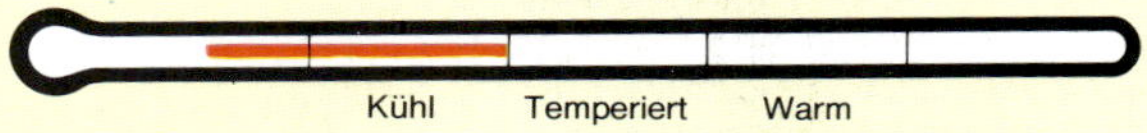

Glockenblumen bevorzugen niedrigere Temperaturen und fühlen sich am wohlsten bei 7–16 °C. Im Sommer hält man die Pflanzen am besten an einem schattigen Platz im Freien. Für gute Luftfeuchtigkeit sorgen und bei großer Hitze öfter besprühen.

Bewässerung

Während der Blütezeit benötigt die Pflanze sehr viel Wasser, Erde stets gut feucht halten, jedoch nicht naß!

Glockenblumen mögen Leitungswasser.

Düngung

In der Wachstumszeit alle 14 Tage dem Gießwasser etwas Flüssigdünger zufügen. Im Winter nicht mehr düngen.

Jahreszeitliche Pflege

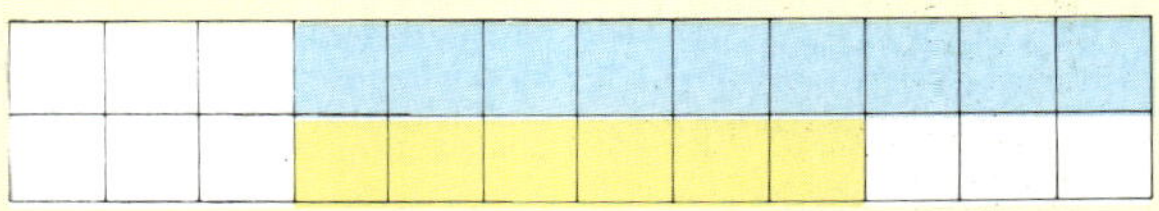

Die Glockenblume möchte das ganze Jahr über hell und luftig untergebracht sein. Bei höheren Temperaturen (über 16 °C) sollte man sie öfter übersprühen, bei kühleren Temperaturen die Feuchtigkeit drosseln. Temperaturen unter 5 °C werden nicht gut vertragen. Abgestorbene Blätter und Blüten stets entfernen. Im Winter Pflanze stark zurückschneiden, im Frühjahr Triebspitzen entfernen, um buschigen Wuchs zu erhalten. Muß nicht umgetopft werden, nur frische Erde auffüllen.

Pflanzsubstrat

Als Pflanzsubstrat Einheitserde oder eine Mischung aus Lauberde, Torf und Mistbeeterde verwenden. Als Topfgröße nicht mehr als 12 cm verwenden.

Chlorophytum comosum Grünlilie

Heimat: Südafrika
Dieses, sehr gut als Hänge- oder Ampelpflanze geeignete Liliengewächs besitzt 20–40 cm lange, linealisch-lanzettliche, grün und cremeweiß gestreifte Blätter. Die erwachsene Pflanze bildet an langen, harten, gelben Trieben zahlreiche Jungpflanzen aus, die schwer herunterhängen.
Vermehrung: Hauptsächlich durch Abnahme der sich an der Mutterpflanze zahlreich entwickelnden Jungpflanzen. Diese erst abnehmen und in Komposterde pflanzen, wenn sich schon Wurzelansätze zeigen. Hell und warm aufstellen, mit dem Älterwerden jedoch kühler halten.

Haltungsbedingungen

Standort

Zur Erhaltung der schönen Streifung benötigt die Grünlilie einen hellen Standort. Sie gedeiht zwar auch im Halbschatten, vergrünt dann aber. Vorsicht vor praller Sonne! Für gute Belüftung sorgen!

Temperaturbedingungen

Grünlilien mögen es nicht zu warm. Sie fühlen sich am wohlsten bei 10–18 °C, Temperaturen darüber und darunter werden nicht gut vertragen und führen zu Schädigungen der Pflanze. Auch im Winter darf die Grünlilie nicht unter 7 °C gehalten werden. Bei höheren Temperaturen für gute Luftfeuchtigkeit sorgen.

Bewässerung

Die Bewässerung hängt ganz von der umgebenden Temperatur ab: bei kühler Haltung muß weniger gegossen werden als bei wärmerer. Vor dem nächsten Gießen die Substratoberfläche leicht antrocknen lassen.

Düngung

Während der Wachstumszeit alle 10 Tage mit einem Flüssigdünger düngen. Nahrungsmangel kündigt sich durch Braunfärbung der Blattspitzen an.

Jahreszeitliche Pflege

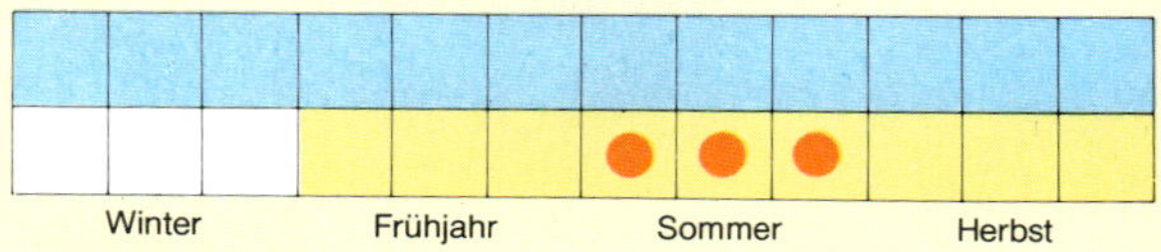

Grünlilien sind leicht zu halten, sofern die Ruhezeit (Oktober–März) eingehalten wird und pralle Sonneneinstrahlung und zu hohe oder zu niedrige Temperaturen vermieden werden. Während der warmen Jahreszeit kann die Pflanze auch im Freien gehalten werden. Bei höheren Temperaturen muß öfter gegossen und die Pflanze täglich übersprüht werden. Bei niedrigeren Temperaturen Wassergaben einschränken. Im Frühjahr umtopfen.

Pflanzsubstrat

Grünlilien bevorzugen lehmige Erdmischungen und sollten in nicht zu kleinen Töpfen gehalten werden, da die Pflanzen dicke, fleischige Speicherwurzeln ausbilden.

Anschaffung und Arten

Grünlilien werden das ganze Jahr über angeboten. Achten Sie beim Kauf auf Pflanzen mit buschigem Wuchs und schön gebogenen, straffen, gut ausgefärbten, glänzenden Blättern ohne jegliche Beschädigungen oder Verfärbungen. Angeboten werden zur Zeit drei Arten und etliche Varietäten:
C. amaniense aus Ostafrika mit bronzefarbenen Blättern,
C. capense aus Südafrika mit 2–4 cm breiten, grün-cremeweiß gestreiften Blättern und
C. comosum aus Südafrika mit schmäleren (1–2,5 cm breiten), grün-cremeweiß gestreiften Blättern.
Die Varietäten **cv. 'Variegatum'** umfassen zahlreiche, weiß- oder gelbgestreifte Formen.

Schädlinge und Krankheiten

Die meisten Schädigungen an Grünlilien entstehen durch Haltungsfehler, nicht durch Schädlinge. An Schädlingen treten in der Hauptsache Blattläuse, Schmierläuse und Spinnmilben auf. Wir sollten die Pflanzen regelmäßig auf diese Parasiten hin untersuchen und dabei vor allem junge Blätter und das Innere des Blattbüschels untersuchen. Haltungsfehler zeichnen sich durch folgende Schädigungen aus:

Fäulnis im Zentrum der Pflanze: Zu viel gegossen und zu feucht gehalten. Bei leichteren Schäden Pflanze gut abtrocknen lassen und weniger gießen.

Braunfärbung der Blattspitzen: Zu trockene oder zu sonnige Haltung, eventuell auch zu wenig Nährstoffe. Standort prüfen, vor praller Sonne schützen, Pflanzsubstrat auf Trokkenheit prüfen und gut wässern, jedoch auf einwandfreien Abzug achten. Stimmt die Feuchtigkeit und ist die Pflanze nicht zu sonnig untergebracht, dann muß sie sicher gedüngt werden.

Verlorengehen der Streifung: Pflanze wird zu dunkel gehalten, heller stellen.

Schlaffe, kränklich aussehende Blätter: Wahrscheinlich zu warme Haltungsbedingungen. Pflanze kühler stellen und gut beobachten, sollte sich keine Besserung einstellen, Wurzeln auf Parasiten prüfen.

Blätter werden transparent und weich: Zu kalte Haltung, eventuell hat die Pflanze auch Frost abbekommen.

Blätter verlieren den Glanz und werden grau: Hier sind sicher Spinnmilben am Werk. Mit Malathion gießen.

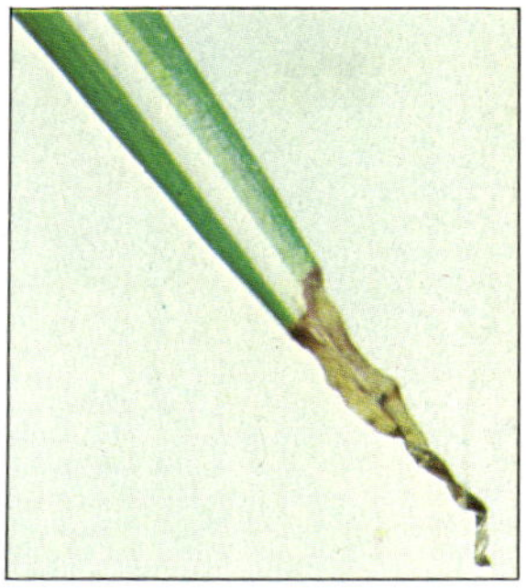

Blattläuse (ganz links) und **Schmierläuse** (Mitte) sind auf den gestreiften Blättern nicht leicht zu entdecken und deshalb sollten die Grünlilien gerade auf diese Parasiten regelmäßig untersucht werden.

Braune Blattspitzen (links) sind ein Anzeichen für zu trockene Haltung oder mangelnde Ernährung.

Eine gesunde Grünlilie zeigt einen büschelartigen Wuchs, schön gestreifte, glänzende, gebogene Blätter und viele neue Triebe.

Cineraria Cinerarie, Aschenpflanze

Heimat: Kanarische Inseln
Dieses einjährige, staudige Gewächs ist auch unter dem Namen *Senecio cruentus* bekannt. Die Pflanze wird ca. 40–60 cm hoch. An einem aufrechten, weichbehaarten Stengel sitzen große herzförmige, dunkelgrüne, unterseits filzig behaarte Blätter. Die großen Doldentrauben, die sich aus vielen Strahlenblüten zusammensetzen, erblühen von März bis Mai.
Vermehrung: Aus Samen, den man in Einheitserde sät.

Anschaffung und Arten

Cinarien werden ab Februar in den verschiedensten Blütenfarben angeboten. Da diese Pflanzen sehr anfällig gegen Krankheiten sind, prüfe man sie genau auf eventuelle Schädigungen. Je nach Wuchshöhe und Größe der Doldentrauben unterscheidet man niedrige, mittelhohe und hochwachsende Sorten mit großen, mittelgroßen oder kleinen Blütenköpfen.

Cinarien gibt es in den verschiedensten Blütenfarben, hier nur zwei Sorten in rosa und weiß (oben). Beim Kauf achte man auf gut ausgefärbte, straffe Blätter und reichlich Blütenansatz.

Pilzerkrankungen treten leider recht häufig bei den weichblättrigen Cinarien auf. Grauschimmel (*Botrytis*) befällt die Pflanzen vor allem, wenn die Luftfeuchtigkeit sehr hoch, die Temperatur aber relativ niedrig ist und wenn zusätzlich abgestorbene Blätter oder Blüten einen guten Nährboden für die Pilze bieten. Braune Flecken auf den unteren Blättern und Schimmelbeläge auf abgestorbenen Blättern und Blüten sind Anzeichen für die Erkrankung.

Schädlinge und Krankheiten

Cinarien sind, wie andere weichblättrige Zimmerpflanzen, sehr anfällig für Pilzerkrankungen und saugende Schädlinge. Außer dem Grauschimmel (siehe Seite 82 unten) tritt recht häufig Falscher Mehltau auf, eine Pilzerkrankung, die sich durch Verfärbung und Ausbleichen der Blattoberfläche ankündigt. Später bildet sich auf den Blattunterseiten ein immer dunkler werdender Pilzrasen. Befallene Blätter sofort entfernen.

Dieses Blatt (links) ist von den Larven der Blattälchen befallen, die sich im Innern des Blattes aufhalten und helle Fraßgänge hinterlassen. Die Schädlinge sind recht leicht zu entdecken und zu entfernen.

Braune Blattränder (rechts) deuten auf eine zu feuchte Haltung der Pflanze hin.

Neu gekaufte Pflanzen müssen sorgfältig auf Schnecken untersucht werden (unten).

Haltungsbedingungen

Standort

Cinarien bevorzugen einen hellen Standort, müssen jedoch vor direkter Sonneneinstrahlung geschützt werden. Der Standort sollte gut belüftet sein und nicht in der Nähe einer Heizquelle liegen.

Temperaturbedingungen

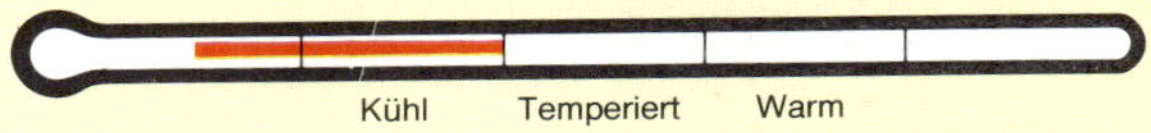

Wichtig für eine recht lange Blühdauer ist ein kühler, gut belüfteter Standort. Die Temperaturen sollten zwischen 10–15 °C liegen, die Luft nicht zu trocken sein. Auf den weichen Blättern sollte aber nie längere Zeit Wasser stehen, da sonst leicht Fäulnis eintritt.

Bewässerung

Die Pflanzen müssen regelmäßig gut feucht gehalten werden, Vorsicht jedoch vor Überwässerung oder Staunässe. Dies führt bei Cinarien sehr schnell zu Wurzelfäule, die sich durch Gelbfärbung der Blätter äußert.

Düngung

Cinarien besitzen sehr viele Wurzeln und sollten – obwohl sie als „Wegwerfpflanzen" gedacht sind – während ihrer Blütezeit wöchentlich einmal gedüngt werden, damit sie ihre Blühfähigkeit recht lange behalten.

Jahreszeitliche Pflege

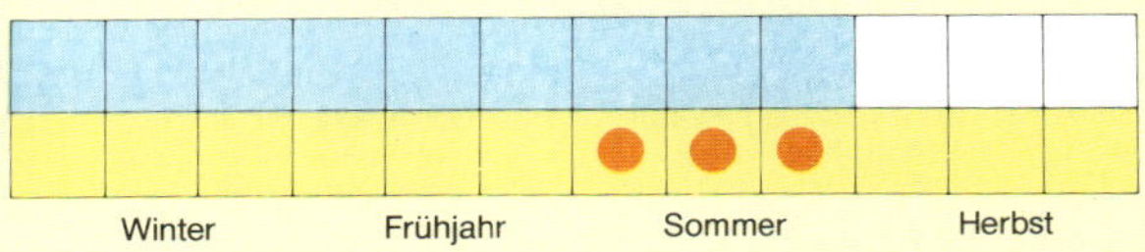

Cinarien blühen ab dem Frühjahr und bei guter Haltung bis in den Sommer hinein. Sie werden als einjährige Pflanzen behandelt, d. h. nach der Blüte weggeworfen. Während der Blüte müssen sie hell, luftig und kühl aufgestellt und regelmäßig gegossen und gedüngt werden. Ab Juni sorgt man durch Aussaat für neue Pflanzen. Die Anzuchtkästen müssen hell und kühl (jedoch nicht unter 7 °C) aufgestellt werden.

Pflanzsubstrat

Junge Pflanzen setzt man in lehmige Einheitserde, ältere Pflanzen brauchen nicht mehr umgetopft werden, da man sie nach der Blüte sowieso wegwirft.

Cissus Klimme

Heimat: Tropen
Die Gattung *Cissus* kommt mit etwa 350 kletternden, sukkulenten oder nichtsukkulenten Arten in fast allen tropischen Gebieten vor. Als Zimmerpflanzen werden in der Hauptsache angeboten: *C. antarctica. C. discolor* und *C. striata.*
Vermehrung: Durch Triebstecklinge, die im Frühjahr bei ca. 27 °C in Torfkultur bewurzelt werden.

Dieser gut entwickelte *C. discolor* (rechts) zeigt einen dichten, gesunden Wuchs und schön ausgefärbte Blätter. Um eine solche Pflanze zu erhalten, ist sehr viel Pflege und Aufmerksamkeit notwendig.

Anschaffung und Arten

Beim Kauf achte man auf kräftigen Wuchs, straffe, unbeschädigte Blätter und Blattstiele und schön ausgefärbtes Laub.

C. antarctica, die Känguruhklimme, stammt aus Australien. Dieser immergrüne Kletterstrauch besitzt ovale, am Rand gezähnte, hell- bis dunkelgrüne, glänzende Blätter, die auf dunklen Stielen am Haupttrieb sitzen.

C. discolor stammt aus Java und ist die wohl attraktivste *Cissus*-Art, jedoch auch am schwierigsten zu halten. Im Gegensatz zu den beiden anderen, hier genannten Arten, muß *C. discolor* warm gehalten werden. Diese Art besitzt länglich herzförmige Blätter, deren violett-purpurne Oberseiten silbrig gezeichnet sind; die Blattunterseiten sind tiefrot gefärbt.

C. striata stammt aus Chile und ähnelt im Wuchs sehr *C. antartica,* besitzt jedoch kleinere Blätter, die jeweils zu dritt oder fünft zusammensitzen.

Schädlinge und Krankheiten

Klimmen benötigen, mit Ausnahme von *C. discolor,* relativ wenig Pflege, trotzdem treten durch Haltungsfehler immer wieder Schäden an den Pflanzen auf. An tierischen Schädlingen wird diese Pflanze von Spinnmilben, Blattläusen und Schmierläusen bevorzugt befallen.
Erste Anzeichen für **Spinnmilben** sind gelbwerdende Blätter, an deren Unterseite sich bald helle Gespinste zeigen. Sobald man diese Schädlinge bemerkt, muß die Pflanze mit einem malathionhaltigen Mittel gründlich eingesprüht und am besten auch noch gegossen werden. Befallene Pflanzen von anderen Zimmerpflanzen getrennt halten.

Braune, trockene Flecken deuten auf eine zu nasse Haltung hin. Pflanzsubstrat vor dem nächsten Gießen etwas antrocknen lassen.

Welke, schlaffe Blätter sind ein Zeichen für zu warme, trokkene Haltung.

Abfallende Blätter, keine Neutriebe können darauf hinweisen, daß es der Pflanze zu kühl ist. Sollte dies nicht der Fall sein, so weist dies auf Nahrungsmangel hin.

Haltungsbedingungen

Standort

Cissus-Arten vertragen keine direkte Sonneneinstrahlung, wachsen aber gut an einem hellen bis halbschattigen Standort. *C. discolor* sollte eher an einem etwas schattigeren Platz gehalten werden.

Temperaturbedingungen

C. antarctica und *C. striata* benötigen Temperaturen von 12–21 °C, *C. discolor* reagiert schon bei Temperaturen unter 18 °C mit Blattfall. Da diese Art Wärme benötigt, muß auch die Luftfeuchtigkeit entsprechend höher sein als bei den beiden anderen Arten. Während der Ruhezeit im Winter werden die Pflanzen bei ca. 10 °C gehalten, *C. discolor* etwas wärmer.

Bewässerung

In der Wachstumszeit sollte das Pflanzsubstrat immer mäßig feucht gehalten werden. Zwischen den einzelnen Wassergaben das Pflanzsubstrat eher etwas antrocknen lassen. *C. discolor* im Sommer öfter besprühen.

Düngung

In der Wachstumszeit wird ca. alle 10 Tage gedüngt; am besten setzt man den Dünger dem Gießwasser zu. Nie Dünger auf trockenes Pflanzsubstrat geben.

Jahreszeitliche Pflege

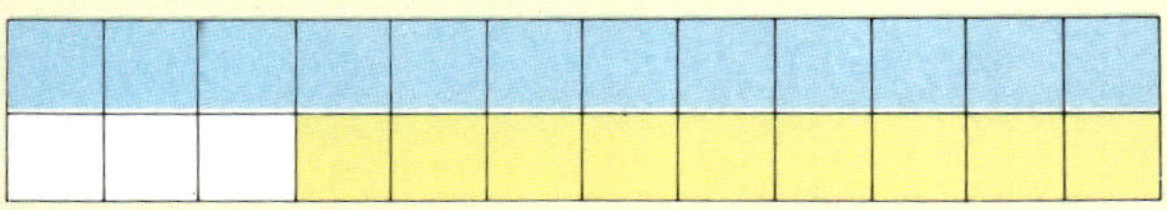

Allen *Cissus*-Arten sollte man eine kühlere Ruhepause in den Wintermonaten gönnen. In dieser Zeit darf nur so viel gegossen werden, daß das Substrat nicht austrocknet. Gedüngt wird nicht mehr. *C. discolor* wirft im Winter meist ihre Blätter ab, was aber natürlich ist. Nach der Winterruhe wird umgetopft und eventuell werden auch Triebstecklinge abgenommen. Um buschigen Wuchs zu erreichen werden die Triebspitzen zurückgeschnitten.

Pflanzsubstrat

Kleine Pflanzen gedeihen in erdefreiem Substrat, größere setzt man in eine Mischung auf Lehmbasis. Ab 2 m Trieblänge sollte die Pflanze in einem 25 cm Topf sitzen. Von jetzt an genügt es, nur noch die obere Erdschicht durch frische zu ersetzen.

Braune Stellen an sonst gesunden Blättern (oben) sind meist Auswirkungen von direkter Sonneneinstrahlung.
Gelbfärbung des ganzen Blattes (unten) deutet auf zu viel Gießen oder fehlende Nährstoffe hin.

Citrus mitis Zwergorange

Heimat: Ostasien

Citrus mitis ist die einzige *Citrus*-Art, die sich gut im Zimmer halten läßt und hier auch Früchte ansetzt. Die reichverzweigte, strauchförmige Pflanze wird bis zu 1 m hoch, wächst aber sehr langsam. Sie besitzt ovale, dunkelgrüne, glänzende Blätter. Im Frühsommer erscheinen weiße bis cremefarbene, stark duftende Blüten, von denen einige auch Früchte ansetzen. Die Fruchtreife dauert ca. 2 Jahre.

Vermehrung: Durch Samen oder Triebstecklinge.

Citrus-Bäumchen sind nicht billig und sollten daher mit besonderer Sorgfalt ausgesucht werden. Meist werden die Pflanzen schon mit fast reifen Früchten angeboten. Wählen Sie eine reichverzweigte Pflanze mit unbeschädigtem, dunkelgrün glänzendem Laub und achten Sie darauf, daß die Pflanze festwurzelt.

Haltungsbedingungen

Standort

Volles Licht ist für diese Pflanze lebensnotwendig. Sie profitiert sehr von einem Freilandaufenthalt im Sommer an einem geschützten, sonnigen Platz. Vor Zugluft schützen!

Temperaturbedingungen

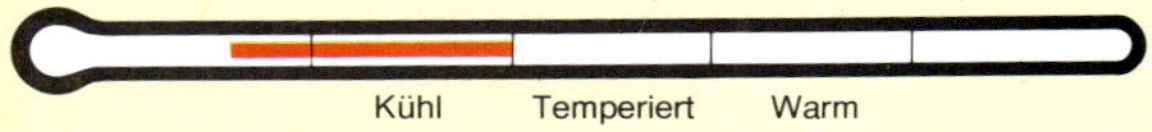

Wird die Pflanze das ganze Jahr über im Zimmer gehalten, so sollten die Temperaturen im Sommer 18 °C nicht übersteigen, im Winter zwischen 13 °C und 15 °C liegen. Bei zu niedrigen Temperaturen färben sich die Blätter von der Spitze ausgehend braun.

Bewässerung

Im Sommer – auch bei Freilandaufenthalt – benötigt die Pflanze recht viel Wasser. Im Winter und bei kühlerer Haltung wenig gießen, Pflanzsubstrat jedoch nicht austrocknen lassen.

Düngung

Im Sommer alle 10 Tage gut düngen, im Winter weniger. Oft beobachtet man Eisenmangelerscheinungen (gelbe Blätter). Dann sollte man einen eisenhaltigen Dünger verwenden, der den Schaden schnell behebt.

Jahreszeitliche Pflege

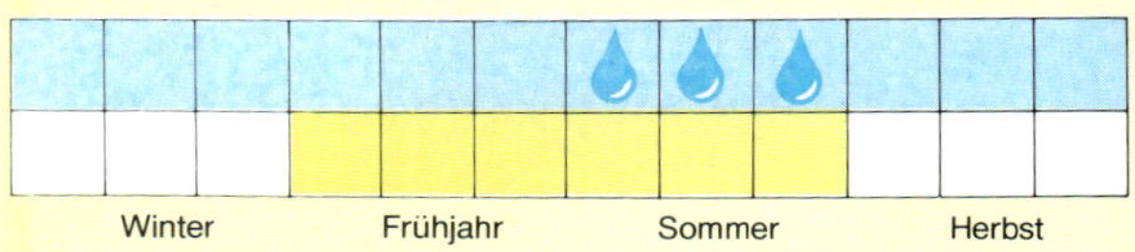

Wenn man der Pflanze einen windgeschützten Platz anbieten kann, sollte man sie vom Frühsommer bis Herbst ins Freie stellen. Gelegentlicher Sommerregen wird ihr sehr gut tun. Während der Wachstumszeit reichlich gießen und düngen – für gute Drainage sorgen. Im Winter etwas kühler halten, weniger gießen und düngen. Nach der Ruhezeit umtopfen. Blätter gelegentlich vom Staub reinigen (mit lauwarmem Wasser kräftig übersprühen).

Pflanzsubstrat

Jedes Frühjahr in Einheitserde oder lehmige Erdmischung umtopfen. Gut gedüngte Pflanzen benötigen nicht so häufiges Umtopfen. Für gute Drainage sorgen.

Anschaffung und Arten

Als Zimmerpflanze ist nur die Zwergorange (*Citrus mitis*) erhältlich. Die Zitrone (*C. medica*) eignet sich nur fürs Gewächshaus

Schmierläuse (ganz oben) siedeln sich auf *Citrus*-Bäumchen recht gerne an. Sie sind jedoch leicht zu erkennen und können bei frühzeitigem Entdecken mit einem in Methylalkohol oder Malathion getauchten Schwamm entfernt werden.

Spinnmilben (oben) sind im Anfangsstadium schwer zu erkennen. Die Pflanze wächst jedoch nicht mehr, die Blätter werden braun und bald sieht man auch die feinen Gespinste an den Triebspitzen.

Krankheiten

Citrus-Bäumchen sind recht empfänglich für Schadinsekten und reagieren sehr empfindlich auf schlechte Haltungsbedingungen.

Blattläuse bevorzugen auch bei dieser Pflanze die jungen Triebe und Blätter. Bei starkem Befall verkümmert die Pflanze, junge Triebe wachsen nicht mehr weiter oder zeigen verkrüppelten Wuchs. Auf den Ausscheidungen der Blattläuse (Honigtau) siedeln sich recht bald Pilze (Rußtau) an, die die Pflanze verunzieren und bei starker Ausbreitung auch schädigen.

Schildläuse gehören zu den ärgsten Feinden der *Citrus*-Bäumchen. Sie sitzen an den Stengeln und Blattunterseiten und gut getarnt in Blatt- und Blütenachseln. Bei geringem Befall kann man ihnen noch auf mechanische Weise (malathiongetränkter Schwamm) Herr werden, bei stärkerem Befall muß durchdringend gespritzt (eventuell Spritzen wiederholen) werden.

Spinnmilben (links unten) stellen ebenfalls eine ernsthafte Gefahr für *C. mitis* dar. Die Pflanze sollte daher regelmäßig auf diesen Schädling hin geprüft werden. Bei einem Befall muß man schnell reagieren, um die Pflanze noch zu retten.

Abfallende Blätter können verschiedene Ursachen haben: zu trockene, warme Haltung oder zu feuchte Bedingungen. Pflanzsubstrat auf Feuchtigkeitsgehalt prüfen und entweder gießen oder Substrat abtrocknen lassen.

Braune Blattspitzen, eingerollte Blätter sind auf zu niedrige Temperaturen zurückzuführen. Pflanze wärmer aufstellen.

Ausbleichende Blätter, keine neuen Triebe sind ein Zeichen von Nahrungsmangel.

Clivia miniata Clivie, Riemenblatt

Heimat: Südafrika
Diese ausdauernde, bis 50 cm hoch werdende Pflanze besitzt glänzend dunkelgrüne Blätter, die einem dicken, zwiebelähnlichen Stamm entspringen und bogenförmig nach zwei Seiten auseinanderfallen. Ab Februar erscheinen auf einem festen Blütenstiel herrlich leuchtend orangefarbene Blütendolden, die recht lange an der Pflanze halten. Eine gut entwickelte Blütendolde besitzt bis zu 20 trichterförmige Einzelblüten mit hellgelbem Schlund.
Vermehrung: Clivien kann man auf zwei Wegen vermehren, durch Samen und durch Abnehmen von Seitentrieben, die sich an der Mutterpflanze bilden. Beim Aussäen muß man etwas Geduld besitzen, das Aufgehen der Samen dauert 4–6 Wochen.

Anschaffung und Arten

Die am weitesten verbreitete und am häufigsten angebotene Art ist *C. miniata* mit dunkelgrünen Blättern und leuchtend orangefarbenen Blüten. Es gibt aber jetzt schon viele Kulturformen mit Blütenfarben, die zwischen hellgelb und tieforangerot liegen.
C. miniata 'Striata' ist eine reizvolle Form mit gelb- oder weißlich-gestreiften Blättern.

Eine gesunde Clivie sollte breite, kurze, glänzend dunkelgrüne oder gestreifte Blätter ohne irgendwelche Flecken oder sonstige Schädigungen besitzen. Kauft man sie nach der Blüte, so sind sie billiger.

Haltungsbedingungen

Standort

Clivien wollen einen hellen Standort, vertragen jedoch keine pralle Sonneneinstrahlung. Im Sommer ist ein wind- und sonnegeschützter Platz im Freien sehr angebracht.

Temperaturbedingungen

Clivien dürfen nicht zu warm stehen. Die Durchschnittstemperatur sollte bei 15–21 °C liegen, vor allem während der Blütezeit. Während der winterlichen Ruhepause muß die Clivie hell und kühl (8–10 °C) gehalten werden, um im nächsten Frühjahr eine Blüte zu gewährleisten.

Bewässerung

Clivien benötigen im Sommer und zur Blütezeit reichlich Wasser, sind aber sehr empfindlich gegen Staunässe. In der Ruhezeit darf nur soviel gegossen werden, daß die Erde nicht austrocknet.

Düngung

Clivien entwickeln ein sehr kräftiges Wurzelsystem und müssen deshalb nach Ausbildung des Blütenstiels wöchentlich gedüngt werden. Während der Ruhezeit nicht düngen.

Jahreszeitliche Pflege

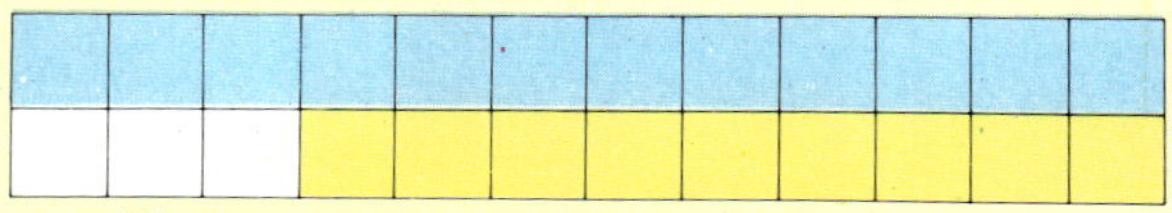

Reichliches Gießen und Düngen in der warmen Jahreszeit – gelegentliches Übersprühen mit lauwarmem Wasser wird ebenfalls dankbar angenommen – und kühle und trockene Haltung im Winter sind die hauptsächlichsten Pflegemaßnahmen bei Clivien. Ohne die winterliche Ruheperiode und bei Lichtmangel können wir nicht mit einer Blüte rechnen. Nach dem Verblühen Blütenstiel und Früchte entfernen, damit sich die Pflanze nicht unnötig verausgabt.

Pflanzsubstrat

In Lehm-Mischung pflanzen, bevor die Blütenstiele erscheinen. Gut gedüngte Pflanzen müssen nur alle 2 Jahre umgetopft werden. Wurzeln schonend behandeln.

Schädlinge und Krankheiten

Clivien werden nur selten von tierischen Schädlingen befallen, die meisten Schädigungen der Pflanze sind auf schlechte Haltung zurückzuführen.

Braune Blattspitzen deuten auf zu feuchte Haltung.

Braune Flecken auf den Blättern sind ein Zeichen dafür, daß pralle Sonne auf Blätter fiel, auf denen noch Wasser stand.

Welke Blätter kommen von zu trockener Haltung.

Diese Pflanze macht keinen guten und gesunden Eindruck. Zum einen ist sie ihrem Pflanzgefäß schon längst entwachsen, bzw. man hätte die Seitentriebe schon längst extra einpflanzen müssen. Zum andern sind die Blätter schon lange nicht mehr gesäubert worden, was die Pflanze unschön aussehen läßt, mit der Zeit aber auch schädigen wird. Die gelblichen Blattspitzen deuten auf zu trockene Haltung hin; die ausgeblichenen Blätter und die fehlenden Neutriebe zeugen von mangelnder Düngung. Um Neutriebe zu fördern, muß die Pflanze geteilt werden, sollte nicht zu kühl stehen und regelmäßig gedüngt werden.

Codiaeum Croton, Wunderstrauch

Heimat: Ostindien, Malaysia, Ceylon
Der Kroton gehört zu den beliebtesten Blattpflanzen für die Haltung im Zimmer, da er außerordentlich schön gefärbtes Laub besitzt und raschwüchsig ist. Bei guter Pflege kann die Pflanze bis 1 m hoch werden. Je nach Sorte variieren die Blätter in der Färbung von Weiß über Gelb, Orange, Rot und Braun bis fast Schwarz, die Formen von schmallänglich und glattrandig bis fingerförmig gelappt.
Vermehrung: Durch Stecklinge, die allerdings nur bei einer Bodentemperatur von 25–30 °C bewurzeln.

Anschaffung und Arten

Gleich welche Pflanze aus der ungeheuren Formen- und Farbenvielfalt Sie sich auswählen, achten Sie beim Kauf darauf, daß die Pflanze gut ausgefärbte, glänzende, unbeschädigte Blätter besitzt – vor allem auch an der Basis! Schützen Sie die Pflanze beim Transport gut gegen Kälte und Zugluft! Wahrscheinlich wird sie als Reaktion auf den Standortwechsel jedoch ein paar Blätter abwerfen, das ist aber natürlich.

Hier nur drei von vielen Croton-Sorten: **C. 'Mrs. Iceton'** (oben links), eine niedrigwüchsige, buschige Pflanze mit breit ovalen, rot-dunkelgrünen Blättern, **C. holufiana** (oben Mitte) mit länglich-ovalen, mehr gelbgrün und rot gefärbten Blättern und **C. craigii** (oben rechts), eine hochgewachsene Art mit gelbgrünen, fingerförmigen Blättern.

Diese 5 verschiedenen Croton-Blätter zeigen nur einen Bruchteil der Farben- und Formenvielfalt:
1 *C. 'Mrs. Iceton'*
2 *C. craigii,*
3 *C. 'Eugene Drapps',*
4 *C. holufiana,*
5 *C. reidii*

Schädlinge und Krankheiten

Der Croton ist leider recht anfällig für einige Schädlinge und Krankheiten und reagiert überaus empfindlich auf Haltungsfehler.
Spinnmilben führen zu einer Gelbfärbung der Blätter. Meist werden diese Schädlinge zu spät erkannt, die Pflanze muß dann vernichtet werden.

Schild- und Schmierläuse treten bei dieser Gattung ebenfalls recht gerne auf, sie führen zu Blattverfärbungen und Blattfall. Die meisten Blattschädigungen treten jedoch durch falsche Haltung auf.

Blattschäden entstehen in der Hauptsache durch zu kalte und feuchte Haltung (oben) oder aber zu warme und trockene (unten). Vor dem Kauf eines Crotons sollte man sich genau über die Haltungsbedingungen informieren und diese mit den im Zimmer vorhandenen Bedingungen vergleichen.

Haltungsbedingungen

Standort

Alle Croton-Sorten benötigen einen sehr hellen Standort, um die volle Schönheit ihrer Blätter entfalten zu können. An heißen Sommertagen muß das Laub jedoch schattiert werden, um Verbrennungen zu vermeiden.

Temperaturbedingungen

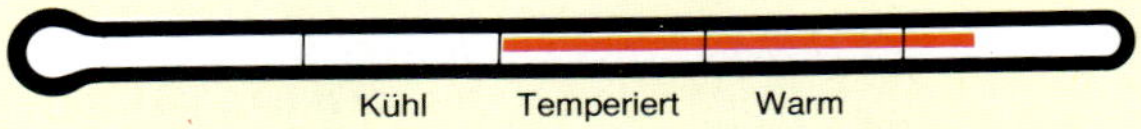

Warme (nie unter 18 °C), feuchte Bedingungen sind für den Croton lebenswichtig. Temperaturschwankungen werden mit Blattfall beantwortet. Bei trockener Kälte werden zuerst die unteren Blätter abgeworfen, bei zu heißen, trockenen Bedingungen werden die Blätter welk und schrumpfen zusammen.

Bewässerung

Codiaeum verlangt eine hohe Luftfeuchtigkeit (in Abhängigkeit zur Temperatur) und stets feuchten Wurzelballen – reagiert jedoch empfindlich auf Staunässe. Zum Gießen und Besprühen lauwarmes Wasser verwenden. Nicht sprühen, wenn direkte Sonne einfällt oder die Temperaturen unter 21 °C liegen.

Düngung

Während der Wachstumszeit im Sommer dem Gießwasser jedesmal eine kleine Menge Flüssigdünger zufügen. Blattdüngung auf alle Fälle vermeiden! In den kalten Jahreszeiten nur noch alle 14 Tage düngen.

Jahreszeitliche Pflege

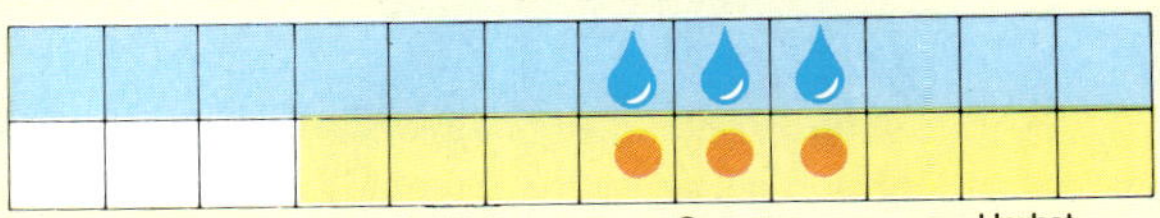

Die Pflanze benötigt das ganze Jahr über große Aufmerksamkeit, soll sie sich zu einem Prachtexemplar entwickeln. Bei höheren Temperaturen Luftfeuchtigkeit erhöhen, öfter gießen, bei niedrigeren Temperaturen Luftfeuchtigkeit senken, weniger gießen. Blätter öfter einmal vom Staub befreien, wenn möglich jedoch nicht zu oft Blattspray benützen. Sparrig gewordene Pflanzen können im Frühjahr zurückgeschnitten werden. Schnittstellen mit Zigarettenasche behandeln, damit sie nicht „ausbluten".

Pflanzsubstrat

Umgetopft wird am besten nach der Ruhezeit im Frühjahr. Als Pflanzsubstrat eine lehmige Erdmischung verwenden. Ab einer Topfgröße von 25 cm genügen regelmäßiges Düngen und aufmerksame Pflege.

Columnea Columnea

Heimat: Feuchte Wälder im tropischen Amerika
Sehr schöne Hängepflanzen mit bis zu 1 m lang werdenden Trieben, an denen paarig eiförmige bis längliche, fleischige Blätter sitzen, die glänzend grün bis bronzerot gefärbt und kahl oder weich behaart sind. Ab Februar erscheinen – bei guter Pflege – achselständige rote, gelbe oder orangefarbene Röhrenblüten, die recht lange halten.
Vermehrung: Im Frühsommer durch Stecklinge, die im warmen Anzuchtkasten bewurzelt werden.

C. gloriosa 'Purpurea' besitzt purpurfarbene, weich behaarte Blätter und bringt im zeitigen Frühjahr herrliche scharlachrote Röhrenblüten mit leuchtend gelbem Schlund hervor. Die achselständigen Blüten sitzen einzeln am Trieb, erscheinen jedoch äußerst zahlreich an der ganzen Pflanze verteilt.

C. gloriosa 'Purpurea' sollte auf jeden Fall als Ampelpflanze gehalten werden, am besten mehrere Pflanzen zusammen in einem Topf, um mehr Fülle zu haben.

Haltungsbedingungen

Standort

Columnea benötigt einen hellen, sonnengeschützten Standort. Sie wirkt am besten als Hängepflanze und sollte soviel Platz bekommen, daß die Blätter nirgendwo anstoßen. Vor Zugluft schützen.

Temperaturbedingungen

Columneen sind Warmhauspflanzen, sollten also nie unter 15 °C gehalten werden. Temperaturen über 24 °C werden ebenfalls nicht gut vertragen. Optimale Bedingungen sind 18–20 °C bei hoher Luftfeuchtigkeit und ohne direktes Sonnenlicht. Im Winter müssen die Pflanzen etwas kühler gehalten werden, um im nächsten Frühjahr gut zu blühen.

Bewässerung

Während der Vegetationszeit regelmäßig mit lauwarmem, weichem Wasser gießen, Substrat nie austrocknen lassen. Bei hohen Temperaturen mit weichem, lauwarmem Wasser übersprühen. Kaltes Wasser verursacht Flecken auf den Blättern.

Düngung

Im Sommer sollte dem Gießwasser alle 14 Tage ein kalkfreies Düngerpräparat zugefügt werden. Während der Ruhezeit nicht düngen. Keine Blattdüngung anwenden!

Jahreszeitliche Pflege

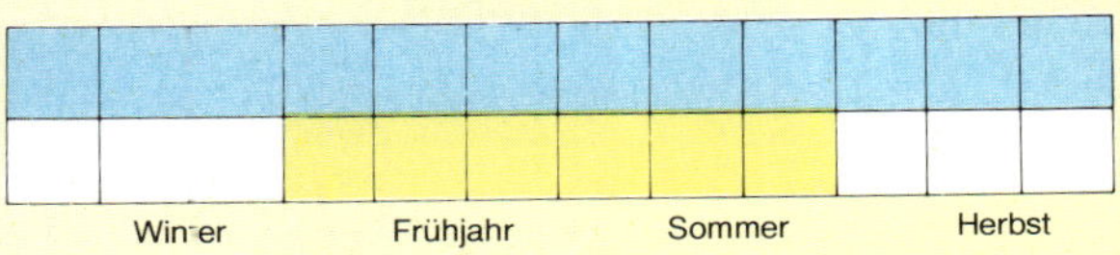

Im Sommer warm (18–23 °C) und feucht halten, öfter mit weichem, lauwarmem Wasser besprühen, alle 14 Tage düngen. Im Herbst mit einer kühleren (ca. 15 °C) Haltung beginnen, weniger gießen, Luftfeuchtigkeit erniedrigen. Um buschigen Wuchs zu erzielen, neue Triebspitzen abschneiden. Ca. alle 2 Jahre nach der Blüte umtopfen. Damit die Erde nicht zu schnell austrocknet, lieber Plastik- als Tontöpfe verwenden.

Pflanzsubstrat

Columneen bevorzugen ein lockeres, durchlässiges, saures Erdgemisch. Die Stecklinge werden im Frühsommer in durchlässiges Gemisch aus 1 Teil Sand und 1 Teil Einheitserde gesteckt und bei ca. 21 °C und hoher Luftfeuchtigkeit gehalten.

Anschaffung und Arten

Columneen sind leider nicht recht häufig im Handel. Sie werden in der Hauptsache im Frühjahr angeboten, wenn sie in der Blüte stehen. Wählen Sie Pflanzen mit üppigem Wuchs, fleischigen, gesunden Blättern und vielen Blütenknospen. Columneen eignen sich am besten als Warmhauspflanzen. Für die Zimmerhaltung ist *C. × kewensis* zu empfehlen, da diese Art lederige Blätter besitzt und auch mit etwas niedrigen Temperaturen vorlieb nimmt. Angeboten werden auch noch *C. banksii* mit glänzendgrünen, auf der Oberseite nicht behaarten Blättern und orangeroten Blüten, *C. gloriosa* mit eirunden, grünen oder bronzefarbenen (*C. gloriosa 'Purpurea'*) Blättern und scharlachroten Blüten, sowie *C. microphylla* mit fast runden rötlich behaarten Blättern und orangefarbenen Blüten.

Mottenschildläuse, auch Weiße Fliegen genannt, treten vor allem bei trockenen, warmen Bedingungen auf und schädigen die Pflanze durch ihr Saugen beträchtlich. Bewegt man die befallene Pflanze, so fliegen sie in Wolken auf. Befallene Blätter sind zuerst gelb, dann braun gefleckt. Alle 4 Tage mit einem Insektizid sprühen, bei Resistenz Mittel wechseln.

Krankheiten

Bei guter Pflege scheinen Columneen gegen ziemlich alle Krankheiten und Schädlinge resistent zu sein. Wenn Schädlinge auftreten, so handelt es sich in der Hauptsache um **Mottenschildläuse** (siehe oben) und **Spinnmilben** (gelb werdende Blätter). Bei zu feuchter, kühler Haltung kann **Grauschimmel** (*Botrytis*) auftreten. Zu viel Feuchtigkeit wird mit **Blattfall** beantwortet.

Cyclamen persicum Alpenveilchen

Heimat: Gebirge des südlichen Mitteleuropas
Alpenveilchen gehören zu den beliebtesten blühenden Zimmerpflanzen. Sie sind in den verschiedensten Blütenfarben, -größen und -formen erhältlich und werden in der Hauptsache in den Wintermonaten angeboten. Man kann aber dank züchterischer Leistungen das ganze Jahr über blühende Sorten erhalten. Leider werden diese Pflanzen bei den meisten Zimmerpflanzengärtnern wie einjährige behandelt, d. h. nach der Blüte weggeworfen.
Vermehrung: Durch Aussaat Ende Juli bis Anfang Januar. Anzucht bei ca. 21 °C in feuchtem Torfmull.

Anschaffung und Arten

Von *C. persicum* gibt es unzählige Sorten und Varietäten: mit gefüllten oder ungefüllten, glattrandigen oder gefransten, kleinen oder großen Blüten, in weiß, rosa, lachsfarben, rot und mit den unterschiedlichsten Blühterminen. Am bekanntesten sind jedoch die Sorten, die zur Winterzeit in den Handel kommen.

Beim Kauf achte man darauf, daß Blätter, Blüten- und Blattstiele und Blüten gesund aussehen und aufrecht stehen. Sehen Sie zwischen den Blättern nach, ob die Pflanze auch viele Blütenknospen angesetzt hat und die Knolle fest und fleckenfrei aussieht.

Eine gesunde, kräftige Pflanze zeichnet sich durch aufrechtstehende Blätter und Blüten, viele Blüten und viele Knospen sowie durch straffes, unbeschädigtes und fleckenfreies Laub aus. Die Blätter (rechts) besitzen die typische dunkelgrüne Färbung mit hellgrünen oder weißlichen Adern, zwischen denen heller gefärbte Flächen liegen. Der Blattrand ist gezackt. Blatt- und Blütenstiele sind rötlich gefärbt und festfleischig. Die Knolle schaut zu etwa einem Drittel aus dem Pflanzsubstrat, ist dunkel und hart.

Vermeiden Sie beim Kauf auf jeden Fall Pflanzen, deren Blätter schlaff herabhängen oder braun oder gelb verfärbt sind. Pflanzen mit beschädigten Knollen sollten ebenfalls gemieden werden. Die Auswahl der Pflanzen nach der Blütenfarbe ist individuell verschieden, manche mögen lieber kräftige Farben (oben links), andere ziehen einfaches Weiß (oben rechts) vor. Auf jeden Fall sollten die Blüten fleckenfrei sein.

Haltungsbedingungen

Standort

Alpenveilchen benötigen im Winter einen hellen, im Sommer eher einen halbschattigen, gut belüfteten Standort. Sie eignen sich sehr gut für ein Ostfenster oder zur Aufstellung zwischen Doppelfenstern. Vorsicht vor Zugluft!

Temperaturbedingungen

Cyclamen gedeihen am besten bei Temperaturen zwischen 11–16 °C. Wärme ist ihr größter Feind. Bei Wärme, Lufttrockenheit und stickiger Luft welken und vergilben die Blätter, die Stiele erschlaffen. Auch größere Temperaturschwankungen werden sehr übel genommen. Zur Haltung im Zimmer mit normalen Zimmertemperaturen sind diese Pflanzen auf Dauer nicht geeignet.

Bewässerung

Gegossen wird nur mit lauwarmem, weichem Wasser – im Sommer etwas mehr als im Winter, nach der Blüte längere Zeit fast gar nicht. Nicht in die Pflanzenmitte gießen oder Wasser auf Blättern stehenlassen.

Düngung

Während der Wachstumszeit sollte dem Gießwasser stets eine kleinere Düngerzugabe zugefügt werden. Kalkfreien Dünger verwenden. Nahrungsmangel kündigt sich durch kleine neue Blätter und keine Knospenbildung mehr an.

Jahreszeitliche Pflege

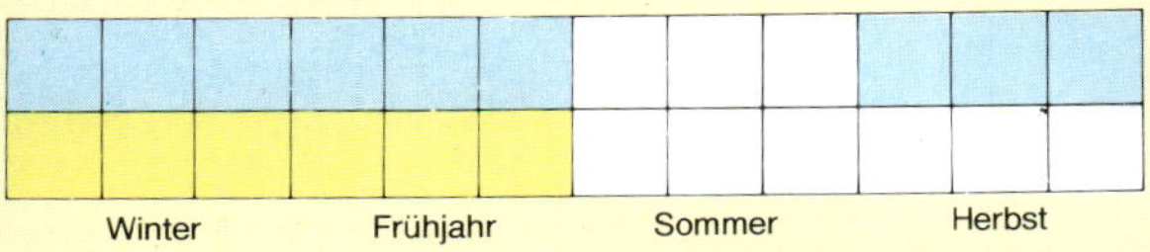

Cyclamen blühen – je nach Sorte – zu den verschiedensten Jahreszeiten, meist werden jedoch im Winter blühende Arten vorgezogen. Nach der Blüte hört das Wachstum für einige Zeit auf, die Blätter vergilben langsam. Nun darf das Pflanzsubstrat nur noch eben feucht gehalten werden. Man stellt den Topf mit der Knolle an einen kühlen, luftigen Platz, bis sich neue Triebe zeigen. Jetzt in frisches Substrat umtopfen und mit der regelmäßigen Pflege beginnen. Abgestorbene Pflanzenteile regelmäßig entfernen; nicht abschneiden, sondern langsam abdrehen.

Pflanzsubstrat

Lehmhaltige, kalkfreie Humuserde ist für Alpenveilchen und ihre Sämlinge am besten geeignet. Tontöpfe mit guter Drainage verwenden. Cyclamen blühen gut in stark durchwurzelten Töpfen, deshalb keine zu großen Töpfe verwenden.

Manchmal werden Alpenveilchen auch von **Blattläusen** (oben) befallen, die sich vor allem an der Blattunterseite aufhalten. Löcher in den Blättern (unten) deuten auf **Raupen** hin, die sich manchmal in den Pflanzen aufhalten können.

Grauschimmel (*Botrytis*) befällt sehr häufig im Herbst und Winter blühende Pflanzen. Er wird meist durch falsche Haltung (kühl und feucht) hervorgerufen. Erste Anzeichen sind vergilbende, feuchte Blattränder (unten), an denen bald Schimmelrasen entsteht.

Schädlinge und Krankheiten

Die häufigsten Schädigungen an Alpenveilchen entstehen durch Pilzkrankheiten und Haltungsfehler.
Cyclamenwelke ist ein Befall mit *Fusarium*-Pilzen, die über den Boden in die Wurzeln gelangen und die Wasserzufuhr verhindern. Erste Anzeichen sind vergilbende Blätter.
Wurzelbräune ist eine Pilzerkrankung, bei der die Wurzeln sich zuerst braun verfärben und dann absterben.
Cyclamenmilben (*Tarsonemus*) rufen wellig verbogene und eingerollte Blattränder hervor; leider gibt es gegen diese Schädlinge nur äußerst giftige Spritzmittel, so daß man lieber die befallenen Pflanzen wegwerfen sollte.

Cyperus Zypergras

Heimat: Madagaskar
Von diesen palmenartig wachsenden Sumpf- bzw. Wasserpflanzen eignen sich nur sehr wenige Arten für die Zimmerkultur. Die Pflanzen wachsen in Gruppen und bilden bei guter Pflege große, hellgrüne Büschel, die bis 1,50 m hoch werden können. Ab Mai erscheinen in der Mitte der Blattkrone unscheinbare weißliche Blüten.
Vermehrung: Durch Samen, Teilung oder Blattschopf-Stecklinge.

Anschaffung und Arten

Zypergras wird hauptsächlich im Sommer in zwei Arten angeboten: *C. alternifolius* und *C. diffusus.*
C. alternifolius besitzt fast runde, bis 150 cm hoch werdende Halme mit einer Blattkrone aus bis 25 cm langen, linealischen, hellgrünen Blättern.
C. diffusus wächst gedrungener und wird ca. 90 cm hoch. Die Blattkrone besteht aus 6–12 breiteren, hellgrünen Blättern.
C. alternifolius 'Albo Variegata' ist eine Varietät mit weißlich gestreiften Blättern.

Zypergras kommt in allen tropischen und subtropischen Gebieten in sumpfigem Gelände und am Rande flacher Gewässer vor – viel Feuchtigkeit ist also unerläßlich für gutes Gedeihen. *C. alternifolius* (links) ist die am leichtesten zu haltende und zu vermehrende *Cyperus*-Art. Achten Sie beim Kauf auf kräftigen Wuchs, aufrechtstehende Halme und viele neue Triebe am Grund der Pflanze. Vermeiden Sie Pflanzen mit nur wenigen Trieben und braun gefleckten oder eingerissenen Blättern. Die Zuchtform *C. a. 'Albo Variegata'* (unten) mit den schönen, weißgrün gestreiften Blättern wird leider nur selten im Handel angeboten und ist etwas heikler in der Pflege.

Krankheiten

Die meisten Schädigungen treten durch falsche Haltung auf. An tierischen Schädlingen können in seltenen Fällen Blatt-, Schmier- und Mottenschildläuse auftreten, die jedoch leicht zu erkennen und meist problemlos zu entfernen sind.

Blattschäden treten in der Regel nur durch Haltungsfehler auf. Eingerissene, braunwerdende Blätter (unten) deuten auf zu kühle, trockene Haltung hin, vergilbende, braunfleckige, schlaffe Blätter (ganz unten) auf zu trockene Haltung und Lichtmangel.

Haltungsbedingungen

Standort

Cyperus gedeiht am besten an einem hellen, jedoch nicht sonnigen Fensterplatz. Bei zu dunklem Standort werden die Blätter gräulich, der Wuchs spärlich. Pralle Sonne führt zu braunen Blattflecken.

Temperaturbedingungen

Zypergras wächst bei Temperaturen zwischen 12–25 °C, wobei keine zu großen Schwankungen auftreten sollten. Bei zu kühler Haltung (unter 10 °C im Winter) vergilben Blätter und Halme. Hier hilft nur ein radikales Zurückschneiden bis ca. 1 cm über dem Pflanzsubstrat, damit die Pflanze im Frühjahr wieder neu austreibt.

Bewässerung

Da *Cyperus* eine Sumpf- bzw. Wasserpflanze ist, kann man sie nie überwässern. Sie verlangt eine hohe Boden- und Luftfeuchtigkeit, die Pflanze sollte das ganze Jahr über in einem wassergefüllten Untersetzer oder Übertopf stehen, dieses Wasser öfter wechseln.

Düngung

In den Sommermonaten sollten die Pflanzen gut gedüngt werden, d. h. man fügt dem Gießwasser alle 10 Tage einen Flüssigdünger bei, oder man steckt eine Düngertablette mit Langzeitwirkung in die Erde.

Jahreszeitliche Pflege

Zypergras muß das ganze Jahr über gut gewässert werden. Je wärmer der Standort, desto sorgfältiger muß die Feuchtigkeit überwacht werden. Im Sommer tut gelegentliches Stehen im Regen sehr gut. Im Frühjahr umtopfen, jetzt große Pflanzen eventuell teilen. Die Vermehrung durch Blattschopf-Stecklinge kann das ganze Jahr durch vorgenommen werden. Abgestorbene Halme entfernen, um neuem Wachstum Platz zu schaffen.

Pflanzsubstrat

Das Pflanzsubstrat sollte einen hohen Lehmanteil besitzen, um Zersetzung und Auflösung im Wasser zu vermeiden. Zur Entgiftung und Vermeidung von Geruch kann man Holzkohlestückchen zufügen.

Dieffenbachia Dieffenbachie

Heimat: Tropisches Amerika
Dieffenbachien sind tropische Gewächse, deren Beliebtheit als Zimmerpflanzen in den letzten Jahren zunehmend gestiegen ist. Die attraktiven, schnellwüchsigen Blattpflanzen besitzen einen kräftigen geraden Stamm, an dem länglich-ovale, dickrippige Blätter sitzen, die je nach Art grün oder weißgelblich gestreift, gefleckt oder marmoriert sind.
Vermehrung: Das ganze Jahr über durch Stammstecklinge im Anzuchtkasten bei ca. 30 °C oder durch Ableger, die sich an der Basis der Mutterpflanze bilden.

D. amoena 'Tropic Snow' (unten) benötigt zur vollen Entfaltung und Ausfärbung ihrer Blätter einen hellen, nicht sonnigen Standort mit hoher Luftfeuchtigkeit und viel Platz um sich herum. Zur Vermehrung schneidet man die Stammspitze ab und setzt sie in einen Anzuchtkasten. Der restliche Stamm treibt bald wieder aus (rechts).

D. exotica (rechts) und **D. camilla** (ganz rechts) sind zwei sehr beliebte Arten mit niedrigerem, buschigem Wuchs und kleineren hellgrün und rahmweiß gefärbten Blättern. Beide Arten benötigen Halbschatten und hohe Luftfeuchtigkeit.

D. amoena besitzt große länglich-ovale Blätter mit dicker dunkelgrüner Mittelrippe, von der eine rahmgelbe Zeichnung ausgeht.

D. exotica trägt viele ovale Blätter mit unregelmäßiger rahmgelber Zeichnung auf hellgrünem Grund.

D. camilla ist leicht an ihren zugespitzten, cremeweißen Blättern mit dem grünen Rand zu erkennen.

Anschaffung und Arten

Bevor man sich eine der attraktiven Dieffenbachien zulegt, sollte man sich über den Standort im Klaren sein: Hell bis halbschattig, hohe Luftfeuchtigkeit, viel Platz zum Ausbreiten der Blätter und viel Wärme – auch im Winter. Beim Kauf der Pflanze achte man auf guten Wuchs, einen kräftigen Stamm und straffe, gut ausgefärbte Blätter ohne irgendwelche Schäden. Pflanzen, deren untere Blätter gelb werden oder gar fehlen, vermeide man, ebenso Pflanzen mit braunen Blattflecken oder -rändern.

D. bowmannii ist die wohl größte *Dieffenbachia*-Art. Die Pflanze stammt aus Kolumbien und wird über 1,50 m hoch. Die tiefgrünen, gelbgefleckten Blätter können eine Länge von 75 cm erreichen.

D. picta aus Brasilien wird bei guter Pflege ebenfalls bis 1 m hoch, besitzt aber kleinere grüne Blätter, die je nach Varietät weiß oder rahmgelb gefleckt oder gestreift sind. Im Zimmerpflanzenhandel sind sehr viele Arten, Sorten und Varietäten der Gattung *Dieffenbachia* zu erhalten; man läßt sich am besten beim Händler von den lebenden Pflanzen und ihrer Größe und Ausfärbung beeinflussen.

Wichtiger Hinweis: Der austretende Pflanzensaft der Dieffenbachien ist giftig und hautreizend. Beim Umgang mit diesen Pflanzen Handschuhe benützen!

Nach 3–4 Jahren Zimmerkultur beginnen die unteren Blätter natürlicherweise abzusterben. Sie vergilben (oben), werden braun und fallen ab.

Dieses Blatt (unten) leidet unter Verbrennungserscheinungen, die entweder durch eine nahe Heizquelle oder direkte Sonneneinstrahlung hervorgerufen wurden.

Blattläuse (oben) kommen recht selten vor. Zur Bekämpfung verwende man ein Insektizid, das über die Wurzeln aufgenommen und weitergeleitet wird.

Braune Flecken an den Blatträndern (unten) weisen auf zu nasse Haltung hin. Darauf achten, daß das Gießwasser gut ablaufen kann und die Pflanze keine nassen Füße hat.

Pflanzen, die zu kühl und feucht gehalten werden, beginnen leicht zu faulen (oben). Bei den ersten Anzeichen Pflanze trockener und wärmer halten (über 15 °C).

Dieses Blatt (unten) zeigt starke Hitzeschäden (Braunfärbung) und außerdem noch Fraßspuren irgendeines Haustieres. Geschützteren Standort wählen.

Haltungsbedingungen

Standort

Dieffenbachien bevorzugen einen hellen bis halbschattigen Standort, der vor direkter Sonneneinstrahlung und Zugluft geschützt sein sollte. Farbige Blätter vergrünen bei zu dunkler Haltung.

Temperaturbedingungen

Die Pflanzen sollten auch im Winter nie unter 15 °C gehalten werden. Sie gedeihen am besten bei 18–21 °C, guter Belüftung und hoher Luftfeuchtigkeit. Bei feuchter, kühler Atmosphäre reagiert die Pflanze mit Blattfall, zu warme, trockene Haltung führt zu Braunfärbung der Blätter.

Bewässerung

Dieffenbachien müssen das ganze Jahr über gut feucht, jedoch nicht naß, gehalten werden. Zum Gießen lauwarmes, kalkfreies Wasser benützen. Bei kühleren Temperaturen entsprechend weniger gießen, ebenso in der Ruhezeit.

Düngung

Während der Wachstumszeit einmal monatlich dem Gießwasser einen kalkfreien Flüssigdünger zufügen. In der Winterruhe (Oktober–Februar) nicht düngen.

Jahreszeitliche Pflege

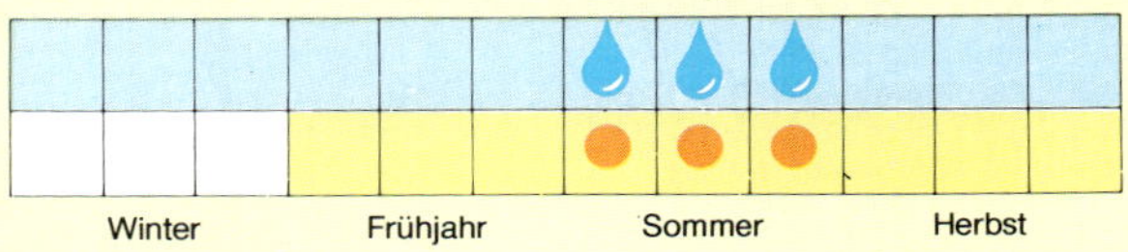

Dieffenbachien benötigen das ganze Jahr über einen hellen Standort, Wärme und hohe Luftfeuchtigkeit. Im Sommer müssen sie häufiger gegossen und einmal monatlich gedüngt werden. Im Winter etwas weniger gießen, nicht mehr düngen. Im Frühjahr umtopfen und zu sparrig gewordene Pflanzen zurückschneiden (Vorsicht, der Pflanzensaft ist giftig! Handschuhe benutzen, nicht ins Gesicht mit den Händen kommen!). Blätter öfter vom Staub befreien (Abwaschen mit nassem Schwamm).

Pflanzsubstrat

In lockerer, lehmhaltiger Torfmischung halten. Um Staunässe weitgehend zu verhindern, verwende man Tontöpfe mit guter Drainage. Stecklinge pflanzt man in Komposterde, vorher jedoch 2 Tage antrocknen lassen.

Dracaena Drachenbaum

Heimat: Kanarische Inseln, Afrika, Asien
Dracaenen sind tropische, baum- oder strauchförmig wachsende Blattpflanzen mit schmalen, linealischen oder lanzenförmigen, grünen oder bunt gefärbten Blättern. Sie werden oft mit der Keulenlilie (*Cordyline*) verwechselt, unterscheiden sich aber von dieser vor allem durch die Wurzelfärbung (*Dracaena*-Wurzeln sind gelb, *Cordyline*-Wurzeln weiß).
Vermehrung: Durch Samen, Trieb- oder Stammstecklinge, die im Frühjahr im warmen Anzuchtkasten bei mindestens 21 °C bewurzelt werden.

Anschaffung und Arten

Die Arten- und Sortenauswahl bei Dracaenen ist groß, hier nur einige wenige Beispiele für Drachenbäume, die sich für die Haltung im Zimmer eignen:
D. deremensis, bis 3 m hoch werdende Art aus dem tropischen Afrika. Diese Art ist in mehreren buntlaubigen Varietäten erhältlich.
D. godseffiana aus dem Kongo, strauchförmiger Wuchs bis 2 m hoch werdend, Blätter eiförmig, zugespitzt, glänzend grün mit weißen Flecken. Weitere Arten siehe unten.

Ein gut wachsender, schön ausgefärbter Drachenbaum ist eine Zierde für jedes Zimmer. Beim Kauf einer *Dracaena* achte man darauf, daß die Pflanze auch ohne Stütze einen aufrechten Wuchs zeigt, viele unbeschädigte, fleckenfreie und gut ausgefärbte Blätter besitzt und neue Blätter ausbildet. An den jungen Blättern halten sich gerne Läuse oder Spinnmilben auf, deshalb sollten gerade diese Stellen besonders gut untersucht werden.

Hier nun weitere *Dracaena*-Arten, die sich recht gut für die Haltung im Zimmer eignen: *D. souvenir de Schriever* (oben), *D. terminalis* (rechts), *D. marginata 'Tricolor'* (ganz rechts).

D. terminalis – gesundes Blatt

D. terminalis – durch Bakterien verursachte Fleckung

D. marginata – gesundes Blatt

D. marginata – durch Hitze verursachte Blattschäden

D. souvenir de Schriever – faulende Blattspitze

Diese *D. godseffiana* (oben) wurde zu naß und kühl gehalten. Die Wurzeln beginnen zu faulen, die Blätter werden braun, rollen sich ein und fallen ab. Diese Pflanze kann auch durch „Trockenlegen" nicht mehr gerettet werden, eventuell kann man aber noch Triebstecklinge abnehmen.

Krankheiten

Dracaenen werden von Schmierläusen (oben) befallen, die sich vor allem an den obersten, noch zarten Blättern ansiedeln. Pflanze regelmäßig auf diese Schädlinge hin prüfen!

Spinnmilben sind vor allem bei buntlaubigen Formen nicht immer gleich in ihrem Anfangsstadium zu erkennen. Die befallenen Blätter werden gelb, bald sieht man an ihren Unterseiten auch die feinen Milben-Gespinste. Regelmäßige Kontrolle hilft, Schädlinge früh zu erkennen.

Haltungsbedingungen

Standort

Dracaenen bevorzugen einen hellen Standort, wobei die grünblättrigen Arten auch noch im Halbschatten gut gedeihen. Direkte Sonneneinstrahlung wird nicht vertragen, ebensowenig Zugluft!

Temperaturbedingungen

Die ideale Haltungstemperatur liegt zwischen 15–24 °C, höhere oder tiefere Temperaturen werden auf Dauer nicht vertragen. Bei zu kühler Haltung beginnt die Pflanze, die Blätter hängen zu lassen, bei zu warmer Haltung fallen die unteren Blätter ab. Je nach Temperatur muß die Luftfeuchtigkeit hoch oder weniger hoch gehalten werden.

Bewässerung

Das Pflanzsubstrat sollte stets tabakfeucht gehalten werden. Auf Staunässe oder Austrocknen des Bodens reagiert die Pflanze sehr empfindlich. Im Winter etwas trockener halten.

Düngung

Gedüngt wird nur während der warmen Jahreszeit, im Winter nicht. Im Sommer fügt man dem Gießwasser alle 14 Tage einen Flüssigdünger bei oder verwendet Düngertabletten mit Langzeitwirkung.

Jahreszeitliche Pflege

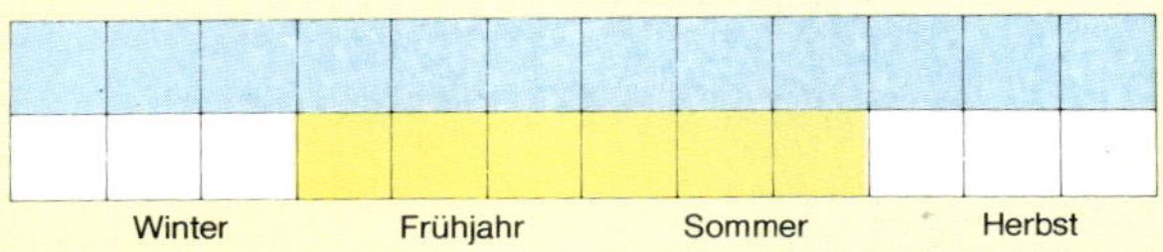

Im Sommer, zur Wachstumszeit der Dracaenen, muß auf gute Bewässerung und regelmäßige Düngung geachtet werden. Vorsicht auch vor direkter Sonneneinstrahlung oder stikkiger Luft! Im Winter hell und etwas kühler (nicht jedoch unter 13 °C) stellen, weniger gießen, nicht mehr düngen. Etwa alle 2–3 Jahre im Frühjahr umtopfen. Größere Pflanzen können – um buschigeren Wuchs zu erzielen – jederzeit zurückgeschnitten werden; die abgeschnittenen Triebe können als Stecklinge verwendet werden.

Pflanzsubstrat

Erst wenn der Topf stark durchwurzelt ist, sollte die Pflanze umgetopft werden. Als Pflanzsubstrat empfiehlt sich eine lockere, lehmhaltige Mischung. Tontöpfe mit guter Drainage verwenden. Bei älteren Pflanzen lediglich die oberste Erdschicht auswechseln.

Euphorbia pulcherrima Weihnachtsstern

Heimat: Tropisches Mexiko, Mittelamerika
Der Weihnachtsstern – früher auch *Poinsettia pulcherrima* genannt – ist eine sehr beliebte, buschig wachsende Zimmerpflanze, die bei guter Pflege ca. 1 m hoch werden kann. Die Pflanzen kommen im November in den Handel, wenn sie Blüten angesetzt haben, die von herrlich gefärbten Hochblättern umgeben sind. Weihnachtssterne sind in mehreren Farben erhältlich: rot, rosa, rahmgelb oder zweifarbig.
Vermehrung: Im Spätsommer durch ca. 10–15 cm lange Triebstecklinge, die in Torf-Sand-Gemisch unter feucht-warmen Bedingungen (ca. 21 °C) Wurzeln treiben.

Beim Kauf wähle man eine buschige, reich verzweigte Pflanze mit vielen gut ausgefärbten Hochblättern (unten und rechts). Man vermeide Pflanzen, deren untere Blätter fehlen.

Haltungsbedingungen

Standort

Weihnachtssterne sind Kurztagspflanzen, d.h. sie bilden nur in lichtarmen Zeiten Blüten und farbige Hochblätter aus. Zur Blütezeit so hell wie möglich stellen, im Sommer im Halbschatten halten. Vor Zugluft unbedingt schützen!

Temperaturbedingungen

Zur Blütezeit im Winter benötigt die Pflanze einen Standort mit mittlerer Raumtemperatur (15–21 °C). Außerhalb der Blütezeit sollten Weihnachtssterne kühler gehalten werden – Frost überstehen sie jedoch nicht! Bei warmer Haltung sollte die Pflanze öfter mit lauwarmem Wasser besprüht werden. Gasheizungsluft wird selten vertragen.

Bewässerung

Solange die Pflanze blüht, darf der Wurzelballen nie zu trocken werden. Wassermangel kündigt sich durch Erschlaffen der Blätter an, die Pflanze erholt sich jedoch rasch, wenn man sie ausgiebig gießt. Nach der Blüte sollte man die Wassergaben etwas einschränken.

Düngung

Gedüngt wird während der Wachstums- und Blütezeit ca. 14tägig, indem man dem Gießwasser einen Flüssigdünger zufügt. Während der Sommerruhe nicht mehr düngen, erst wieder, wenn sich neue Triebe zeigen.

Jahreszeitliche Pflege

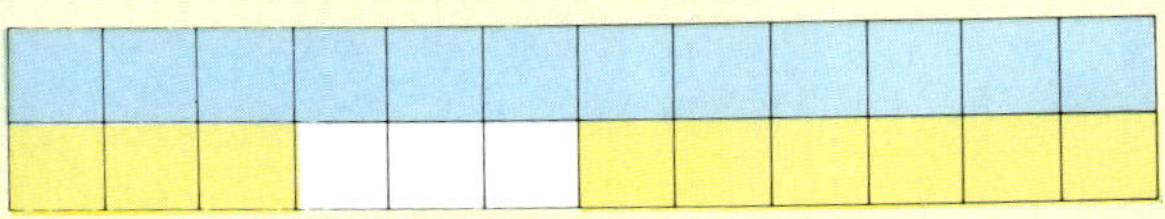

Nach der Blüte wirft die Pflanze normalerweise die Blätter ab. Nun schneidet man ältere Pflanzen bis auf ca. 15 cm zurück, um beim neuen Austrieb buschigeren Wuchs zu erhalten. Die Pflanze hält nun eine Sommerruhezeit ein, in der sie halbschattig, nicht zu warm und recht trocken gehalten wird. Sobald die Pflanze auszutreiben beginnt, gießen wir wieder regelmäßig und düngen alle 14 Tage. Im Herbst sollte die Pflanze nicht mehr als 12 Stunden Licht täglich bekommen, sonst blüht sie nicht.

Pflanzsubstrat

Weihnachtssterne gedeihen am besten in Einheitserde. Man topft die Pflanzen nach dem Rückschnitt im späten Frühjahr um, verwendet jedoch den alten Topf wieder. Stecklinge in Torf-Sand-Gemisch setzen.

Blattschäden bei Weihnachtssternen sind in der Regel auf falsche Haltung zurückzuführen. Grauschimmel (oberes Blatt) tritt leider recht häufig bei dieser Art auf. Er befällt zuerst die unteren Blätter, breitet sich aber rasch aus. Bei zu nasser Haltung und stehender Luft leiden die Pflanzen oft unter Wurzelfäule (unteres Blatt), die dann auch recht bald braun werden und abfallen.

Schädlinge und Krankheiten

Zu den häufigsten tierischen Schädlingen, die den Weihnachtsstern befallen, gehören die **Mottenschildläuse** (Weiße Fliegen). Man kann sie leicht an den dunkelgrünen Blättern erkennen. Diese Parasiten sollten so früh wie möglich bekämpft werden.

Blattläuse treten ebenso häufig auf. Auch sie müssen so schnell wie möglich bekämpft werden.
Benützt man zur Bekämpfung dieser Schädlinge ein Sprühmittel, so muß ein Mindestabstand von 30 cm zur Pflanze eingehalten werden! Hochblätter nicht besprühen!

Gelbwerdende Blätter, die sich bald einrollen und dann abfallen, deuten auf eine zu warme und trockene Haltung hin. Pflanze kühler stellen und öfter mit lauwarmem Wasser besprühen – kein Wasser auf die Hochblätter bringen!

Fatsia japonica Zimmeraralie

Heimat: Japan
Diese, bis zu 5 m hoch werdende, strauchförmige, immergrüne Blattpflanze gehört zu den wenigen Zimmerpflanzen, die sich für einen kühlen, nicht zu hellen Platz eignen. Bei guter Pflege entwickelt die Pflanze einen buschigen Wuchs, die glänzend dunkelgrünen, handförmig gelappten Blätter können bis zu 40 cm breit werden.
Ebenso bekannt und beliebt ist die Efeuaralie, *Fatshedera lizei*, eine Züchtung aus *Fatsia* und *Hedera*.
Vermehrung: Durch Samen, Triebstecklinge oder Abmoosen.

Anschaffung und Arten

Achten Sie beim Kauf von Aralien auf gesunden Wuchs, glänzend dunkelgrüne, unbeschädigte, gut gelappte Blätter und neue, unbeschädigte Triebe. Kontrollieren Sie vor allem die Triebspitzen auf Schädlingsbefall! Sowohl von der Zimmer- als auch von der Efeuaralie gibt es buntlaubige Varietäten, die jedoch recht selten im Handel und meist auch teurer als die grünen Stammformen sind. Bei falscher Haltung (zu dunkel) vergrünen diese Varietäten recht schnell.

Eine gesunde Zimmeraralie (rechts) besitzt einen buschigen Wuchs und große, glänzend grüne, gelappte Blätter. Die Efeuaralie wächst aufrecht und hat kleinere Blätter. Sie muß gestützt werden.

Beide Pflanzen sind sehr anfällig für Spinnmilben, die sich vor allem an den jungen Trieben (unten) festsetzen und diese am Weiterwachsen hindern. Sofort bei Erkennen bekämpfen!

Haltungsbedingungen

Standort

Aralien haben den Vorteil, daß sie auch noch an recht dunklen, kühlen Orten gut gedeihen. Pflanzen mit bunt gefärbtem Laub müssen jedoch hell stehen. Pralle Sonne und kalte Zugluft wird nicht vertragen!

Temperaturbedingungen

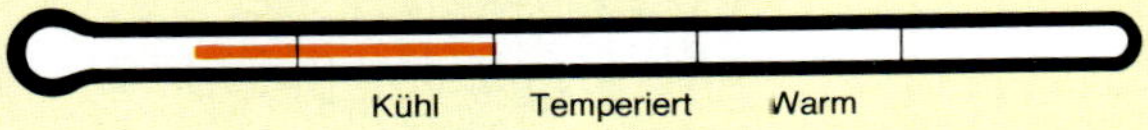

Aralien bevorzugen eine kühle Haltung, im Winter zwischen 5–10 °C, im Sommer nicht über 20 °C. Je höher die Temperatur desto mehr Luftfeuchtigkeit wird benötigt. Pflanzen auf keinen Fall in die Nähe einer Heizquelle stellen! Trockene Luft wird schlecht vertragen und meist mit Blattfall beantwortet.

Bewässerung

Im Sommer benötigt die Pflanze relativ viel Wasser. Sie darf aber nie naß gehalten werden oder gar ein „Fußbad" haben. Im Winter und bei niedrigen Temperaturen trockener halten. Nicht austrocknen lassen!

Düngung

Gut wachsende Pflanzen benötigen auch eine gute Ernährung. Im Sommer alle 14 Tage dem Gießwasser Flüssigdünger zufügen. Nahrungsmangel kündigt sich durch kleine neue Blätter und Ausbleichen der Blätter an.

Jahreszeitliche Pflege

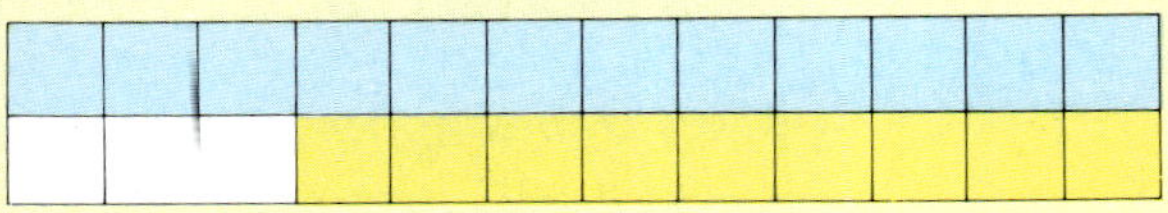

Aralien sollten den Sommer über im Freien an einem vor Wind und praller Sonne geschützten Platz gehalten werden. Hier müssen sie jedoch regelmäßig gegossen und gedüngt und nach eventuell vorhandenen Schädlingen abgesucht werden. Pflanzen im Zimmer im Sommer öfter besprühen. Im Frühjahr umtopfen und den Wuchs eventuell durch Rückschneiden korrigieren. Stecklinge abnehmen und bewurzeln lassen.

Pflanzsubstrat

Die gut wüchsigen Pflanzen benötigen eine nahrhafte lehmhaltige Erdmischung. Um Staunässe zu vermeiden, verwende man Tontöpfe mit guter Drainage.

Schädlinge und Krankheiten

Aralien werden nur zu gerne und leider recht häufig von **Spinnmilben** befallen, die sich besonders gerne an den Neutrieben festsetzen, die dann wellig gekräuselt aussehen und verkrüppeln. Ältere Blätter färben sich braun. Bei starkem Befall ist eine Bekämpfung recht schwierig und langwierig.

Sparriger Wuchs ist auf zu warme Haltung und schlechte Belüftung zurückzuführen, **abfallende Blätter** entweder auf zu trockene oder zu nasse Haltung.
Vergilbende Blätter bei der Efeuaralie deuten auf zu feuchte Haltung hin, **sparriger Wuchs** auf mangelndes Licht.

Aralien, die im Sommer im Freien stehen, müssen regelmäßig auf Schädlingsbefall kontrolliert werden. Das obere Blatt wurde von einer Schnecke heimgesucht, das untere von den weitaus gefräßigeren Raupen eines Schmetterlings. Beschädigte Blätter am besten abschneiden.

Farne

Heimat: Weltweit

Farne sind krautige Sporenpflanzen mit meist großen, gestielten und gegliederten, reich geaderten, hell- bis dunkelgrünen Blättern (Wedeln), die in ihrer Jugend spiralig eingerollt sind. Farne sind seit langem schon als Zimmerpflanzen sehr beliebt, bezaubern doch sehr viele Arten durch den springbrunnenartigen Wuchs ihrer Wedel. Leider ist es nicht ganz leicht, einen üppigen, gut wachsenden Farn zu erhalten. Zu den bekanntesten und im Handel am häufigsten zu erhaltenden Farnen gehören: Frauenhaarfarn (*Adiantum*), Streifenfarn (*Asplenium*), Rippenfarn (*Blechnum*), Schwertfarn (*Nephrolepis*), Hirschzunge (*Phyllitis*), Geweihfarn (*Platycerium*), Tüpfelfarn (*Polypodium*) und Saum- oder Flügelfarn (*Pteris*). Farne sollten – damit ihre Schönheit voll zur Geltung kommt – als Einzelpflanzen am besten auf einem entsprechenden Ständer gehalten werden und benötigen bei gutem Wuchs recht viel Platz.

Vermehrung: Durch Sporen, was man aber lieber dem Berufsgärtner überlassen sollte, durch Teilung großer Stöcke oder durch Abtrennen von Ausläufern.

Der **Nestfarn** (*Asplenium nidus*) (oben), ein Baumepiphyt aus Asien und Ostafrika, besitzt glänzend hellgrüne, lanzettliche Blätter, die bei guter Pflege (Halbschatten, ca. 15 °C, hohe Luftfeuchtigkeit, stets feuchte Erde) bis 1 m lang werden können und eine herrliche, trichterförmige Krone bilden.

Ein besonders licht und luftig aussehender Farn ist der **Frauenhaarfarn** *Adiantum capillus veneris*. An dünnen, glänzend schwarzen Stielen sitzen doppelt gefiederte, hellgrüne zarte Blättchen. Dieser Farn sollte halbschattig, bei 15–20 °C, hoher Luftfeuchtigkeit und stets feuchtem Wurzelballen (kalkfreies Wasser verwenden) gehalten werden.

Haltungsbedingungen

Standort

Die meisten Farne benötigen einen halbschattigen bis schattigen Standort und sollten möglichst wenig gerückt werden. Pralle Sonne und trockene Luft führen zum baldigen Absterben der Pflanzen. Vor Zugluft schützen!

Temperaturbedingungen

Da es sehr viele verschiedene Farnarten gibt, kann hier keine genaue Angabe über die Haltungstemperatur gemacht werden. Generell gilt: Nestfarn, Rippenfarn und gefärbter Frauenhaarfarn mögen es warm (ca. 20 °C), ca. 16 °C benötigen Schwertfarn, Geweihfarn und grüne Frauenhaarfarne, kühl (8–10 °C) sollten Schildfarn und Saumfarn stehen.

Bewässerung

Farne lieben Feuchtigkeit, sollten deshalb stets gut gegossen und bei wärmeren Temperaturen auch häufig besprüht werden. Stets weiches, lauwarmes Wasser verwenden.

Düngung

Für ein kräftiges Wachstum sind monatliche, schwache Düngergaben (schwach dosierter, kalkfreier Flüssigdünger) unerläßlich. In der Ruhezeit (Winter) nicht düngen.

Jahreszeitliche Pflege

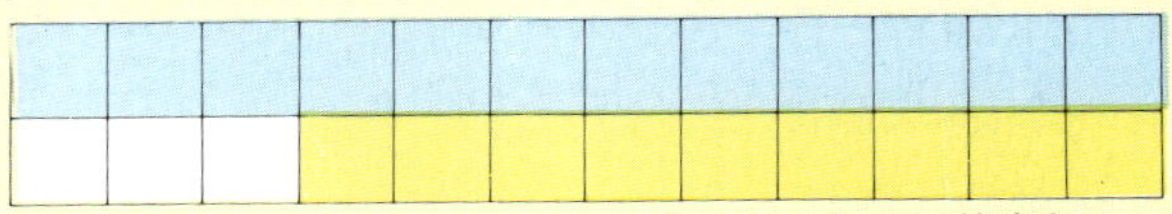

Farne benötigen das ganze Jahr über einen halbschattigen bis schattigen, vor Zugluft geschützten Standort und sollten stets feucht – nicht naß! – gehalten werden. Im Sommer müssen die Pflanzen täglich mit weichem, lauwarmem Wasser besprüht werden. Abgestorbene oder unschön gewordene Wedel entfernen. Nach der Ruhezeit im Winter umtopfen. Unschön gewordene Pflanzen eventuell stark zurückschneiden – wenn möglich.

Pflanzsubstrat

Fast alle Farnarten benötigen eine lockere, torfige oder humose Mischung. Das Pflanzgefäß muß eine gute Drainage besitzen, da es Farne zwar feucht, nicht jedoch naß mögen.

Anschaffung und Arten

Farne gibt es in den verschiedensten Farben, Formen und Größen, mit linealischen, lanzettlichen, oder dreieckigen Blättern, einfach oder mehrfach gefiedert, behaart oder unbehaart, zart oder lederig, mit glatten, gezähnelten oder gezackten Rändern – für jeden Geschmack etwas.
Wählen Sie Pflanzen mit buschigem Wuchs, kräftigen, gut ausgefärbten, unbeschädigten Wedeln und gesundem Rhizom. Die Pflanze sollte auch reichlich neuen Blattansatz zeigen. Achten Sie ganz genau auf eventuellen Schädlingsbefall. Farne werden in der Hauptsache von Schild- und Schmierläusen befallen. Am häufigsten im Handel sind folgende Arten:

Adiantum capillus veneris (Frauenhaarfarn): Schnellwüchsige Pflanze, wird ca. 40 cm hoch (siehe Seite 108/109).

Asplenium nidus avis (Nestfarn): Schnellwüchsig, bis 60 cm hoch werdend (siehe Seite 108 unten).

Blechnum gibbum (Rippenfarn): Hellgüne, bis 1 m lange und ca. 20 cm breite Wedel, die eine dichte Krone bilden.

Cyrtomium falcatum: Ovale, einfach gefiederte, dunkelgrüne Blätter, Seitenfiedern fein gezähnt. Wedel bis 50 cm lang.

Davallia fejeensis: Breite dreieckige Blätter, hellgrün, 3fach gefiedert.

Microlepia speluncia: (siehe Seite 111 unten).

Nephrolepis exaltata (Schwertfarn): (seihe Seite 111 oben).

Pellaea rotundifolia: Blätter linealisch, einfach gefiedert, bis 30 cm lang; Fiederchen paarweise angeordnet, oval, dunkelgrün bis purpurfarben.

Phyllitis scolopendrium (Hirschzunge): Blätter zungenförmig, ganzrandig, gewellt, glänzend grün. In mehreren Varietäten erhältlich.

Platycerium alicorne (Geweihfarn): Geweihförmige Nischenblätter, bis 60 cm lang, dick, graugrün, in der Jugend mit grauem Flaum bedeckt.

Polypodium aureum (Tüpfelfarn): Tief fiederspaltige, dunkelgrüne, blau angelaufene Blätter, bis 1 m lang. In mehreren Varietäten erhältlich.

Pteris cretica (Saumfarn): Gefiederte, hellgrüne, lederige Blätter, bis 30 cm lang. In vielen buntgefärbten Varietäten erhältlich.

Davallia fejeensis

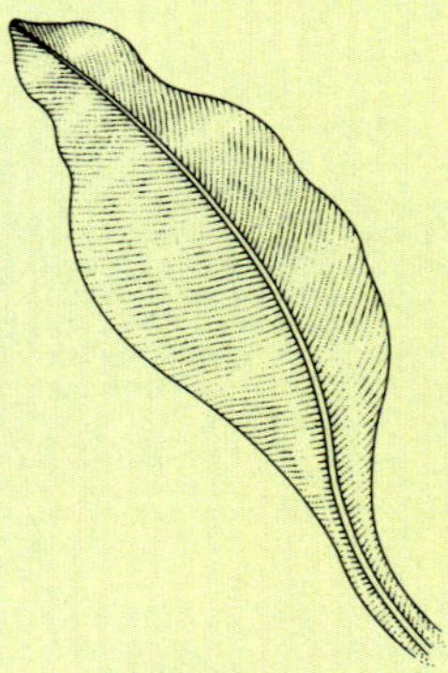

Asplenium nidus

Blechnum

Cyrtomium

Phyllitis

Pellaea

Der Geweihfarn (*Platycerium alcicorne*) ist ein Außenseiter unter den Farnen, sowohl im Aussehen als auch in seiner Haltung. Ihrem epiphytischen Charakter entsprechend hält man diese Pflanze am besten in Orchideenkörbchen oder auf Rinde. Die Pflanze benötigt einen hellen – jedoch nicht sonnigen – Platz mit möglichst hoher Luftfeuchtigkeit. Die braunen Blätter am Grunde der Pflanze sind natürlich und erfüllen wichtige Ernährungsfunktionen

Polypodium

Davallia

Platycerium

Pteris

Der **Schwertfarn** *Nephrolepis exaltata* (oben) kann bei guter Pflege recht ansehnliche Dimensionen erreichen. Er wirkt am besten in einem Hängekorb oder als einzelstehende Pflanze auf einem schmalen Blumenständer, von dem aus sich die langen, hellgrünen Wedel nach allen Seiten ausbreiten können.

Zur Auflockerung eines Blumenfensters oder einer Blumenbank eignet sich der lichte Wuchs und die zarten hellgrünen Blätter des **Frauenhaarfarns** *Adiantum capillus veneris* (rechts, Mitte) sehr gut. Diese Pflanze reagiert jedoch sehr empfindlich auf zu viel oder zu wenig Bewässerung.

Microlepia speluncia (rechts unten) ist eine relativ neue Zimmerpflanzenart und wird im Handel auch nicht sehr häufig angeboten. Bei dieser Farnart sitzen an 30–50 cm langen Stielen dreieckige, drei- bis vierfach gefiederte, zart hellgrüne Blätter. Achten Sie darauf, daß der Wurzelballen stets feucht ist.

Schädlinge und Krankheiten

Auch bei den Farnen rühren die meisten Schädigungen an Blatt- und Wurzelwerk von falscher Haltung, nicht von tierischen Schädlingen her.
An tierischen Schädlingen treten, recht häufig und leider meist sehr starke Schäden hervorrufend, **Schild-** und **Schmierläuse** auf, die in vielen Fällen erst viel zu spät entdeckt und bekämpft werden. Beide Läusearten sitzen mit Vorliebe an den Blattunterseiten in der Nähe der Blattnerven und saugen Zellsaft. Die befallenen Blätter werden gelb- und braunfleckig. Die darunterliegenden Blätter sind glänzend klebrig von den Ausscheidungen der Läuse. Auf diesen klebrigen Exkrementen siedeln sich gerne Pilze (**Rußtau**) an, die zum einen der Pflanze ein unschönes Aussehen verleihen, zum andern bei starkem Befall auch noch schädigend wirken. Farne vertragen Sprühmittel in den meisten Fällen nicht sehr gut, sondern reagieren mit Blattverfärbungen auf Pflanzenschutzsprays. Zur Bekämpfung von Schild- und Schmierläusen sollte man deshalb ein Insektizid verwenden, das mit dem Gießwasser in den Boden gelangt, über die Wurzeln aufgenommen und in die Blätter transportiert wird, so daß die Läuse dieses Gift gleichzeitig mit dem aufgesogenen Zellsaft aufnehmen. Haltungsschäden beruhen meist auf zu trockener Haltung, zu geringer Luftfeuchtigkeit, zu hartem Gieß- und Sprühwasser, ungeeignetem Pflanzsubstrat (Farne benötigen einen sauren Boden).
Hier nur einige Beispiele für Haltungsschäden:

Braune Flecken auf den Blättern sind ein Anzeichen dafür, daß die Pflanze zu hohen Temperaturschwankungen ausgesetzt war. Farne sollten möglichst wenig hin- und hergerückt werden, die Raumtemperatur sollte nicht zu sehr schwanken.

Ausbleichende Blätter zeigen an, daß die Pflanze zu hell steht und einen schattigeren Standort verlangt.

Blattränder werden braun und trocken, hier stimmt die Luftfeuchtigkeit nicht. Pflanze täglich mit lauwarmem, weichem Wasser besprühen und die Luftfeuchtigkeit erhöhen, indem man den Pflanztopf in eine wassergefüllte Schale mit Kies stellt.

Spröde, abfallende Blätter deuten auf einen zu trocken gehaltenen Wurzelballen hin. Schon ein einmaliges Austrocknen des Pflanzsubstrats führt zu abfallenden Blättern. Pflanzen stets gut mit weichem Wasser wässern und täglich übersprühen. Ausgetrocknete Pflanzen in einen Eimer mit weichem, lauwarmem Wasser stellen und Substrat vollsaugen lassen. Überschüssiges Wasser muß jedoch gut ablaufen können. Hilft dies nichts, so schneidet man die Wedel bis auf ca. 7 cm zurück, hält das Pflanzsubstrat gut feucht – nicht naß! – und sprüht täglich mit lauwarmem Wasser.

Braune, faulende Blattränder, Blattfall zeugen davon, daß die Pflanze zu naß und kühl gehalten wurde. Schlechte Wedel entfernen, damit sich keine Fäulnis einnisten kann. Wärmer stellen und trockener halten.

Der Streifenfarn *Asplenium nidus* mit seinen glänzend hellgrünen Wedeln ist eine sehr attraktive Zimmerpflanze, benötigt aber eine regelmäßige Pflege und Kontrolle auf Schädlinge. Auf sich plötzlich ändernde Umweltbedingungen reagiert die Pflanze ziemlich prompt mit sich verfärbendem, schlaff werdendem Laub (ganz links, links).

Hin und wieder sieht man im Handel auch Pflanzen, die löchrige oder ausgefranste Blätter besitzen (unten links), dies ist auf Schneckenbefall zurückzuführen.

Die Unterseiten der Wedel vom Schwertfarn *Nephrolepis exaltata* (unten) führen oft zu Verwirrungen, das obere Blatt ist von Schildläusen befallen, das untere dagegen trägt reife Sporenhäufchen.

Hier nur zwei Beispiele für Haltungsschäden beim Frauenhaarfarn *Adiantum capillus veneris:* Die Pflanze ganz links wurde zu trocken gehalten. Als erstes beginnen die Blätter der jüngsten Wedel trocken und braun zu werden, die ältesten Wedel sind am stabilsten und behalten am längsten die grüne Färbung.

Die linke Pflanze dagegen leidet an einer Überwässerung. Zur guten Pflege gehört, daß der Wurzelballen nie austrocknet, aber auch nicht zu naß gehalten wird. Lassen Sie die obere Schicht des Pflanzsubstrates lieber vor dem nächsten Gießen etwas antrocknen. Der Pflanztopf sollte am besten aus Ton sein und eine sehr gute Drainage besitzen. Das Pflanzsubstrat muß locker und gut durchlässig sein. Nie mit hartem, kalkhaltigem Wasser gießen oder gar sprühen, Farne mögen es sauer!

Ficus Feigenbaum, Gummibaum

Heimat: Subtropische und tropische Gebiete
Zur Gattung *Ficus* gehören nicht nur der bekannte Gummibaum, eine Standarderscheinung unter den weit verbreiteten Zimmerpflanzen, sondern auch zahlreiche, recht unterschiedlich wachsende und gestaltete Arten von geringerem Bekanntheitsgrad. Die meisten davon tragen eine einheitlich grüne Belaubung, doch gibt es von einigen Arten jetzt auch schon Varietäten mit panaschierten oder andersartig gemusterten Blättern. Neben den vom Gummibaum her bekannten länglich-ovalen Blättern gibt es auch andere Formen, wie die Bildbeispiele auf den folgenden Seiten zeigen. Manche kleinere *Ficus*-Arten besitzen sogar herzförmige oder annähernd kreisrunde Blätter.
Ficus-Arten sind typische Blattpflanzen, die man unter den gewöhnlichen Zimmerbedingungen kaum zur Blüte bringt. Die Blüten sind klein und wenig auffällig. Sie benötigen zur Bestäubung bestimmte, sehr kleine Insekten und entwickeln nur in Ausnahmen ansehnliche Früchte.
Vermehrung: Neue Pflanzen werden am besten aus Kopfstecklingen gewonnen, die man in feuchten Torf einpflanzt und bei 21 °C hält. Blattstücke mit einem kleinen Sproßstück daran können ebenfalls bewurzelt werden.

Anschaffung und Arten

Achten Sie beim Kauf auf gesunde, fehlerfreie Blätter. Geringe Blattzahl oder zahlreich vorhandene Blattnarben sind ein Anzeichen für Überalterung oder dürftige Kultur. Man unterscheidet zwischen aufrechtwachsenden und kletternden Arten. Zu den aufrechtwachsenden Arten, die sich für die Zimmerkultur eignen, gehören:

F. elastica (Gummibaum) (siehe Seite 116): bekannteste, robuste Art mit dunkelgrünen, lederigen Blättern.

F. elastica 'Variegata': Varietät mit gelblich, weiß oder grau panaschierten Blättern.

F. lyrata (Geigenfeige) (siehe Seite 117): besitzt große, gewellte, bis 60 cm lang werdende geigenförmige Blätter. Benötigt sorgsame Pflege.

F. bengalensis: mit lederartigen, dunkelgrünen, länglich-ovalen Blättern von maximal 30 cm Länge. Junge Blätter dicht braun behaart.

F. retusa: locker verzweigte Stämme mit kurz gestielten, elliptischen, dunkelgrünen, 7–10 cm langen Blättern.

F. rubiginosa: kleiner bis mittelgroßer Strauch mit ovalen, lederigen, bis 15 cm langen Blättern, unterseits rostfarben. Von dieser Art gibt es auch eine Varietät mit gelblichweiß gefleckten Blättern.

F. benjamina (Juniorfeige) (siehe Seite 117): reich verzweigte, strauchig wachsende Art mit bis zu 12 cm langen, festen Blättern. Zu den kletternden Arten, die sich auch recht gut in Hängekörbchen halten lassen, gehört u. a.:

F. pumila (Kletterfeige) (siehe Seite 117): mit fadenartigen Trieben, die besondere Haftorgane zum Klettern besitzen. Blätter hellgrün, dünn, eirund bis herzförmig. Auch in mehreren buntgefärbten Varietäten erhältlich.

Haltungsbedingungen

Standort

Ein heller bis halbschattiger Standort sagt fast allen *Ficus*-Arten zu. *F. pumila* und die Varietäten mit buntgefärbten Blättern müssen etwas heller – jedoch nicht sonnig – stehen. Vor Zugluft schützen!

Temperaturbedingungen

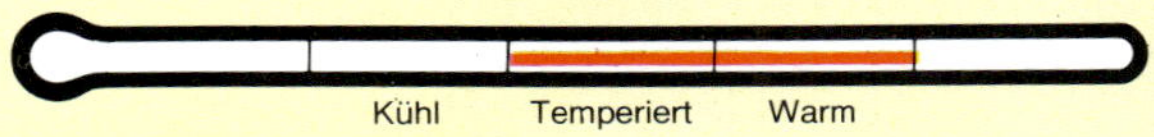

Alle Arten, außer *F. diversifolia*, verlangen Temperaturen von 15–21 °C. Temperaturen, die über oder unter diesen Werten liegen, werden auf Dauer nicht vertragen. *F. diversifolia* verträgt bis zu 7 °C, wenn man sie nicht zu feucht hält.

Bewässerung

Alle *Ficus*-Arten benötigen während der Wachstumszeit im Sommer regelmäßige Wassergaben und sollten bei höheren Temperaturen auch regelmäßig mit lauwarmem, weichem Wasser besprüht werden.

Düngung

In der Wachstumszeit sollte man alle 10 Tage gut düngen. Am besten setzt man den Dünger dem Gießwasser zu. Nahrungsmangel wird durch Ausbleichen der Blätter angezeigt.

Jahreszeitliche Pflege

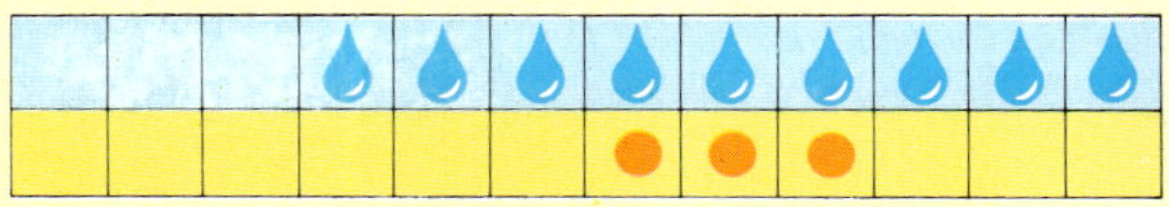

Im Sommer müssen die Pflanzen regelmäßig feucht gehalten werden. Bei höheren Temperaturen auch die Luftfeuchtigkeit erhöhen. Im Winter Luftfeuchtigkeit senken, weniger gießen. Vor kalter Zugluft schützen. Im Frühjahr umtopfen, Stecklinge nehmen oder durch Stutzen der Triebspitzen zur Verzweigung anregen. Nur im Sommer gut düngen. Regelmäßig auf Schädlingsbefall kontrollieren.

Pflanzsubstrat

Alle großen Arten benötigen ein kräftiges Lehmgemisch, kleinere Arten pflanzt man in Einheitserde. Umtopfen, wenn der Pflanztopf gut durchwurzelt ist.

Haltungsbedingungen

Standort

F. benjamina benötigt sehr viel Licht, muß jedoch im Sommer vor praller Sonneneinstrahlung geschützt werden. Bei Lichtmangel werden die Blätter gelb und fallen ab.

Temperaturbedingungen

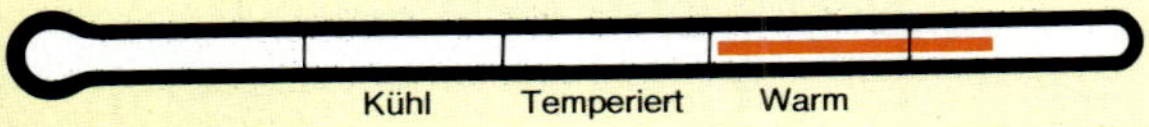

Die ideale Haltungstemperatur liegt bei 18–23 °C. Kalte Zugluft wird nicht vertragen und gleich mit Blattfall beantwortet. Je höher die Temperatur, desto höher die Luftfeuchtigkeit. Im Winter auch bei Zimmertemperatur halten.

Bewässerung

Vorsicht vor Überwässerung oder Staunässe, Pflanze jedoch regelmäßig feucht halten und den Wurzelballen nie austrocknen lassen. Im Winter vor allem auf Überwässerung achten!

Düngung

Um gut zu wachsen, benötigt *F. benjamina* vor allem in der Wachstumszeit regelmäßige Düngergaben. Am besten fügt man alle 10 Tage dem Gießwasser einen Flüssigdünger bei.

Jahreszeitliche Pflege

In der Wachstumszeit gut wässern und regelmäßig düngen. Im Sommer vor praller Sonne schützen, im Winter hell stellen. Kleinere Pflanzen jährlich im Frühjahr umtopfen. Bei großen Exemplaren genügt es, die oberste Erdschicht zu erneuern. Rückschnitt am besten im Frühjahr. Vermehrung durch Stecklinge, die bei Zimmertemperatur in Torfsubstrat gehalten und mit einer Plastikhaube oder -tüte zur Erhaltung der Luftfeuchtigkeit abgedeckt werden.

Pflanzsubstrat

Erst nach starker Durchwurzelung des Pflanztopfes in eine kräftige Lehmmischung umtopfen, vorher in Einheitserde halten. Stecklinge werden in Torfsubstrat herangezogen.

Haltungsbedingungen

Standort

Obwohl diese sehr robuste *Ficus*-Art auch noch in ziemlich dunklen Zimmerecken überlebt, gedeiht sie doch viel besser an einem hellen Standort. Im Sommer vor praller Sonne schützen!

Temperaturbedingungen

Der Gummibaum gedeiht recht gut bei Temperaturen zwischen 10–15 °C. Höhere oder niedrigere Temperaturen werden nur für kurze Zeit unbeschadet ausgehalten, wenn man die Luftfeuchtigkeit diesen Temperaturen nicht anpaßt. Nicht über 30 °C gehen!

Bewässerung

Die meisten Zimmerpflanzen sterben nicht an zuwenig, sondern an zuviel Wasser. Auch der Gummibaum reagiert empfindlich auf nasse Haltung. Pflanzsubstrat nur feucht halten.

Düngung

Während der Wachstumszeit und vor allem in den Sommermonaten reichlich düngen. Im Winter weniger oder gar nicht düngen. Nährstoffmangel kündigt sich durch Ausbleichen der Blätter an.

Jahreszeitliche Pflege

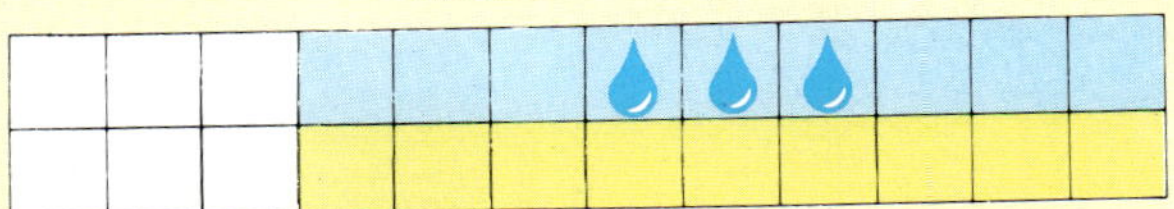

Überlange Pflanzen können im Frühjahr, vor Beginn des neuen Wachstums zurückgeschnitten und zur Verzweigung angeregt werden. Vor allem im Winter auf Staunässe und kalte Zugluft achten. Im Frühjahr vermehren durch Stecklinge oder Abmoosen. Blätter öfter durch Abwischen mit einem feuchten Schwamm vom Staub befreien. Stets für gute Belüftung sorgen.

Pflanzsubstrat

F. elastica bevorzugt eine kräftige Lehmmischung zum guten Gedeihen. Erst umtopfen, wenn der Pflanztopf gut durchwurzelt ist. Nach dem Umtopfen weniger gießen, um die Wurzelbildung anzuregen.

Der robuste und allgemein gut bekannte Gummibaum (*F. elastica*) (links) trägt an einem festen, meist unverzweigten Stamm (durch Entfernen der Sproßspitze kann man eine Verzweigung anregen) glänzend dunkelgrüne, feste, lederige Blätter.

Blatt eines *F. elastica 'Variegata'* (oben) und Blatt eines *F. elastica* (unten).

F. benjamina (unten) entwickelt sich bei guter Pflege zu einem attraktiven Strauch oder kleinen Baum. Die glänzend grünen, ovalen, bis 10 cm langen Blätter (links) hängen immer etwas nach unten. Sie erreichen erst im Alter ihre dunkelgrüne Färbung.

Die **Geigenfeige** *F. lyrata* (oben) verdankt ihren Namen der Form ihrer Blätter (links).

Die **Kletterfeige** *F. pumila* (unten) unterscheidet sich wesentlich von den bekannten *Ficus*-Arten.

Schädlinge und Krankheiten

Ficus-Arten werden in der Hauptsache von **Schild-** und **Schmierläusen** befallen, deren Ausscheidungen auch noch den Nährboden für Pilzbefall (Rußtaupilze, siehe unten) bilden. Kontrollieren Sie daher regelmäßig vor allem die Blattunterseiten auf Schädlingsbefall.

Auf mangelhafte Haltung zurückzuführen sind folgende Schädigungen:

Abfallende Blätter: Zu dunkle Haltung oder zugiger Standort, heller und vor Zugluft geschützt aufstellen.

Vergilbende, abfallende Blätter: Die Pflanze wurde zu viel gewässert. Substrat antrocknen lassen und weniger gießen.

Abfallende Blätter mit braunen Flecken und Blatträndern bzw. -spitzen: Zu kalte Haltung. Pflanze wärmer aufstellen.

Ausbleichende Blätter, neue Blätter sehr klein: Pflanze leidet unter Nahrungsmangel, regelmäßig gut düngen, vor allem während der Wachstumszeit.

Wurzelfäule breitet sich aus, wenn der Wurzelballen infolge zu starker Bewässerung und Staunässe nicht mehr genügend mit Sauerstoff versorgt werden kann. Erste Anzeichen sind vergilbende Blätter.

Woll- oder **Schmierläuse** siedeln sich hauptsächlich an den größeren Blattnerven auf der Blattunterseite fest.

Rußtaupilze (links) sind eine Folgeerscheinung von **Schildlausbefall** (oben). Die Ausscheidungen der Schildläuse bieten den Pilzen einen idealen Nährboden.

Wurzelfäule (rechts) ist eine Folge von Überwässerung. Sie führt zum Vergilben und Abfallen der Blätter.

Das linke Blatt leidet unter Hitzeschäden durch direkte Sonneneinstrahlung, das rechte Blatt stirbt auf natürliche Weise ab, hier geht die Braunfärbung von der Mitte aus.

F. pumila benötigt etwas mehr Pflege als die robusteren aufrecht wachsenden *Ficus*-Arten. Sie muß vor allem regelmäßig gegossen und bei höherer Luftfeuchtigkeit gehalten werden. Die abgebildete Pflanze (oben) ist vertrocknet

Im Winter gehen leider sehr viele Gummibäume ein, da sie zu viel gewässert werden. Erste Anzeichen einer Überwässerung sind hängende, schlaffe Blätter (rechts). Pflanze sofort antrocknen lassen.

Fittonia verschaffeltii Fittonie

Heimat: Tropisches Südamerika (Peru)
Fittonien sind meist ziemlich niedrig wachsende, krautige Pflanzen mit dunkelgrünen, eiförmigen, weiß- oder rotgeäderten Blättern. Die Rachenblüten, die in den Achseln gelber Hochblätter (Brakteen) erscheinen, sind unscheinbar.
Vermehrung: Im Frühjahr durch Stecklinge, die bei etwa 21 °C in feuchtem Torf-Sand-Gemisch bewurzeln oder durch Teilen älterer Pflanzen im Sommer.

Achten Sie beim Kauf von Fittonien auf buschige Pflanzen mit gut ausgefärbter Blattzeichnung und unbeschädigten, straffen Blättern. Meiden Sie Pflanzen mit sich aufrollenden oder gar abfallenden Blättern. Im Handel erhältlich sind meist *F. verschaffeltii* mit karminroter Aderung und *F. argyroneura* mit silbrig-weißen Blattadern (oben). Fittonien benötigen viel Wärme und Feuchtigkeit, um gut zu wachsen.

Krankheiten

Grauschimmel (*Botrytis*) tritt recht häufig bei kühler, feuchter Haltung auf.
Blattfall weist auf zu kühle Haltung hin.
Vergilbende, abfallende Blätter sind ein Zeichen für Staunässe.
Schrumpelnde Blätter deuten auf zu trockene Haltung.

Haltungsbedingungen

Standort

Fittonien gehören zu den wenigen Pflanzen, die einen schattigen Standort einem hellen vorziehen. Starke indirekte Beleuchtung oder Sonne werden nicht vertragen. Vor Zugluft schützen!

Temperaturbedingungen

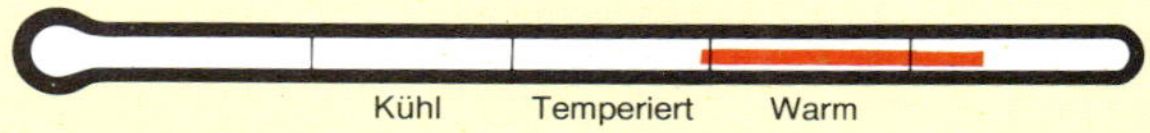

Fittonien gedeihen am besten bei 18–21 °C. Tiefere Temperaturen werden schlecht vertragen, höhere nur in Verbindung mit hoher Luftfeuchtigkeit. Fittonien sollten täglich mindestens einmal mit weichem, lauwarmem Wasser übersprüht werden.

Bewässerung

Das Pflanzsubstrat muß das ganze Jahr über gleichmäßig feucht gehalten werden. Am besten mit weichem Wasser gießen. Bei niederen Temperaturen darauf achten, daß der Wurzelballen nicht zu feucht ist.

Düngung

Während der Wachstumszeit im Sommer alle 14 Tage dem Gießwasser eine schwache Dosis Dünger zugeben. Im Winter nicht mehr düngen.

Jahreszeitliche Pflege

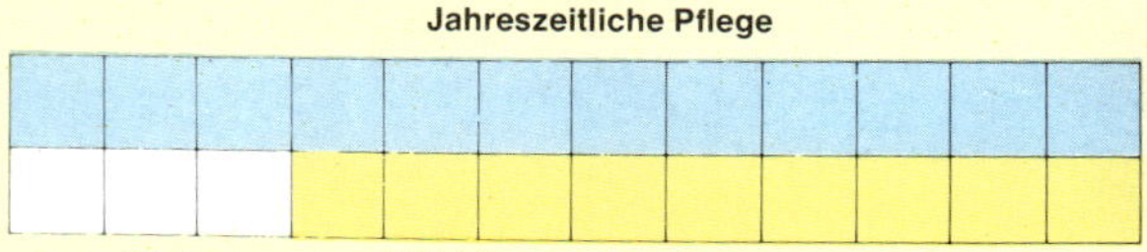

Fittonien müssen das ganze Jahr über feucht – jedoch nicht naß! – gehalten werden. Gedüngt wird in schwachen Dosierungen nur während der Wachstumszeit im Sommer. Je höher die Temperatur, desto höher muß die Luftfeuchtigkeit sein. Umgetopft wird im Frühjahr, jetzt werden auch Triebstecklinge abgenommen und die Pflanze durch Entfernen alter Triebspitzen zur Verzweigung angeregt.

Pflanzsubstrat

Am besten geeignet ist ein Gemisch aus Sand, Torf und etwas Lehm. Der Pflanztopf sollte nicht zu groß, aber sehr gut drainiert sein. Umgetopft wird im Frühjahr, die Teilung älterer Pflanzen erfolgt jedoch im Sommer.

Grevillea robusta Australische Silbereiche

Heimat: Australien
Die Australische Silbereiche gehört zu den typischen Zimmerbäumen, die sowohl dekorativ als auch robust und in der Kultur wenig anspruchsvoll sind. Es wundert daher, daß diese Pflanze nicht sehr weit verbreitet ist. Auffallende Kennzeichen der Silbereiche sind ihre fein fiederteiligen, wechselständigen Blätter, die an Farnwedel erinnern. Sie können bis 20 cm lang werden, sind oberseits kahl und unterseits behaart. Blüten erscheinen bei Zimmerkultur nicht.
Vermehrung: Durch Aussaat oder Triebstecklinge.

Achten Sie beim Kauf auf gesunden, aufrechten Wuchs – auch ohne Stütze, eine gut ausgefärbte und von der Basis ausgehende Belaubung und neuen Triebansatz. Bei guter Pflege kann *G. robusta* innerhalb weniger Jahre auf 2 m Höhe heranwachsen. Wenn diese Pflanze zu raschwüchsig ist, der kann die Sproßspitze abschneiden und dadurch buschiges Wachstum erzwingen.

Krankheiten

Bei zu trockener Haltung setzen sich gerne auf den Blattunterseiten Spinnmilben, Schmier- oder Blattläuse fest, die sich bei rechtzeitigem Erkennen jedoch problemlos entfernen lassen. Kontrollieren Sie deshalb die Pflanzen öfter!
Kein Wachstum ist auf eine zu kühle und nasse Haltung zurückzuführen.

Haltungsbedingungen

Standort

Silbereichen benötigen einen hellen, lichten Standort, sollten aber vor direkter Sonneneinstrahlung geschützt werden. Bei ungenügender Lichtversorgung wirft die Pflanze ihre Blätter ab.

Temperaturbedingungen

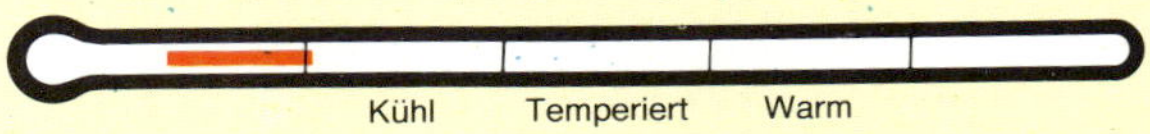

Silbereichen bevorzugen Temperaturen um 15 °C, können jedoch auch etwas kühler gehalten werden. Für die Winterruhe empfehlen sich Temperaturen von 7–10 °C bei hellem Standort. Bei Temperaturen über 15 °C sollten die Blätter öfter mit weichem, lauwarmem Wasser besprüht werden. Im Sommer kann die Pflanze im Freien stehen.

Bewässerung

Silbereichen reagieren empfindlich auf alle möglichen Extreme und sollten daher auch regelmäßig feucht gehalten werden. Vorsicht also vor Staunässe oder Austrocknung des Wurzelballens.

Düngung

Für ein gutes Wachstum ist eine regelmäßige Düngung unerläßlich. Während der Ruhezeit von Oktober bis März nicht mehr oder nur ganz wenig düngen.

Jahreszeitliche Pflege

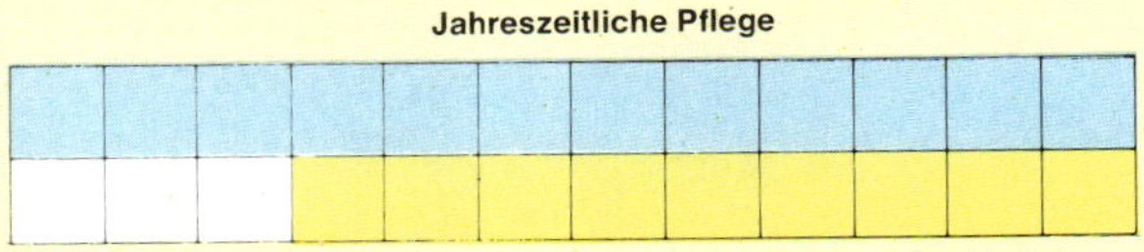

Die Australische Silbereiche benötigt eine Winterruhe vom Oktober bis März, in der sie kühler, trockener und ungedüngt gehalten werden sollte. Während ihrer Wachstumszeit im Sommer kann die Pflanze bei guter Witterung an einem geschützten Platz im Halbschatten ins Freie gestellt werden. Zu groß gewordene Exemplare können im Frühjahr zurückgeschnitten werden. Umgetopft wird nach dem Austrieb.

Pflanzsubstrat

Verwenden Sie zum Ein- und Umtopfen lehmhaltige Einheitserde. Auf guten Wasserabzug achten, am besten den Topfboden mit Kies oder Tonscherben abdecken.

Hedera Efeu

Heimat: Europa
Efeu-Varietäten wird man immer wieder unter den typischen und beliebten Zimmerpflanzen finden, obwohl sie sich für beheizte, trockene Räume nicht besonders gut eignen. Wenn sie in Wohnräumen nicht so recht gedeihen, kann man fast alle der zahlreichen Formen und Varietäten auch im Freiland auspflanzen.
Vermehrung: Während der Sommermonate lassen sich fast alle Efeu-Formen durch Stecklinge sehr leicht vermehren. Sproßstücke mit zwei kleinen Blättern werden in Torfkompost eingepflanzt und bei genügender Feuchtigkeit und etwa 21 °C bewurzelt. Pflanzen Sie immer mehrere Stecklinge in einen Topf.

Diese Varietät des Kanarischen Efeus (*H. canariensis*) (oben) zeigt einen gesunden, buschigen Wuchs, viele gut geformte und schön gefärbte Blätter und etliche neue Triebe. So sollte eine gut gepflegte Pflanze aussehen.

Anschaffung und Arten

Achten Sie beim Kauf auf gesunde, natürlich ausgefärbte Blätter – auch an der Basis – und guten Wuchs. Wählen Sie keine Pflanze mit vegilbtem oder vertrocknetem Laub. Achten Sie ganz besonders auf Schädlinge, die sich vor allem an den Triebspitzen aufhalten. Es gibt nur wenige Efeu-Arten, aber eine Unzahl verschiedener Varietäten, von denen nur einige Blattformen unten abgebildet sind.

H. canariensis, der Kanarische Efeu, ist eine der größten Efeu-Arten. Seine Blätter können bei guter Pflege bis 20 cm lang werden. Sie sind dunkelgrün, in der Nervatur aber heller. Von dieser Art gibt es etliche Varietäten mit hell umsäumten oder gefleckten Blättern.

H. helix, der einheimische Efeu, besitzt 3- bis 5lappige, bis 10 cm lange, dunkelgrüne Blätter und ist ebenfalls in vielen Kulturformen erhältlich, z. B.:

H. h. 'Chicago' mit mittelgroßen grünen oder panaschierten Blättern.

H. h. 'Glacier' mit wunderschön panaschierten Blättern. Von allen Formen am widerstandsfähigsten.

H. h. 'Sagittaefolia' mit zu pfeilförmigen Gebilden umgewandelten Blättern, wobei der mittlere Blattlappen stark verlängert wurde (Bild rechts unten).

H. ivalace mit glitzernd grünen Blättern und rötlicher Sproßachse. Am besten als Hängepflanze zu verwenden.

Schädlinge und Krankheiten

Die **Blattfleckenkrankheit,** ein Pilzbefall, tritt besonders dann auf, wenn die Pflanzen sehr dicht stehen und zu feucht gehalten werden. Sie äußert sich durch hell- bis dunkelbraune Blattflecken.
Spinnmilben treten leider recht häufig beim Efeu auf. Die Blätter verfärben sich zunächst gelb, rollen sich ein, und bald sind deutliche Gespinste an den Blattunterseiten zu erkennen. Trockene Luft trägt viel zur Vermehrung dieser Schädlinge bei. Auf Haltungsfehler sind zurückzuführen:
Grünverfärbung panaschierter Blätter: zu dunkle Haltung, manchmal auch Überdüngung.
Ausbleichende Blätter: zu heller Standort.
Schwarzfleckige Blätter: zu naß.

Bei zu trockener Haltung werden die Blätter zunächst an den Rändern braun und trocken und fallen dann ab (links). Hier hilft nur noch kräftiges Wässern (überschüssiges Wasser gut ablaufen lassen) und Einnebeln.

Spinnmilben (unten) sind recht häufige „Gäste“ an im Zimmer gehaltenen Efeu-Pflanzen.

Haltungsbedingungen

Standort

Efeu-Pflanzen schätzen einen hellen, aber kühlen Standort. An schlecht beleuchteten Stellen verlieren die panaschierten Formen ihr hübsches Blattmuster. Vor trockener Hitze schützen.

Temperaturbedingungen

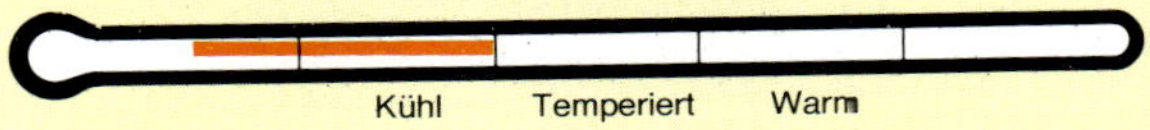

Fast alle Efeu-Arten und -Varietäten bevorzugen den unteren Temperaturbereich von etwa 10–15 °C, mögen jedoch keine plötzlichen Temperatursprünge. Bei mehr als 18 °C Luftfeuchtigkeit erhöhen. Winterruhe bei etwa 10 °C.

Bewässerung

Im Sommer sollten die Pflanzen immer gut feucht gehalten werden. Im Winter wird sparsamer bewässert. Die Erde darf weder austrocknen noch zu naß sein. Mit weichem Wasser gießen und bei hohen Temperaturen täglich übersprühen.

Düngung

In der Wachstumszeit (Frühjahr bis Herbst) muß alle 14 Tage gedüngt werden, um einen guten Wuchs zu erzielen. Während der Winterruhe nicht mehr düngen. Kalkarmen Dünger verwenden.

Jahreszeitliche Pflege

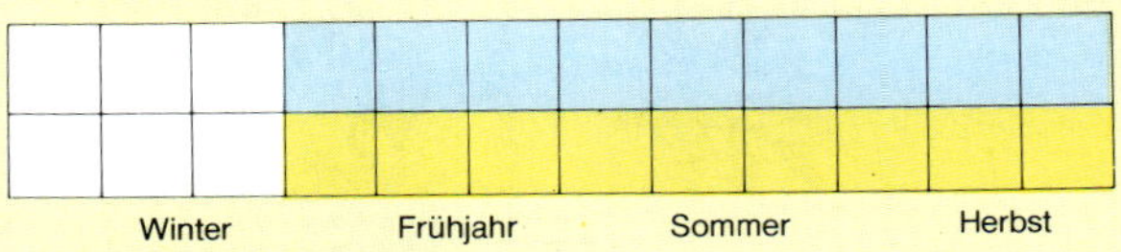

Im Sommer halbschattig und feucht halten. Im Winter hell und nicht ganz so feucht halten. Um buschigen Wuchs zu erzielen, im Frühjahr die Pflanzen zurückschneiden. Triebspitzen können als Stecklinge bewurzelt werden. Alle zwei Jahre im Frühjahr umtopfen. Die Töpfe sollten nicht größer als 15 cm sein. Nicht umgetopfte Pflanzen erhalten jedes Frühjahr eine neue Erdauffüllung.

Pflanzsubstrat

Lehmhaltiger Torfkompost ist die beste Mischung für alle Efeu-Formen. Stecklinge in Mischungen aus Torfmoos und Sand einpflanzen.

Heptapleurum Schirmaralie

Heimat: Australien, Neuseeland
Diese Pflanzen sind auch unter dem Namen *Schefflera* bekannt (siehe Seite 170) und erst seit wenig mehr als einem Jahrzehnt bei den Fachhändlern erhältlich. Dabei sind es elegante und in der Pflege nur wenig anspruchsvolle Pflanzen. Bei guter Pflege können Schirmaralien über 2 m hoch werden. Die handförmigen Blätter sind je nach Art 7- bis 9zählig gefingert, wobei die einzelnen Blättchen auf schlanken Stielen stehen. Neben Pflanzen mit glänzend dunkelgrünen Blättern gibt es mehrere Varietäten mit gelblich-weiß panaschierten Blättern.

Vermehrung: Bei Temperaturen um 21 °C und bei genügend Feuchtigkeit kann man leicht Sproßstecklinge bewurzeln. Pflanzen Sie bis zu drei Stecklinge in einen Topf.

Anschaffung und Arten

Achten Sie beim Kauf auf guten Wuchs und neue Triebe. Junge Blätter auf Schädlingsbefall kontrollieren. Die Blätter dürfen keine unnatürliche Verfärbung zeigen.

H. arboricola (siehe unten) ist die wohl schönste und für Zimmerkultur am besten geeignete Schirmaralie.

H. a. 'Geisha' besitzt rundlichere Blättchen und wächst nicht so schlank in die Höhe wie die Stammform.

H. a. 'Hongkong' besitzt glänzend grüne Blätter, ist jedoch etwas kleiner und gedrungener als die Stammform.

H. a. 'Variegata' trägt gelblich und grünlich panaschierte Blätter, ist also etwas dekorativer als die übrigen Varietäten.

Heptapleurum arboricola (links) besitzt 9zählige, glänzend dunkelgrüne Blätter und wird bis 3 m hoch, wenn man die Pflanze ungestört wachsen läßt.
H. a. 'Variegata (unten) besitzt panaschierte Blätter mit gelbgrüner Zeichnung.

Haltungsbedingungen

Standort

Alle Schirmaralien bevorzugen einen lichten Standort, müssen jedoch vor direkter Sonnenbestrahlung geschützt werden. An schattigen Stellen werden die Blätter sehr lang. Zugluft und Heizungsnähe vermeiden!

Temperaturbedingungen

Schirmaralien benötigen eine Mindesttemperatur von 15 °C. Die Höchsttemperaturen sollten andererseits 21 °C nicht überschreiten. Dieser Temperaturbereich muß auch im Winter eingehalten werden. Die Luftfeuchtigkeit richtet sich nach der Temperatur, je höher diese ist, desto häufiger sollten die Pflanzen mit lauwarmem, weichem Wasser besprüht werden.

Bewässerung

Halten Sie die Pflanze gleichmäßig feucht, aber nicht naß. Vor dem nächsten Gießen kann die oberste Schicht im Topf leicht antrocknen. Völliges Austrocknen auf jeden Fall vermeiden.

Düngung

Schirmaralien darf man nicht überdüngen. Düngergaben sind nur im Sommer erforderlich. Man verwende einen Flüssigdünger, den man alle 14 Tage in halber Dosierung dem Gießwasser zufügt.

Jahreszeitliche Pflege

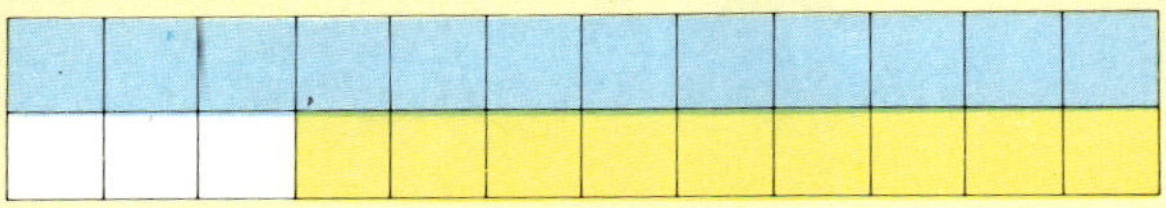

Zur Wachstumszeit im Sommer müssen die Pflanzen etwas mehr gewässert und auch gedüngt werden. Das Umtopfen erfolgt – wenn dringend notwendig – im Frühjahr. Ist der Topf noch nicht ganz durchwurzelt, dann wechselt man nur die obere Substratschicht aus. Im Frühjahr kann man auch sparrig gewordene Pflanzen zurückschneiden und Triebstecklinge bewurzeln lassen. Blätter regelmäßig vom Staub befreien.

Pflanzsubstrat

Am besten geeignet sind Torfmischungen mit einer geringen Beimenge Lehm. Beim Umtopfen Pflanzerde gut andrücken. Stecklinge werden in feuchten Torf-/Sand-Mischungen oder nur im Wasser bewurzelt.

Stammfäule tritt vor allem bei Überwässerung auf und zeigt sich als schwärzliche, schleimige Veränderung der Stammbasis (oben). Dieser Pilzbefall ist nicht oder kaum zu bekämpfen. Wenn der Befall erst weiter oben auftritt, kann man versuchen, den Sproß unterhalb der Schadstelle abzuschneiden in der Hoffnung, daß er neue Triebe ausbildet.

Schädlinge und Krankheiten

Blattläuse befallen gelegentlich die jüngeren Blätter und verursachen Flecken.

Spinnmilben treten nur auf, wenn die Umgebung der Pflanze sehr warm und trocken ist. Helle bräunliche Flecken auf den Blättern sind oft die sichersten Anzeichen, wenn man die Tiere selbst nicht sehen kann. Pflanze sofort mit einem Akarizid behandeln.

Sparriger Wuchs: Pflanze wird zu warm gehalten, eventuell auch zu dunkel. Standort prüfen.

Vergilben der Blätter: Nahrungsmangel.

Hibiscus rosa-sinensis Hibiskus

Heimat: Ostindien, China
Diese schönen Blütenpflanzen mit strauch- oder bäumchenförmigem Wuchs werden in der Zimmerpflanzenkultur immer beliebter. Grund hierfür sind Leuchtkraft und Farbenpracht der großen gelben, roten oder orangefarbenen, einfachen oder gefüllten Blüten, die von Februar bis Oktober nacheinander an der Pflanze erscheinen. Die dunkelgrünen Blätter sind meist eiförmig, zugespitzt und grob-gezähnt bis eingeschnitten.
Vermehrung: Durch Triebstecklinge, die wir im Mai bei ca. 18 °C bewurzeln lassen.

Anschaffung und Arten

Achten Sie beim Kauf auf gesunden Wuchs, unbeschädigte Blätter und reichen Knospenansatz. Vermeiden Sie Pflanzen, die keine Blätter mehr an den tiefergelegenen Stengelteilen besitzen oder deren Knospen leicht abfallen. Kontrollieren Sie vor allem neue Triebe und Knospen auf eventuellen Blattlaus-Befall. Im Handel sind viele Varietäten von *H. rosa-sinensis* mit verschiedenfarbigen, einfachen oder gefüllten Blüten.

Alle vier Blätter stammen von der gleichen Pflanze.

Ein gesunder, gut gepflegter Hibiskus besitzt einen buschigen Wuchs, straffe, glänzend dunkelgrüne Blätter und viele Blütenknospen. Je nach Geschmack kann man zwischen gefüllten (unten links) und ungefüllten (unten rechts) Sorten wählen.

Diese Pflanze wurde nicht genügend gegossen. Die Blätter werden schlaff, braun, vertrocknen und fallen ab.

Bei zu trockener Luft werden Hibiskus-Pflanzen leicht von Blattläusen befallen, die sich vor allem an jungen Trieben und Blütenknospen ansiedeln.

Haltungsbedingungen

Standort

Der Hibiskus benötigt sehr helle, lichte Standorte, pralle Sonne im Sommer ist jedoch zu meiden. Nordfenster sind ideal, hier kann die Pflanze ihre sprichwörtliche Blühfreudigkeit zeigen.

Temperaturbedingungen

Die Pflanze bevorzugt ein gleichmäßig warmes Klima und reagiert sofort mit Knospen- und Blattfall auf starke Temperaturschwankungen. Günstig sind Temperaturen zwischen 13–18 °C. Im Sommer kann die Pflanze auch an einem windgeschützten, halbschattigen Platz im Freien stehen.

Bewässerung

Die Pflanze sollte das ganze Jahr über gleichmäßig, bei warmem, trockenem Wetter jedoch gründlich gewässert werden. Vorsicht jedoch vor Staunässe und „Fußbädern"!

Düngung

Während der Wachstums- und Blütezeit benötigt der Hibiskus ca. alle 10 Tage eine Düngung. In der winterlichen Ruhepause mit dem Düngen aussetzen.

Jahreszeitliche Pflege

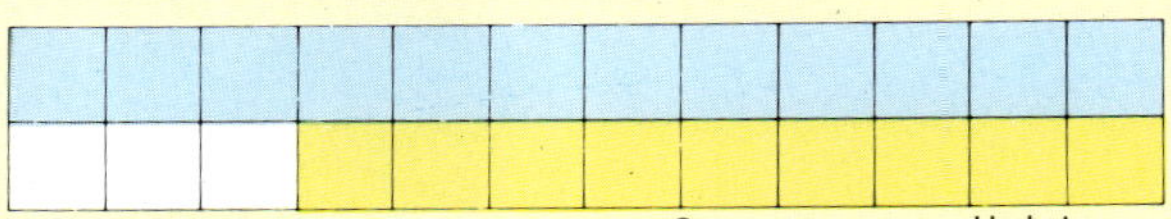

Immer für guten Wasserabzug sorgen und überschüssiges Gießwasser aus dem Untersetzer oder Übertopf entfernen. Im Winter wird die Pflanze immer einige Blätter verlieren, auch wenn sie genügend feucht gehalten wird. Bei zu sparrigem Wachstum schneidet man die Pflanze kräftig zurück. Im Frühjahr bei Bedarf umtopfen, jedoch keine zu großen Töpfe verwenden.

Pflanzsubstrat

Hibiskus gedeiht in torfhaltigen Mischungen nicht allzu gut. Verwenden Sie lieber Einheitserde mit hohem Lehmanteil. Für gute Drainage sorgen!

Hydrangea macrophylla Hortensie

Heimat: Japan
Hortensien sind Sträucher mit gegenständigen, verkehrt-eiförmigen, grob gesägten, dunkelgrünen Blättern und endständigen Doldentrauben in Weiß, Rosa und Rot, die in erster Linie als Gartenpflanzen gehalten werden. Solange sie noch klein sind, kann man sie jedoch auch im Zimmer halten.
Vermehrung: Im Frühjahr durch 10–15 cm lange Triebstecklinge, die in Torf-Sand-Gemisch bei 13–16 °C bewurzelt werden. Für hohe Luftfeuchtigkeit und gute Belüftung sorgen.

Anschaffung und Arten

Die Blätter müssen grün und fest sein. Vermeiden Sie Pflanzen, die bereits voll aufgeblüht sind oder Exemplare mit dürftigem Erscheinungsbild.
H. macrophylla ist die als Zimmer- und Gartenzierpflanze am besten geeignete Art. Die im Frühjahr angebotene blaublütige Form (siehe unten) sind rosablütige Exemplare, deren Pflanzsubstrat mit Alaun oder anderen Chemikalien behandelt wurde, da ein pH-Wert von 4–4,5 die Blütenfarbe umstimmt.

Hortensien sind attraktive Pflanzen, benötigen zum guten Gedeihen aber ein wenig Pflege. Eine gesunde Pflanze (rechts) zeichnet sich durch buschigen Wuchs, unbeschädigte Blätter und große Blütendolden aus. Bei den meisten Sorten sitzen die echten Blüten unscheinbar an den Verzweigungen der großen Dolde, den stark vergrößerten Blütenkelchen (oben) fehlen meist die übrigen Blütenteile. Blaublütige Pflanzen kehren bei Substratwechsel zu Rosa oder Hellpurpurn zurück.

Schädlinge und Krankheiten

An tierischen Schädlingen treten bei Hortensien – hervorgerufen durch zu trockene Luft – Blattläuse und Spinnmilben auf.
Durch falsche Haltung treten immer wieder Pilzerkrankungen wie Grauschimmel (*Botrytis*) und Mehltau auf. Gelbfärbung der Blätter (Chlorose) tritt ein, wenn wir die Pflanze mit hartem, kalkhaltigem Wasser gießen. Hortensien benötigen sauren Boden!

Hortensien reagieren sehr schnell auf falsche Haltung. Bei ungenügender Bewässerung werden die Blätter und Blütendolden schlaff, die Blattränder verfärben sich braun (unten), die Blätter rollen sich ein, und schließlich fallen Blätter und Blüten ab (ganz unten).

Haltungsbedingungen

Standort

Hortensien schätzen helle, lichte Standorte, doch müssen die Pflanzen im Sommer vor praller Sonne geschützt werden. Halbschatten wird auch noch vertragen. Lichtmangel kündigt sich durch Vergilben der Blätter an.

Temperaturbedingungen

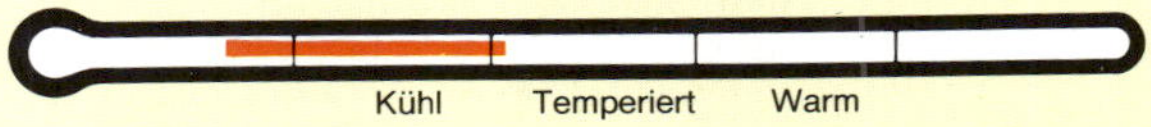

Hortensien gedeihen eher besser bei Haltung im unteren Temperaturbereich (10–15 °C). Im Sommer sollte die Temperatur bei Haltung im Zimmer nicht über 18 °C steigen. Am besten stellt man die Pflanze halbschattig im Freien auf. Überwintert wird kühl, bei Temperaturen um 7 °C.

Bewässerung

Mit weichem Wasser gießen, um ein Auslaugen des Pflanzsubstrates zu verhindern. Bei höheren Temperaturen unbedingt darauf achten, daß das Substrat feucht bleibt, Pflanze mit weichem Wasser übersprühen.

Düngung

Hortensien müssen in der Wachstums- und Blütezeit wöchentlich gedüngt werden. Nur kalkfreien Dünger verwenden! Zur Erhaltung der blauen Blütenfarbe Pflanzsubstrat bei pH 4–4,5 halten (Alaun zufügen!).

Jahreszeitliche Pflege

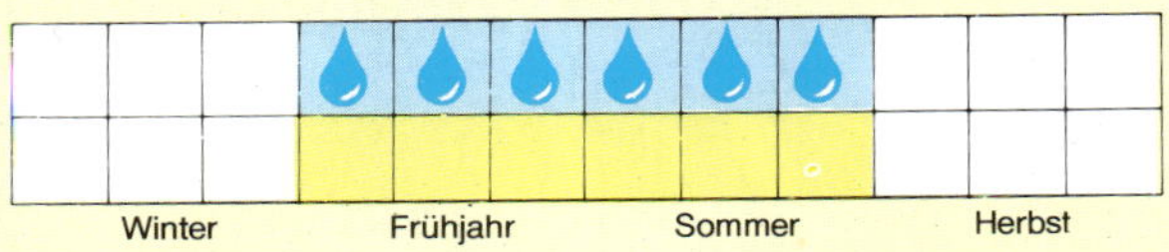

Reichliches Gießen ist besonders während der Wachstumsphase wichtig. Nach dem Laubfall im Herbst wird die Bewässerung stark eingeschränkt oder überhaupt ausgesetzt. Nach der Blüte werden die Sprosse auf die Hälfte zurückgeschnitten. Nicht blühende Sproßspitzen können als Stecklinge verwendet werden. Durch Wärme im Januar kann man frühere Blühzeiten erhalten. Die natürliche Blühzeit liegt im Juni–Oktober.

Pflanzsubstrat

Hortensien bevorzugen saure Erde. Man verwendet daher torfhaltige, saure Mischungen oder Einheitserde. Erde nicht zu hoch einfüllen. Auf guten Abzug achten.

Impatiens walleriana Fleißiges Lieschen

Heimat: Tropisches Afrika
Zur Gattung *Impatiens* gehören zahlreiche buschig wachsende Pflanzen, die sowohl einjährige Gartenpflanzen als auch ausdauernde Zimmerpflanzen umfassen. Das Fleißige Lieschen ist eine recht genügsame und weit verbreitete Art, die in vielen Kulturformen im Handel angeboten wird. Die Pflanzen werden 30–60 cm hoch, sollten jedoch öfter gestutzt werden, um buschigeren Wuchs zu erzielen. Die fleischigen Zweige und Blätter sind leicht zu verletzen. Da *Impatiens* sehr leicht zu vermehren sind, werden sie meist als einjährige Pflanzen behandelt.
Vermehrung: Durch ca. fingerlange Stecklinge. Entfernen Sie alle Blüten und lassen Sie die Stecklinge in Wasser oder gleich im Blumentopf bewurzeln. Nicht in die Sonne stellen, bei etwa 18 °C halten. Nach dem Anwurzeln Spitze entfernen, damit die Pflanze sich besser verzweigt und voller wächst.

Anschaffung und Arten

Fleißige Lieschen gehören zu den beliebtesten Zimmer- und Gartenpflanzen, da sie bei guter Pflege vom Sommer bis Herbst blühen.
Beim Kauf achte man auf kompakten, buschigen Wuchs, gut ausgefärbte, kräftige Blätter und viel Blütenansatz sowie Neutriebe. Vermeiden Sie sparrig aussehende Pflanzen mit ausgeblichenen Blättern und feuchten Stellen an Stengeln oder Blättern.

I. petersiana besitzt burgunderrote Blätter und kräftig gefärbte Blüten. Die Pflanze kann fast 1 m hoch werden.

I. walleriana ist die Stammform zahlreicher Hybriden und Varietäten. Die Blütenfarben reichen von Weiß über Rosa bis in verschiedene Rottöne. Viele der Varietäten sind noch nicht eigens benannt worden.

I. w. 'Arabesque' zeigt auffällig hell geaderte oder gefelderte Blätter.

I. w. 'Neu-Guinea'-Hybriden sind erst seit relativ kurzer Zeit auf dem Markt. Die Pflanzen sind sehr kräftig und wüchsig und zeigen große, weit geöffnete Blüten.

Eine gesunde Pflanze zeichnet sich durch kräftigen, buschigen Wuchs, glänzende Blätter und viele Blüten aus.

Krankheiten

Fleißige Lieschen werden in der Hauptsache von Blattläusen und Spinnmilben befallen, die meist bei zu trockener Luft auftreten.

Spinnmilben sind bei leichtem Befall nicht sofort erkennbar. Anzeichen für ihr Vorhandensein sind gelbe Flecken auf den Blättern.

Stengelfäule tritt bei nassen und kalten Standortbedingungen auf. Befallene Teile wegschneiden und Pflanze mit einem Fungizid behandeln.

Rußtaupilze sind eine Folgeerscheinung von Blattlausbefall. Sie siedeln sich auf den Ausscheidungen der Läuse an.

Pflanzenschäden sind in erster Linie auf falsche Haltung zurückzuführen. Zu trockene Haltung (oben, Mitte) führt zu sparrigem Wuchs, ausbleichenden Blättern, Blatt- und Blütenfall. Meist siedeln sich jetzt als Schwächeparasiten noch Weiße Fliegen (ganz oben) oder Spinnmilben an (unteres Bild von oben). Wer gesunde Pflanzen möchte und Schädlingsbefall vorbeugen will, sorgt für hohe Luftfeuchtigkeit.

Haltungsbedingungen

Standort

Das Fleißige Lieschen benötigt sehr helle, lichte Standorte. Es muß im Sommer allerdings vor praller Sonne geschützt werden. An schattigen Standorten blühen die Pflanzen kaum oder gar nicht.

Temperaturbedingungen

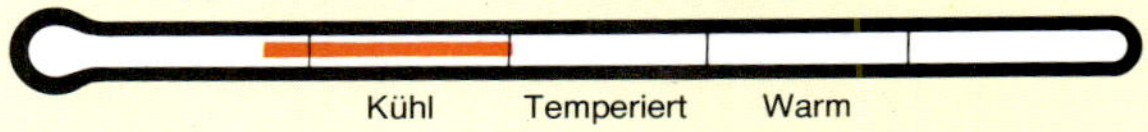

Bei Temperaturen unter 13 °C blüht das Fleißige Lieschen nicht. Normale Zimmertemperaturen zwischen 15–21 °C sind nahezu ideal. An warmen, geschützten Stellen kann man die Pflanze im Sommer auch in das Freiland setzen. Bei Temperaturen über 21 °C muß für genügend Luftfeuchtigkeit gesorgt werden!

Bewässerung

Während der Entwicklungspausen im Winter kaum gießen, Pflanzsubstrat jedoch nicht völlig austrocknen lassen. Zur Wachstumszeit reichlich gießen, jedoch für guten Ablauf sorgen und Staunässe vermeiden!

Düngung

Im Sommer wöchentlich dem Gießwasser Flüssigdünger zufügen. Im Winter höchstens einmal monatlich leicht düngen.

Jahreszeitliche Pflege

Im Sommer vor praller Sonne schützen, reichlich wässern und für hohe Luftfeuchtigkeit sorgen. Wöchentlich gut düngen. Im Winter kühler (14–16 °C), hell und relativ trocken halten. Kaum düngen. Sparrig oder zu groß gewordene Pflanzen im Spätsommer zurückschneiden oder durch Stecklinge ersetzen.

Pflanzsubstrat

Am besten verwendet man eine Lehm-Torf-Mischung. Die Pflanzen blühen besser, wenn sie in nicht zu großen Töpfen gehalten werden, d. h. ihren Topf völlig durchwurzeln.

Kalanchoe beharensis Kalanchoe

Heimat: Madagaskar
Kalanchoen sind kräftige, staudenartig wachsende Kurztagspflanzen mit gegenständigen, fleischigen Blättern und vielblütigen, verschiedenfarbigen Trugdolden. Manche Arten werden im Handel angeboten. Zu den selteneren, jedoch äußerst reizvollen Arten gehört *Kalanchoe beharensis.* Sie besitzt große, dreieckige, filzig behaarte Blätter, die mit der Unterseite kräftigen, graugrünen Blattstielen ansitzen. Der Hauptstamm ist meist stärker verdickt und wird mit der Zeit holzig. Die jüngeren Blätter sind ebenfalls graugrün, färben aber mit zunehmendem Alter zu einem ungewöhnlichen Dunkelbraun um. Die Pflanze wächst zu respektabler Höhe heran: Exemplare bis 3 m Höhe sind zu erwarten, wenn man die richtigen Pflegebedingungen einhält.
Vermehrung: *Kalanchoe*-Arten kann man sehr leicht aus Blatt- oder Sproßstecklingen vermehren. Bei *K. beharensis* entwickeln sich entlang der Bruchkanten älterer Blätter vollständige neue Pflanzen. Man knickt ein Blatt einfach scharf um, bis es bricht, läßt das Bruchstück aber daran hängen und steckt das Blatt in feuchtes Sand-Torf-Gemisch.

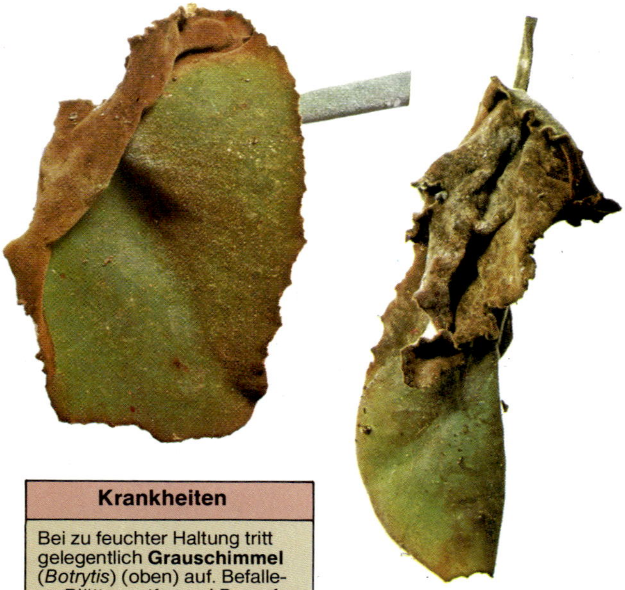

Krankheiten

Bei zu feuchter Haltung tritt gelegentlich **Grauschimmel** (*Botrytis*) (oben) auf. Befallene Blätter entfernen! Darauf achten, daß nie auf den Blättern Wasser stehenbleibt. Bei niederen Temperaturen Bewässerung gering halten.

Da die fleischigen Blätter weit vom Stamm abstehen, können sie leicht beschädigt werden (links oben).
Grauschimmel (*Botrytis*) (rechts oben) tritt in zu feuchter Umgebung auf.

Haltungsbedingungen

Standort

Diese *Kalanchoe*-Art benötigt einen lichten, hellen Standort und erträgt auch kräftigere Sonnenbestrahlung. Nur im hellen Licht entwickelt sich die interessante Blattfärbung.

Temperaturbedingungen

Kalanchoe-Arten gedeihen über einen recht weiten Temperaturbereich zwischen etwa 13–23 °C. Allerdings sollte die Standorttemperatur nie längere Zeit unter 10 °C absinken. Große Temperaturschwankungen werden ebenfalls nicht gut vertragen.

Bewässerung

Die Pflanze sollte so bewässert werden, daß die Erde immer ein wenig feucht ist. Zu reichliches Gießen schadet – besonders bei niederen Temperaturen. Überwässerung wird mit Blattfall beantwortet.

Düngung

Sofern die Kalanchoe in guter Blumenerde eingetopft ist, wird man wenig zusätzlich düngen müssen. Düngen empfiehlt sich vor allem im Frühjahr und Sommer, wenn neue Blätter entwickelt werden.

Jahreszeitliche Pflege

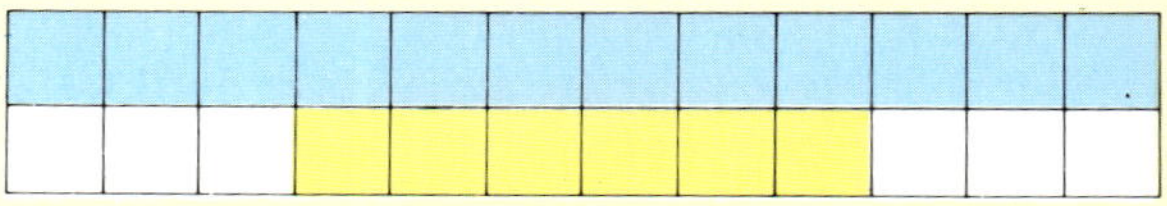

Diese *Kalanchoe*-Art benötigt keine spezielle jahreszeitliche Pflege; es genügt vollständig, ihr die richtigen Licht- und Temperaturbedingungen zu bieten. Als sukkulente Art kann sie geringfügige Vernachlässigung beim Gießen durchaus überstehen, doch sollte man sie nicht vollständig austrocknen lassen. Abgestorbene oder mechanisch beschädigte Blätter stets entfernen.

Pflanzsubstrat

Verwenden Sie lehmhaltige Blumenerde. Stecklinge bilden das ganze Jahr über in Torf-Sand-Gemisch sehr rasch neue Pflänzchen aus.

Eine gut wachsende *K. beharensis* ist mit ihren großen, straff vom Stamm abstehenden Blättern auch ohne Blüten eine attraktive, ungewöhnliche Zimmerpflanze. Da fast alle Pflanzenteile mit feinen Haaren besetzt sind, erhält die Pflanze zusätzlich ein weiches, samtiges Aussehen. Gesunde Pflanzen besitzen einen kräftigen, aufrechten Wuchs der selbst bei größeren, älteren Pflanzen nicht unterstützt werden muß. Im Alter verliert die Pflanze auf natürliche Weise ihre unteren Blätter. Wem die Pflanze zu sparrig wird (die Pflanzen können in Zimmerkultur bis 1 m hoch werden), der kann die Pflanze stark zurückschneiden.

Calathea, Maranta, Stromanthe Marante

Heimat: Überwiegend tropisches Amerika
Zu den Pfeilwurzgewächsen, die als Zimmerpflanzen gehalten werden können, gehören die Arten der Gattungen *Calathea, Maranta* und *Stromanthe.* Die Arten ähneln sich sehr stark und können vom Laien kaum unterschieden werden. An meist einfachen, mehr oder weniger aufrechten Stielen sitzen große, herrlich gefärbte Blätter. Die Arten der Gattung *Maranta* sind meist buschiger im Wuchs und werden weniger hoch als die der beiden anderen Gattungen. *Stromanthe*-Ar-

Zu den am häufigsten für die Zimmerkultur verwendeten Marantas gehören die Varietäten von *Maranta leuconeura,* einer kurzstieligen, ca. 30 cm hoch werdenden Art mit elliptischen Blättern, die oberseits hellgrün mit großen, ovalen, weißen und dunkelgrünen Flecken und unterseits blaugrün gefärbt sind.

M. leuconeura 'Kerchoveana' (unten links) und *M. leuconeura 'Erythrophylla'* (unten rechts). Ungewöhnlich ist bei diesen prächtig gezeichneten Pflanzen, daß sie trotz ihrer aparten Blattmuster echte Schattenpflanzen sind. Im hellen Licht werden die Blätter leblos und bleichen aus.

ten unterscheiden sich von *Calathea*-Arten durch den Besitz lederiger Blätter. Die Pfeilwurzgewächse sind zwar äußerst dekorative Blattpflanzen, jedoch nicht einfach zu pflegen, da sie eine relativ hohe Luftfeuchtigkeit und ein gleichmäßig warmes Klima benötigen.

Vermehrung: Durch Triebsteckling oder durch Teilung älterer Pflanzen im Februar–März. Triebstecklinge (mit einem Blattpaar!) bewurzeln in feucht-warmer Umgebung bei einer Mindesttemperatur von 21 °C relativ leicht.

Von den *Calathea*- und *Stromanthe*-Arten werden gerne als Zimmerpflanzen verwendet und im Handel angeboten: *Calathea makoyana* (unten links) aus Brasilien. Diese Pflanze besitzt relativ dünne, fast durchscheinende Blätter (rechts), die auf der Oberseite feine, weißliche Strichmuster tragen, unterseits jedoch rötlichbraun sind. Die Pflanze wird 30–50 cm hoch.

Stromanthe amabilis (unten rechts) hat kräftigere Blätter von spateligem Umriß (rechts oben) mit hübscher Zebrastreifung in verschiedenen Grüntönen. *Stromanthe*-Arten besitzen zwar lederige Blätter, benötigen aber trotzdem eine hohe Luftfeuchtigkeit und sollten – je nach Temperatur – täglich mit weichem Wasser besprüht werden.

Anschaffung und Arten

Beim Kauf von Pfeilwurzgewächsen muß man besondere Sorgfalt walten lassen, weil man sonst mit den Pflanzen nicht sehr viel Freude haben wird. Besonders kritisch ist der Zeitraum zwischen Anzucht und Versand zu den Blumenmärkten. Wenn die Pflanzen dabei zu kühl gehalten werden, sind sie meist stark geschädigt. Kaufen Sie nur Exemplare ohne braune Blattspitzen und mit voll entfalteten Blättern. Folgende Arten und Varietäten sind häufiger im Handel:

Calathea crocata mit dunkelgrün-purpurfarbenen, aufrecht wachsenden Blättern und gelben Blüten.

C. lancifolia mit langen, lanzettförmigen, gewellten, hell- und dunkelgrün gezeichneten Blättern.

C. makoyana (siehe Seite 135 unten links).

C. zebrina 40–60 cm hoch werdend, länglich-lanzettliche Blätter, Oberseite samtig dunkelgrün mit hellem Fiederstreifen, Unterseite purpurrot.

Maranta arundinacea, grünblättrige Art, 60–120 cm hoch, Blätter eiförmig-lanzettlich, grün bis grünblau.

M. leuconeura 'Erythrophylla' siehe Seite 134 unten rechts.

M. leuconeura 'Kerchoveana' siehe Seite 134 unten links.

Stromanthe amabilis siehe Seite 135 unten rechts.

S. porteana Blätter eiförmig-länglich, jung behaart, weißlichgrün, mit 3–4 silberweißen, linealischen Nerven, unterseits braunrot.

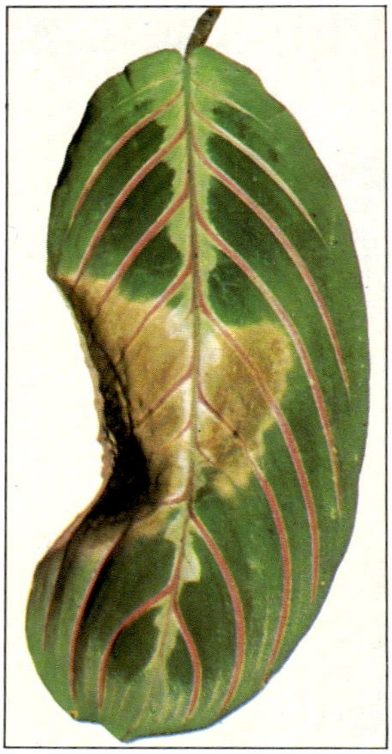

Die Blätter einer Marante rollen sich zusammen, wenn die Pflanze zu trocken und kalt steht.

Dieses Blatt zeigt die Folgen von zu niedriger Raumtemperatur und zu reichlichem Gießen.

Schädlinge und Krankheiten

Die meisten Vertreter der Marantaceae sind außerordentlich empfindlich und vertragen keine rauhe, lieblose Behandlung. Die meisten Schäden an der Pflanze sind daher auf Haltungsfehler und nicht auf Schädlinge zurückzuführen.

Spinnmilben treten auf *Maranta*-Arten häufiger auf als bei *Calathea* und *Stromanthe*. Der Befall muß frühzeitig erkannt werden, sofern noch eine Aussicht auf Rettung der Pflanze bestehen soll. Untersuchen Sie die Blätter der Pflanzen daher regelmäßig mit einer guten Lupe. Spinnmilben-Befall führt zum Ausbleichen der Blätter, bald zeigen sich an den Unterseiten auch die typischen Gespinste. Im Frühstadium eines Befalls kann Malathion Abhilfe schaffen, besonders wenn man die Blattunterseiten gründlich einsprüht. Außerdem kann man auch systemische Insektizide verwenden (z.B. Disulfoton in den Boden geben). Vor dem Ansprühen der gesamten Pflanze sollte man die Verträglichkeit an einem der unteren Blätter testen.

Blätter welken und rollen sich zusammen: Die Pflanze wurde zu trocken und kalt gehalten. Pflanze auch vor Zugluft schützen!

Ausbleichende Blätter deuten auf zu viel Licht oder direkte Sonneneinstrahlung hin (schattiger aufstellen), können jedoch auch ein Zeichen von Nahrungsmangel sein.

Eine Pflanze mit auffällig veränderten, mechanisch zerstörten Blatträndern.

Wasserprobleme können sich gerade auf die Vertreter der Marantaceae stark schädigend auswirken, wie das Beispiel der *Maranta leuconeura* (Bild unten) zeigt. Die Pflanze wurde über eine kurze Zeit völlig vernachlässigt. Die Blätter wurden schlaff und verfärbten sich, der Stengel knickte mehrfach um. Gleichmäßige Wachstumsbedingungen sind die wichtigste Voraussetzung für eine erfolgreiche Kultur dieser etwas schwierigen, aber ungemein dekorativen Pflanzen.

Haltungsbedingungen

Standort

Alle Pfeilwurzgewächse benötigen einen schattigen Standort. Licht oder Sonne wirken sich schädlich auf die Blattfärbung aus. Plätze nahe am Fenster oder an einer Tür sind wegen des Luftzugs ungeeignet!

Temperaturbedingungen

Die Wachstumstemperatur für diese Pflanzen darf nicht niedriger als 18 °C sein. Ideal ist der Bereich um 21 °C. Manche *Calathea*-Arten gedeihen bei 23 °C noch besser. Wichtig ist eine hohe Luftfeuchtigkeit! Am besten mehrere Pflanzen zusammenstellen und Zwischenräume mit Moos füllen, das ständig feucht gehalten werden muß.

Bewässerung

Die Pflanzen müssen regelmäßig bewässert werden, dürfen aber nicht im Wasser stehen. Zu reichliche Bewässerung ist ebenso schädlich wie Trocknenlassen. Mit weichem, lauwarmem Wasser gießen.

Düngung

Die Pflanzen erhalten alle 14 Tage eine schwach konzentrierte Düngergabe mit dem Gießwasser. Im Winter, außerhalb der Wachstumsphase, nur einmal im Monat düngen.

Jahreszeitliche Pflege

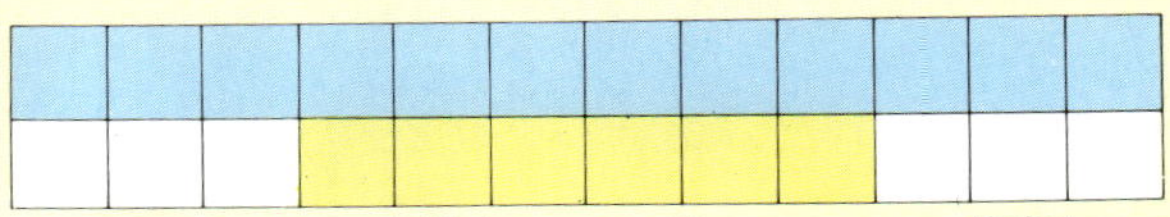

Ebenso wie die meisten anderen Zimmerpflanzen benötigen die Marantaceen gerade im Sommer die meiste Zuwendung. Blätter von Zeit zu Zeit mit einem weichen Schwamm reinigen. Keine Chemikalien verwenden. Zum Gießen und Übersprühen nur lauwarmes Wasser verwenden. Im Frühjahr umtopfen, größere Pflanzen teilen.

Pflanzsubstrat

Mischungen auf Torfbasis mit etwas Lehmzusatz eignen sich am besten. Häufiges Umtopfen empfiehlt sich nicht. Für sehr gute Drainage sorgen. Möglichst flache Pflanzgefäße verwenden.

Monstera deliciosa Fensterblatt

Heimat: Tropisches Amerika, Mexiko
Das Fensterblatt gehört zu den zehn beliebtesten Blattpflanzen für die Wohnung und den Wintergarten. Bei guter Pflege wächst diese anspruchslose Pflanze bis zu 6 m hoch. Da die meisten Wohnräume nicht so hoch sind, muß man diese mehr oder weniger kletternde Pflanze an einem Gestell festbinden und in „Kurven" wachsen lassen. Typisch sind die großen, schlitzförmig durchbrochenen Blätter. Nur junge Blätter oder unter Lichtmangel leidende Exemplare zeigen eine einheitliche Blattfläche.

Viele Fragen der Pflanzenfreunde betreffen die auffälligen, langen Luftwurzeln, die von den Hauptstämmen überall herabhängen. Wenn sehr viele davon entwickelt wurden, schadet es nichts, einige davon abzuschneiden. Im Zweifelsfall ist es jedoch immer besser, sie an den Stamm anzubinden und in die Topferde zu leiten.

Vermehrung: Im Frühsommer durch Triebstecklinge, an denen schon Ansätze von Luftwurzeln vorhanden sind; in Wasser oder Torf-Sand-Gemisch bei ca. 21 °C bewurzeln lassen. Oder durch Abmoosen.

Monstera deliciosa ist eine recht widerstandsfähige Pflanze mit großen, glänzenden Blättern (links). Achten Sie beim Kauf auf gesunde, gut ausgefärbte, geschlitzte und unbeschädigte Blätter, feste Blattstiele und Ansatz für Neutriebe. Blätter gelegentlich vom Staub befreien. Dazu verwendet man ein feuchtes Tuch oder einen weichen Schwamm. Reinigen Sie niemals die jungen, noch weichen Blätter, da sie zu leicht beschädigt werden können.

Die Pflanze rechts leidet unter akutem Wassermangel. Die Blätter welken und sterben bald ab. Solche Anzeichen werden sich nur bei knochentrockenem Boden und ebenfalls trockener Atmosphäre einstellen.

Anschaffung und Arten

Wählen Sie beim Kauf nur feste, gesund aussehende Exemplare mit fehlerfreien Blättern. Besonders die Spitzenregion darf nicht verletzt sein. *Monstera deliciosa* wird in größerem Maße gehandelt.

Braune Verfärbungen und Risse am Blattrand zeigen an, daß der Boden zu naß ist und die Pflanze zu kühl gehalten wurde. Solchermaßen gestörte oder veränderte Blätter können sich nicht erholen und sollten am besten entfernt werden.

Haltungsbedingungen

Standort

Das Fensterblatt benötigt einen hellen Standort, keine direkte Sonne, aber auch keine finsteren Ecken. Da die Pflanzen sehr groß werden können, muß man ihnen genügend Platz anbieten.

Temperaturbedingungen

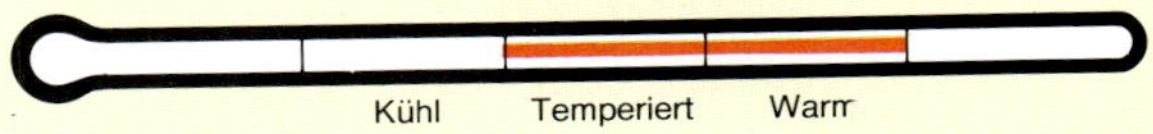

Monstera wird sich bei Temperaturen um 18–21 °C sehr wohl fühlen, erträgt aber Temperaturen von 8–25 °C. Starke Erhitzungen oder direkte Sonne führen zu Verbrennungserscheinungen. Bei höheren Temperaturen Luftfeuchtigkeit ebenfalls erhöhen. In kühlerer Umgebung weniger bewässern.

Bewässerung

Die Pflanzen gut feucht halten, jedoch nicht naß! Bei zu viel Wurzelfeuchtigkeit werden die Blätter gelbbraun und fallen schließlich ab. Vor dem nächsten Gießen Boden etwas antrocknen lassen.

Düngung

Während der Wachtsumsperiode regelmäßig düngen. Pflanzen, die lange nicht umgetopft wurden, häufiger düngen. Ausbleichende Blätter zeigen Nahrungsmangel an.

Jahreszeitliche Pflege

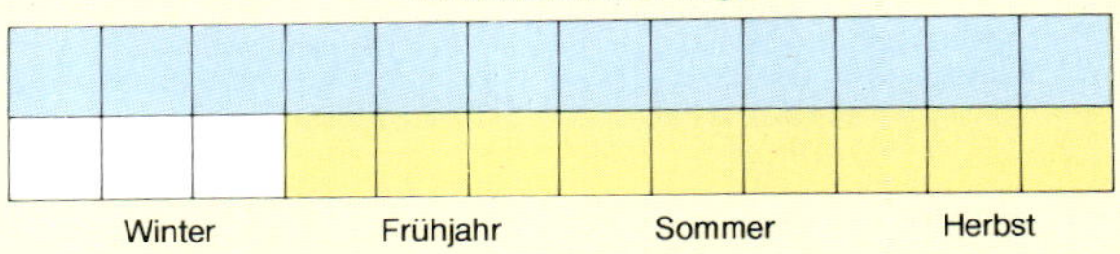

Die Ruheperiode der Pflanze fällt gewöhnlich in das Winterhalbjahr. Dann sollte man die Wasser- und Düngerzufuhr vermindern. Während der Ruhephasen ist Umtopfen nicht ratsam. Im Frühjahr umtopfen. Wenn die größte Topfgröße erreicht ist, nur noch die obere Substratschicht auswechseln.

Pflanzsubstrat

Die Pflanzmischung für *Monstera* sollte aus Sand, Torf und Kompost bestehen. Ältere Pflanzen erhalten eine Mischung mit Anteilen von sterilisiertem Lehm.

Musa cavendishii Zwergbanane

Heimat: Tropisches Südostasien
Die Zwergbanane ist als Zimmerpflanze relativ neu. Diese staudenartig wachsenden Blattpflanzen können bei zusagenden Bedingungen bis 2 m hoch werden. Die großen glänzenden Blätter sind in der Jugend eingerollt. Ihre Blattscheiden bilden im Alter einen Scheinstamm. Sie müssen sehr sorgsam behandelt werden, da sie sehr leicht brechen.
Vermehrung: Man kann Bananen sowohl aus käuflichem Saatgut ziehen als auch durch die Bewurzelung von Schossen, die sich an der Scheinstammbasis älterer Exemplare entwickeln.

Mit der Zeit vergilben die jeweils unteren Blätter der Zierbanane und werden auf natürliche Weise abgestoßen.

Anschaffung und Arten

Meist ist es gar nicht so einfach, an junge Bananenpflanzen heranzukommen, da sie im Fachhandel nicht sehr häufig angeboten werden. Achten Sie auf guten Wuchs und unbeschädigte, gut ausgefärbte Blätter.

M. cavendishii kann bis 2 m hoch werden und unter günstigen Umständen (Gewächshaushaltung) auch Früchte tragen.

M. ensete, die Zierbanane, eignet sich für Wohnräume noch besser. Ihre Anzucht erfolgt aus Saatgut.

Krankheiten

An tierischen Schädlingen treten vor allem Spinnmilben und Schmierläuse auf.
Auf falsche Haltung sind zurückzuführen:

Braune, trockene Blattränder: Zu trocken. Luftfeuchtigkeit erhöhen, Wurzelballen feucht halten.

Eingerissene Blätter: Mechanische Schädigungen.

Braune, nasse Pflanzenteile: Zu nasse Haltung.

Haltungsbedingungen

Standort

Die Zwergbanane benötigt einen recht hellen Standort am Fenster, an dem es nicht zu heiß, nicht zu kalt und auch nicht zu zugig sein darf. Im Hochsommer müssen die Blätter vor praller Sonne geschützt werden.

Temperaturbedingungen

Bananen benötigen mindestens 15 °C, gedeihen aber viel besser bei 18–21 °C, können bei entsprechender Luftfeuchtigkeit also auch im Zimmer gehalten werden. Bei zu kühler Haltung werden die Blätter abfallen.

Bewässerung

Die Pflanzen benötigen viel Wasser, dürfen jedoch mit dem Wurzelwerk nicht im Wasser stehen. Für gute Drainage sorgen! Im Winter weniger gießen, Pflanzerde jedoch nicht austrocknen lassen!

Düngung

Auch Zwergbananen sind recht große Pflanzen und benötigen eine ausreichende Düngung. Mit jedem Gießwasser Flüssigdünger zuführen. Während der Winterruhe nicht düngen.

Jahreszeitliche Pflege

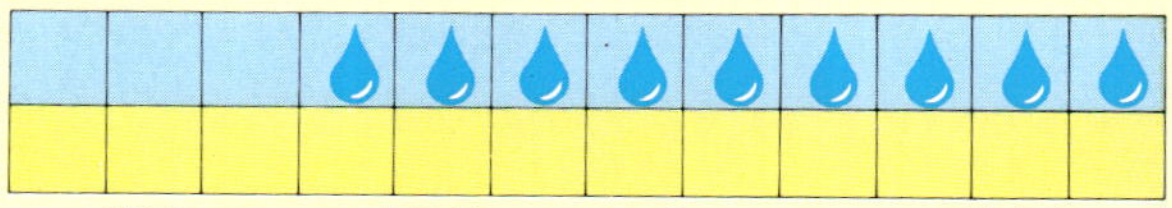

Alle vergilbten Blätter sollten bald entfernt werden. Die unteren Blätter sterben nach einer Weile von Natur aus ab, sie sind kein Krankheitszeichen. Auf guten Wasserabzug achten. Bei der Anzucht von Schossen hohe Temperatur und Luftfeuchtigkeit bieten. Blätter vorsichtig vom Staub befreien.

Pflanzsubstrat

Bananen wachsen gut in lehmhaltigen Mischungen. Sie werden meist kaum Gefäße benötigen, die weiter als 25 cm sind. Boden fest andrücken. Umtopfen am besten im Frühjahr.

Pachystachys lutea Dichtähre

Heimat: Tropisches Amerika
Die Dichtähre gehört zur gleichen Familie wie die hübsche *Aphelandra.* Ihre Blätter sind jedoch längst nicht so auffällig gezeichnet. Sie sind dunkelgrün, oval und rauh. Die Scheinähren werden bis 15 cm lang und bringen vergängliche weiße Blüten hervor. Die goldgelben Hochblätter bleiben noch stehen, lange nachdem die eigentlichen Blüten verschwunden sind.
Vermehrung: Im Frühjahr durch Triebstecklinge im Anzuchtkasten bei ca. 21 °C.

Eine gut gepflegte Pflanze besitzt dunkelgrüne, unbeschädigte Blätter und viele goldgelbe Scheinähren.

Oben ein gesundes, sattgrünes Blatt, unten ein löchriges, schlecht gefärbtes, krankes Blatt.

Anschaffung und Arten

Wählen Sie buschige Pflanzen mit frischem, grünem Aussehen. Exemplare, die beim Transport zu fest verpackt waren, sind gewöhnlich beschädigt und etwas zerfleddert. Am besten kauft man die Dichtähre, wenn sich an den Sproßspitzen die Blütenstände entwickeln. Sobald die weißen Blüten sich öffnen, hat die Pflanze ihren Höhepunkt erreicht. Wählen Sie Pflanzen, die bis zur Stammbasis beblättert sind. **Pachystachys lutea** ist die einzige gegenwärtig im Handel angebotene Art.

Krankheiten

Blattläuse finden sich vor allem an den wachsenden Teilen der Pflanze. Sie verursachen das Zusammenrollen der Blätter. Frühzeitig mit Insektizid behandeln.

Wolläuse treten nur an älteren Pflanzen auf. Sofort mit Diazinon o. ä. sprühen und die Behandlung nach sieben Tagen wiederholen.

Grauschimmel (*Botrytis*) wird zur Gefahr, wenn die Pflanzen zu feucht gehalten werden. Befallene Teile entfernen und den Rest mit einem Fungizid behandeln.

Haltungsbedingungen

Standort

Die Pflanze benötigt helle Standorte, ohne direkte Sonnenbestrahlung. Schwache Wintersonne oder das Morgen- und Abendlicht werden ihr kaum etwas anhaben. Vor Luftzug schützen!

Temperaturbedingungen

Wärme ist ein wichtiger Faktor, der das Wachstum der Pflanze reguliert. Sie benötigt etwa 18–21 °C im Sommer und um 15 °C im Winter. Bei sehr niedrigen Temperaturen werden die Blätter abgestoßen. Gut belüften. Bei stehender Luft und eventuell noch Übersprühen faulen die Blüten und fallen ab.

Bewässerung

Pachystachys lutea sollte im Sommer recht feucht gehalten werden, jedoch muß für gute Drainage gesorgt sein. Im Winter nur mäßig feucht halten. Das Pflanzsubstrat darf nicht austrocknen.

Düngung

Während der Wachstumsphase ca. alle 14 Tage dem Gießwasser Flüssigdünger zusetzen. Im Herbst Düngergaben zusammen mit dem Gießwasser allmählich verringern.

Jahreszeitliche Pflege

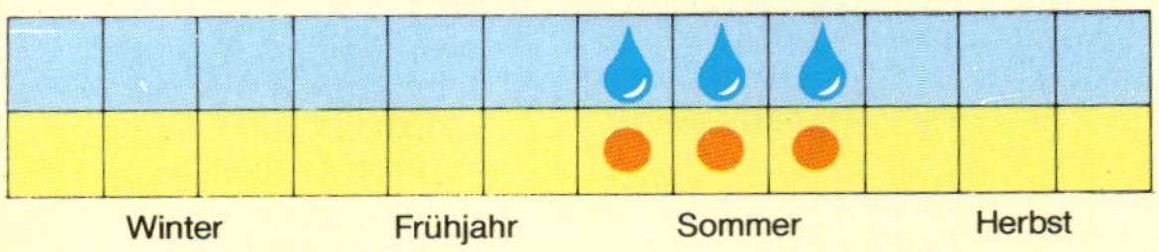

Wenn die Pflanze abgeblüht hat, sollte man nach einer Weile auch die Scheinähren entfernen. Gleichzeitig wird die ganze Pflanze etwas zurückgeschnitten. Stärkerer Schnitt führt im nachfolgenden Frühjahr zu lebhaftem Wuchs. Erde immer ein wenig feucht halten, nie austrocknen lassen. Auf der Pflanze nie Wasser stehen lassen! Im Frühjahr umtopfen und Stecklinge nehmen.

Pflanzsubstrat

Verwenden Sie zum Umtopfen lehmhaltige Blumenerde. Keine zu großen Töpfe wählen. Für gute Drainage sorgen.

Palmen

Heimat: Tropen und Subtropen

Palmen waren besonders zu Großvaters Zeiten ein vielbestaunter Mittelpunkt der guten Stube. Heute findet sich in den Wohnungen nur noch selten Platz für Kübelpflanzen vom Ausmaß einer gut gewachsenen Dattelpalme. Der Trend geht eher zu den sehr attraktiven Zwergpalmen, die wesentlich weniger Raum beanspruchen, jedoch in der Pflege der robusten Dattelpalme sehr nahekommen. Nur wenige der zahlreichen in der Natur vorkommenden Palmenarten (an die 6000 Arten) sind für eine Zimmerkultur geeignet.

Vermehrung: Palmen werden in Großgärtnereien überwiegend aus Samen herangezogen. Die Aussaat kommt in ein Warmbeet und kann auch von Zimmerpflanzenliebhabern versucht werden. Manche Palmen-Arten entwickeln Wurzelbrut, die leicht zu selbständigen Pflanzen herangezogen werden kann.

Eine solch gut wachsende und große Bergpalme (*Chamaedorea elegans*) (oben) ist ein seltenes und sehr teures Exemplar. Kaufen Sie sich am besten 2–3 kleine Pflanzen, die Sie zusammen in einen Behälter pflanzen.

Die Kentia-Palme (*Kentia forsteriana*) (links) ist die am leichtesten zu haltende Palmen-Art fürs Zimmer; sie wird recht häufig angeboten, ist aber nicht billig.

Haltungsbedingungen

Standort

Palmen benötigen einen hellen, jedoch nicht zu sonnigen, gut belüfteten Standort. Bei dunklerem Standort wachsen die Pflanzen sehr viel langsamer.

Temperaturbedingungen

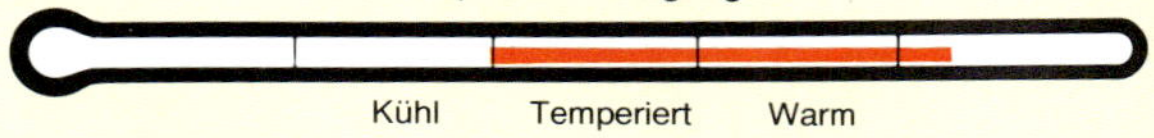

Während der Wachstumsphase sind 15–21 °C die beste Temperatur. Im Winter können die widerstandsfähigen Arten wie *Chamaedorea* oder *Chamaerops* sogar an 7 °C gewöhnt werden. Die meisten Arten jedoch sollte man nicht kühler als 13 °C stellen.

Bewässerung

Grundsätzlich erhalten die Palmen während der Wachstumsphase reichlich Wasser. Je kühler der Standort, um so weniger Wasser wird benötigt.

Düngung

Kleinere Pflanzen gedeihen gut mit etwa wöchentlicher (schwacher) Düngung mit dem Gießwasser. *Phoenix* muß stärker gedüngt werden. Die meisten Arten benötigen im Winter schwache oder keine Düngung.

Jahreszeitliche Pflege

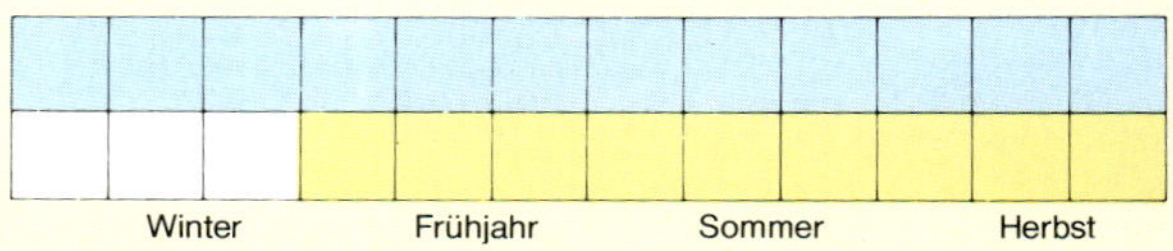

Während der meisten Zeit des Jahres werden alle Palmen gründlich und ausreichend bewässert. Gießen und Düngen setzt nur während der Winterruhe aus. Blätter nicht mit Chemikalien reinigen! Die Vermehrung ist mitunter schwierig. Einige Arten benötigen zwei Jahre zum Keimen. Wenn die Palmen im Sommer ins Freiland sollen, muß man sie schrittweise daran gewöhnen. Regelmäßig auf Schädlingsbefall kontrollieren.

Pflanzsubstrat

Kleinere Pflanze etwa alle zwei Jahre umtopfen. Verwenden Sie eine lehmhaltige, aber gut wasserdurchlässige Mischung.

Dieses Palmenblatt (links) zeigt Anzeichen eines zu trockenen Substrats – die Blattspitzen haben sich braun verfärbt. Das Pflanzsubstrat muß gleichmäßig feucht gehalten werden.

Diese Bergpalme (oben) wurde ebenfalls zu wenig bewässert und zeigt zusätzlich Anzeichen für Befall mit Roten Spinnmilben. Die Pflanzen sollten zur Vorbeugung öfter mit Wasser eingenebelt werden.

Alle Palmen sind sehr empfindlich gegen Chemikalien. Verwenden Sie daher keine Spülmittel oder andere Haushaltschemikalien zur Reinigung der Blätter.

Die europäische Zwergpalme (*Chamaerops humilis*) (links) ist die ideale Palme für Zimmer- und Kalthauskultur. Bei guter Pflege (nicht zu dunkel, gut belüftet, im Sommer ins Freie) bildet sich ein stattlicher Strauch mit vielen saftiggrünen Wedeln.

Schädlinge und Krankheiten

Spinnmilben sind die Hauptfeinde der Palmen. Ein Befall zeigt sich in gelbwerdenden Blättern. Auf Haltungsfehler zurückzuführen sind:

Braune, trockene Blattspitzen: zu trockene Haltung, eventuell direkte Sonneneinstrahlung?

Ganze Wedel werden trocken und braun: zu warme und trockene Umgebung.

Kein neues Wachstum: Nahrungsmangel, eventuell umtopfen.

Anschaffung und Arten

Bei den Palmen kann man zwei große Gruppen unterscheiden, die Fieder- und die Fächerpalmen. Wählen Sie beim Kauf nur Exemplare mit fehlerfreien Blättern und neuem Triebansatz aus.

Caryota mitis (Fischschwanz-Palme): mit fast dreieckigen, dunkelgrünen Blattabschnitten; Blätter zu einem verlängerten Endschopf angeordnet.

C. urens (Brennpalme): Blattabschnitte eigenartig gefaltet, dunkelgrün. Blätter sehr groß werdend.

Chamaedorea elegans (Bergpalme): siehe Seite 142 oben, Seite 145 rechts.

Chamaerops humilis (Zwergpalme): siehe Seite 143 unten.

Chrysalidocarpus lutescens (Goldfruchtpalme): mit büschelig gestellten Stengeln, an denen hellgrüne, gefiederte Blätter sitzen. Die kleinen Pflanzen an der Stammbasis kann man zur Vermehrung verwenden.

Howea belmoreana (Kentia-Palme): Blätter dunkelgrün, gleichmäßig gefiedert. Blattstiel sehr kurz.

Howea forsteriana (Kentia-Palme): siehe Seite 142 unten.

Microcoelum martianum (Kokospälmchen): Stamm bis 1,5 m hoch, mit braunen Fasern bedeckt, Blätter dunkelgrün, gefiedert, unterseits weißgrau.

Phoenix canariensis (Dattelpalme): Stamm stark, niedrig, von unteren Blattstielen bedeckt; Blätter ungleichfiedrig, glänzend dunkelgrün.

Rhapis excelsa (Rutenpalme): schlankwüchsige Palme mit fächerförmigen hellgrünen Blättern. Eignet sich für kühle Räume. Bildet Ausläufer.

Trachycarpus fortunei (Hanf-Palme): Blätter glänzend grün, endständig, fächerförmig.

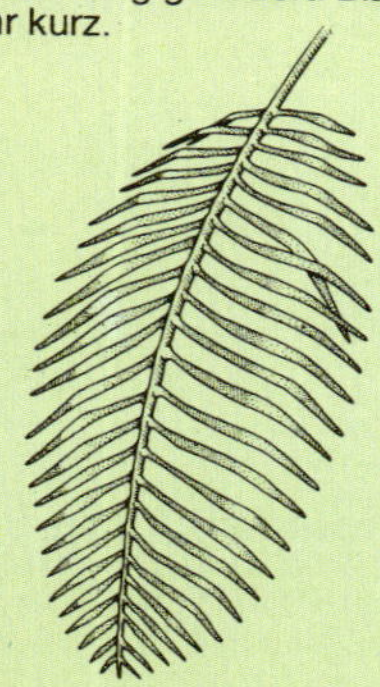

Fiederblatt

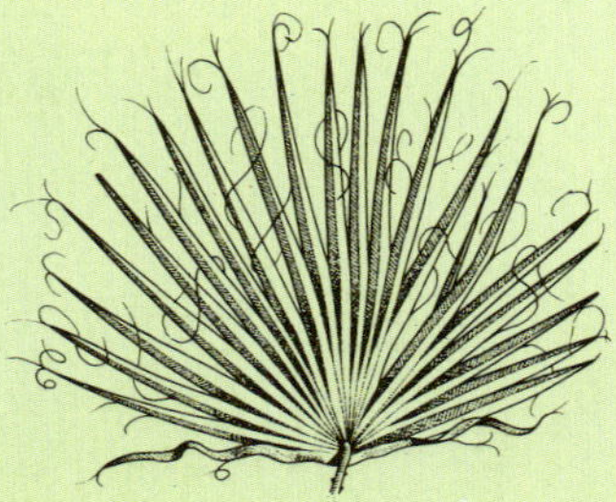

Fächerblatt

Caryota

Chamaedorea

Kentia

Microcoelum

Phoenix

Trachycarpus

Chrysalidocarpus

Rhapis

Palmen sind meist nicht einfach zu vermehren. Einige Arten bilden Ausläufer, die von der Mutterpflanze getrennt und hochgezogen werden können. Die meisten Arten jedoch werden über Samen vermehrt. Bei guter Haltung kann man von *Chamaedorea elegans* Samen gewinnen. Diese werden bei ca. 27 °C in einem Anzuchtkasten zum Keimen gebracht. Bodenwärme und hohe Luftfeuchtigkeit sind unerläßlich.

Passiflora caerulea Passionsblume

Heimat: Tropisches Südamerika
Die Passionsblume wird in erster Linie wegen ihrer außergewöhnlichen Blüten (siehe unten) als Zimmerpflanze gehalten. Die Pflanze wächst sehr schnell. Die Triebe können bei guter Pflege jährlich bis zu 2 m lang werden. Die langen Triebe benötigen unbedingt eine Stütze (meist werden sie kranzförmig um einen Metalldraht gebunden). Die Passionsblume blüht reichlich zwischen Juni und Oktober.
Vermehrung: Durch etwas verholzte Triebstecklinge im Frühjahr.

Am besten wählt man solche Exemplare aus, die eine gewisse Größe erreicht haben, bereits aufgebunden wurden und viele Knospenansätze zeigen. Vermeiden Sie sparrige Pflanzen mit wenig Laub und ohne Knospen.

Anschaffung und Arten

Gelbliche Blätter an den Pflanzen sind ein erstes und sicheres Anzeichen für fehlerhafte Kultur. Zum Zeitpunkt des Kaufs sollten ein oder zwei Blüten bereits geöffnet, aber auch noch einige Knospen vorhanden sein.
P. caerulea ist eine der am häufigsten verwendeten Arten, die sich gut als Zimmerpflanze ziehen läßt. Sie trägt meist blauweiße Blüten, doch können auch Rosatöne eingemischt sein. Von Natur aus ist sie eine Kletterpflanze und benötigt daher die erforderliche Unterstützung durch Aufbinden.

Krankheiten

Blattläuse halten sich als Schwächeparasiten gerne an den jungen Trieben auf. Behandeln Sie die Pflanze mit einem Insektizid, das man dem Gießwasser zufügt.
Spinnmilben verursachen gelbe Flecken an den Blättern und beeinträchtigen stark das Wohlbefinden der Pflanze. Bekämpfung mit einem Akarizid.
Gelbwerdende, vertrocknende Blätter deuten auf zu trockene Haltung hin.
Kein Blütenansatz ist ein Zeichen für einen zu dunklen Standort oder zu viel Düngung.

Haltungsbedingungen

Standort

Passionsblumen müssen das ganze Jahr über recht hell untergebracht werden, dürfen jedoch keiner prallen Sonneneinstrahlung ausgesetzt sein. Im Sommer stellt man die Pflanze am besten ins Freie.

Temperaturbedingungen

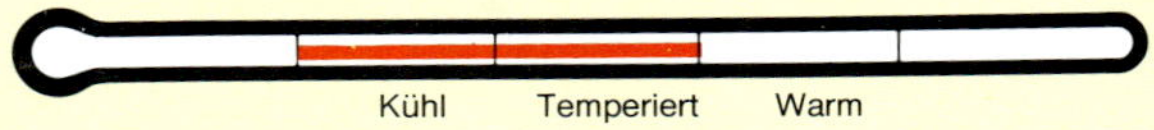

Passionsblumen gedeihen am besten im Temperaturbereich zwischen 13–18 °C. Höhere Temperaturen werden nur für kurze Zeit ertragen. Bei kühleren Bedingunger wird das Wachstum eingestellt. Standort immer gut belüften.

Bewässerung

Im Sommer reichlich und bis dreimal wöchentlich bewässern. Im Winter weniger häufig gießen, aber nicht völlig austrocknen lassen.

Düngung

Während der Wachstumszeit alle 7 Tage kaliumreichen Dünger mit dem Gießwasser verabreichen, dabei die Hälfte der angegebenen Dosierung verwenden. In der übrigen Zeit zweimal im Monat.

Jahreszeitliche Pflege

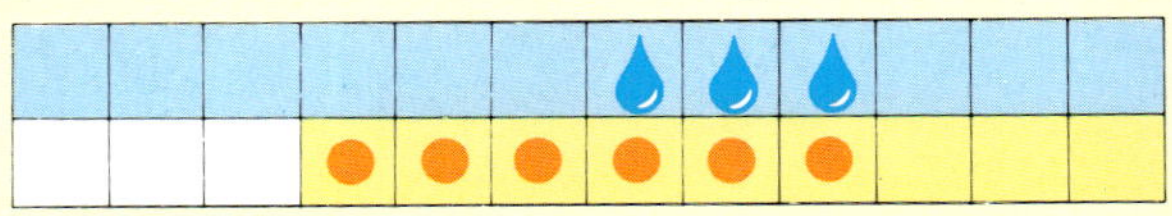

Die Pflanzerde muß immer feucht gehalten werden, darf aber besonders in der kühlen Jahreszeit nicht überwässert sein. Bei raschem Wachstum wird leicht zurückgeschnitten, am besten nach der Blüte im Herbst. Die ersten Jahre im Frühjahr umtopfen. Später nur noch die oberste Substratschicht auswechseln. Pflanze gut an einem Klettergestell festbinden.

Pflanzsubstrat

Häufigeres Umtopfen ist nicht ratsam, die Pflanze blüht besser, wenn die Wurzeln den Topf ausfüllen. Verwenden Sie beim Pflanzen eine lehmhaltige Mischung. Torferde ist weniger geeignet. Pflanzerde gut andrücken.

Pelargonium Pelargonie

Heimat: Südafrika
Pelargonien, umgangssprachlich auch Geranien genannt, werden in der Hauptsache als Balkonpflanzen verwendet. Sie können bei richtiger Pflege aber auch im Zimmer gehalten werden. Es gibt etwa 240 verschiedene Arten. Für den Zimmerpflanzengärtner kommen in der Hauptsache die strauchig bis halbstrauchig wachsenden Zonalpelargonien, die hängenden Efeugeranien und die großblütigen Edelpelargonien in Frage, von denen viele verschiedenfarbige Hybriden im Handel sind.
Vermehrung: Durch Triebstecklinge mit mindestens zwei Blattpaaren, die man kurz unterhalb des letzten Blattpaares abschneidet. Lassen Sie den Steckling etwas antrocknen, bevor Sie ihn in eine Torf-Sand-Mischung einpflanzen.

Anschaffung und Arten

Es ist unmöglich, an dieser Stelle auch nur die wichtigsten Kulturformen aufzulisten. Die Blütenfarben reichen von Weiß über Rosa und Rot bis zu Violett-Lila. Manche Formen sind besonders reichblütig, andere zeigen interessante Blattmarken und -zeichnungen in Rot oder Weiß. Als Zimmerpflanzen eignen sich vor allem die Hybriden von *P. grandiflorum,* einer aufrechtwachsenden *Pelargonium*-Art mit besonders großen Blüten, die auf ihren Kronblättern fast immer große, auffallende, dunklerfarbige Flecken besitzen. Wählen Sie beim Kauf nur dichte, möglichst buschige Stücke aus. Untersuchen Sie die Blattunterseiten, da sich hier gerne Schädlinge versteckt halten.

Die volle Schönheit der Pelargonien kommt erst in einem blühenden Bestand zum Tragen, wenn man mehrere verschiedenfarbige Exemplare in einem Pflanzgefäß zusammensetzt.

Haltungsbedingungen

Standort

Alle Pelargonien lieben sehr helle, sonnige Standorte und sind nicht besonders zugluftempfindlich. Zur Blütezeit muß man sie besonders hell aufstellen, allerdings darauf achten, daß die Blätter an den heißesten Tagen nicht versengt werden.

Temperaturbedingungen

Pelargonien bevorzugen den unteren Temperaturbereich zwischen etwa 10–16 °C. Im Sommer sollte man sie jedoch am besten ins Freie stellen oder hängen. Überwintert werden die Pflanzen kühl (8–12 °C). Eher in einer etwas trockeneren als einer zu feuchten Atmosphäre halten.

Bewässerung

G eßen Sie die Pflanzen nur von oben und lassen Sie das Wasser gut abziehen. Nach etwa 15 Minuten muß alles überschüssige Gießwasser aus dem Untersetzer entfernt werden. Nicht besprühen!

Düngung

Zu starke Düngung fördert nur die Blattentwicklung. Vor der Blüte sollte man auf kalireichen Dünger umsteigen. In der Ruhezeit (Oktober–Februar) nicht düngen.

Jahreszeitliche Pflege

Im Sommer benötigen die Pflanzen insgesamt mehr Wasser; das Pflanzsubstrat sollte ständig durchfeuchtet sein. Im Winter muß die Bewässerung reduziert werden. Im Frühjahr schneiden wir die Pflanze auf etwa die Hälfte zurück. Dadurch wird das Risiko eines Schädlingsbefalls etwas gemindert und gleichzeitig üppiges Wachstum angeregt. Abgestorbene Blätter und Blüten sofort entfernen.

Pflanzsubstrat

Verwenden Sie lehmhaltige Mischungen. Nicht zu oft umtopfen. Pelargonien stehen gerne dicht gedrängt und blühen besser, wenn sie mit den Wurzeln den Topf ausfüllen.

Schädlinge und Krankheiten

Pelargonien werden gerne von Blattläusen und Mottenschildläusen befallen.

Blattläuse können besonders auf jungen Pflanzen sehr lästig werden. Sie saugen Saft und scheiden in Mengen Honigtau aus, den Nährboden für Rußtaupilze.

Mottenschildläuse (Weiße Fliege) halten sich meist auf den Blattunterseiten auf und fliegen in Schwärmen hoch, wenn man die Pflanze bewegt. Wenn keine rechtzeitige Bekämpfung einsetzt, breiten sich diese Schädlinge rasch aus. Sprühen Sie die Blätter mit Diazinon und wiederholen Sie die Behandlung alle vier Tage, bis der Befall merklich zurückgeht. Wiederholtes Absprühen erfaßt auch die zahlreiche Nachkommenschaft.

Pilzbefall kann besonders an den Stengeln auftreten, wenn man die Pflanzen zu feucht hält. Eine erfolgssichere Behandlung ist zur Zeit noch nicht möglich. Vernichten Sie daher alle betroffenen Exemplare, ehe der Schadpilz sich ausbreiten kann.

Rüsselkäfer können mitunter die Blätter durch Fraß schädigen. Gefährlicher sind jedoch die im Wurzelballen lebenden Larven. Behandeln Sie den Wurzelballen durch Tränken in einer Insektizidlösung. Einsprühen der ganzen Pflanze ist eine wirksame Schutzmaßnahme.

Rostpilze sind an Zimmerpflanzen nicht sehr häufig, kommen aber an Pelargonien bei schlechter Belüftung vor. Befallene Teile entfernen.

Die **Gelbflecken-** oder **Kräuselkrankheit** wird von Viren verursacht. Teile der Pflanze werden kraus oder runzlig, oder auf den Blättern treten gelbliche Flecken auf. Diese Viruserkrankung kann von Insekten, allen voran von Blattläusen, übertragen werden. Behandlungsmöglichkeiten gibt es bisher nicht. Am besten vernichten Sie die Pflanze. Auch keine Stecklinge abnehmen.

Wolläuse sind schwer zu bekämpfen, wenn sie erst in größeren Mengen auftreten. Dann verfärben sich die Blätter gelblich und fallen allmählich ab. Sprühen Sie die Pflanzen mit Malathion ein.

Grauschimmel (*Botrytis*) tritt durch zu nasse Haltung auf.

Schwarzbeinigkeit (Stengelgrundfäule), eine Pilzerkrankung, wird ausgelöst durch zu viel Wässern und zu niedere Temperaturen.

Dieses Blatt ist von Mottenschildläusen befallen (rechts eine Vergrößerung).

Krankheiten und Schädlinge können die schönste Zimmerpflanze in kurzer Zeit ruinieren (links: Pflanze leidet unter Grauschimmel und Blattläusen).

Blattläuse alleine (unten rechts) sind schon schlimm genug. Häufig treten jedoch mehrere Schädlinge gleichzeitig auf, etwa Mottenschildläuse und Wolläuse (unten links). Stark befallene Pflanzen sollte man jedoch lieber vernichten. Dann sollte man lieber auf eine Pflanze verzichten, als die übrigen unnötig zu gefährden. Einen Schutz gegen Schädlingsbefall gibt es nicht. Durch gute Haltung und ständige Kontrolle kann man einem Befall vorbeugen oder ihn zumindest rechtzeitig bekämpfen.

Peperomia Zwergpfeffer, Peperomie

Heimat: Mittelamerika
Die staudig wachsenden Pflanzen besitzen meist leicht sukkulente Blätter. Man unterscheidet Arten mit mehr oder weniger grundständigen Blättern, Arten, deren Blätter gegenständig oder winklig an mehr oder weniger verlängerten Sproßachsen sitzen, und Arten, deren Blätter wechselständig an verlängerten Sproßachsen sitzen.
Vermehrung: Jederzeit durch Blatt- oder Sproßstecklinge, die in feuchten Sand-Torf-Mischungen bei etwa 21 °C bewurzeln, oder durch Teilung älterer Pflanzen.

Diese *Peperomia magnoliaefolia* zeichnet sich durch gesunde, buschige Wuchsform und gut ausgefärbte, unbeschädigte Blätter aus. Die Pflanze wird ca. 15 cm hoch.

Haltungsbedingungen

Standort

Peperomia-Arten sind ideale Fensterbankpflanzen. Sie brauchen viel Licht, müssen im Sommer jedoch vor direkter Sonnenbestrahlung geschützt werden. Grünblättrige Arten benötigen nicht so viel Licht wie die buntblättrigen.

Temperaturbedingungen

Mäßige Temperaturen zwischen 13–18 °C bekommen den Pflanzen am besten. Wenn weniger gewässert wird, kann die Temperatur auch auf 10 °C absinken. Höchsttemperatur im Sommer um 23 °C.

Bewässerung

Peperomia-Arten sollte man sparsam nur alle 10 Tage bewässern, im Winter nur alle 14 Tage. Verwenden Sie nur weiches, kalkfreies, lauwarmes Wasser. Überwässern führt zu Fäulnis.

Düngung

Geben Sie im Sommer dem Gießwasser etwas Mineraldünger zu. Dabei sollte nur ein Drittel bis die Hälfte der empfohlenen Düngermenge verwendet werden.

Jahreszeitliche Pflege

Peperomia-Arten entwickeln kein sehr massiges Wurzelsystem und brauchen daher nicht oft umgetopft zu werden. Ältere Pflanzen öfter teilen und einzeln eintopfen, da sie sonst einen zu dichten Wuchs bilden, in dem sich Schädlinge ungesehen aufhalten können. Die Pflanzen werden im Sommer etwas mehr gewässert als im Winter. Düngen nur im Sommer. Durch Stecklinge im Frühjahr vermehren.

Pflanzsubstrat

Die Pflanzen gedeihen am besten in lehmhaltigen Mischungen. Flache Töpfe sind auf Grund des geringen Wurzelsystems besser geeignet als tiefe.

Anschaffung und Arten

Wählen Sie beim Kauf nur Exemplare mit kräftigem Wuchs und deutlich gezeichneten Blättern aus. Die Blätter dürfen nicht beschädigt, verfleckt oder unnatürlich verfärbt sein.

Sie können wählen zwischen hängenden und aufrechten Arten mit leicht sukkulenten, weiß- oder gelblichgrün gezeichneten Blättern und Arten, die auch bei Zimmerhaltung ihre cremeweißen Blütenähren ausbilden.

Schädlinge und Krankheiten

Die meisten Schädigungen sind wohl wieder auf Haltungsfehler zurückzuführen:

Verbleichende Blattzeichnung: Die Pflanze bekommt zu viel pralle Sonne ab. Dunkler stellen.

Blätter fallen ab: zu kalt. Wärmer stellen.

Blätter werden schlaff: zu trockene Haltung oder Zugluft.

Schwarzbeinigkeit (Stengelgrundfäule): zu nasse Haltung, eventuell sogar Staunässe. Faulende Stellen ausschneiden und mit Schwefelpulver einstäuben. Weniger gießen.

Trockene, braune Blattränder: Verbrennungserscheinung. Aus der Sonne und entfernt von Heizquellen aufstellen.

An tierischen Schädlingen tritt vor allem die **Spinnmilbe** auf. Auf panaschierten Blättern sind die Schädlinge im Anfangsstadium kaum zu entdecken. Erst eine Vergilbung der Blätter führt auf ihre Spur. Pflanzen daher regelmäßig, vor allem an den Blattunterseiten, kontrollieren.

Peperomia lanceolata (oben) wächst mit langen Sprossen und ähnelt darin etwas einem Efeu.
Blätter von *P. lanceolata* (links unten) haben breite, hellgrüne Streifen.
Bei guter Pflege zeigt *P. obtusifolia* (links) viele lederig-derbe Blätter von purpur-grüner Färbung.
Die Blätter von *P. orba 'Princess Astrid'* (unten) sind eher rundlich und etwas fleischig.

Grauschimmel (*Botrytis*) breitet sich aus, wenn man die Pflanzen überwässert und das Wasser nur schlecht ablaufen kann. Befallene Pflanzenteile so schnell wie möglich entfernen; Pflanze am besten in neues Substrat umtopfen.

Philodendron Philodendron, Baumfreund

Heimat: Südamerika
Philodendron-Arten gehören gewiß zu den beliebtesten und bekanntesten Blattpflanzen für die Zimmerkultur. Obwohl es auch einige Formen mit panaschierten oder gezeichneten Blättern gibt, besitzen die meisten kultivierten Pflanzen einheitlich grüne, glänzende, mitunter aber auch rötlich-braune Blätter. In manchen Fällen wachsen die Blätter aufrecht. Bei anderen Arten trifft man dagegen auf wirtelig gestellte Schöpfe. Man unterscheidet zwischen strauchigen, baumartigen oder kletternden Pflanzen mit ganzen, gefiederten oder gelappten Blättern. Den kletternden Arten müssen wir eine sichere, feste Unterlage bieten, an der sie sich festhalten können. *Philodendron*-Arten wachsen sehr rasch und können große Ausmaße annehmen – wir müssen ihnen also genügend Platz zum guten Gedeihen anbieten können. Fast alle *Philodendron*-Arten entwickeln Luftwurzeln, die sie am natürlichen Standort zum Festklammern einsetzen. Außer dieser mechanischen Funktion nehmen die Luftwurzeln auch noch andere Aufgaben wahr: Sie versorgen die Pflanze zusätzlich mit Nährstoffen und Feuchtigkeit. Man darf ihnen diese Organe daher nicht nehmen.
Vermehrung: Ziemlich einfach ist die Anzucht neuer Pflanzen durch Aussaat. Man hält den Samen bei etwa 21 °C in kleinen Keimkästen in einer dauerfeuchten Torf-Sand-Mischung. Man läßt die Sämlinge so lange im Keimkasten, bis sich mehrere kleine Blätter entwickelt haben. Anschließend wird in kleine Blumentöpfe umgetopft.
Fast alle *Philodendron*-Arten kann man aber auch recht gut durch Sproß- oder Blattstecklinge vermehren. Dazu verwendet man entweder eine Torf-Sand-Mischung und hält die Stecklinge bei 21 °C in einer feuchten Atmosphäre, oder aber man läßt die Stecklinge nur im Wasser Wurzeln ziehen.

P. 'Red Emerald' (ganz oben) ist eine hybride Form, die durch ihre burgunderroten Blätter auffällt. Sie klettert nicht sehr gerne, sondern breitet sich lieber im Topf aus. Die Pflanze auf Seite 153 rechts wurde in Hydrokultur herangezogen.

P. hastatum (oben) besitzt breite, pfeilförmige Blätter (links). Sie sind hell- bis mittelgrün und recht langgestielt. Diese Form kann als Kletterpflanze bis zu 4 m hoch werden.
P. scandens (rechts) ist wohl die am besten bekannte und am häufigsten gehaltene *Philodendron*-Art. Die Pflanze besitzt herzförmige, kurzgestielte Blätter. Man kann diese Art als Hänge- oder Kletterpflanze ziehen.

Anschaffung und Arten

Philodendron-Arten werden von den Fachgeschäften das ganze Jahr über angeboten, sind jedoch nicht billig – vor allem größere Pflanzen und ausgefallenere Arten. Beachten Sie beim Kauf, daß Blattform und -größe junger Pflanzen von denen der erwachsenen Pflanzen völlig verschieden sein können.

P. bipennifolium führt einen solchen Wechsel zwischen Jugend- und Altersblättern durch: Anfangs sind die Blätter herzförmig, später nehmen sie eher die Umrisse eines Geigenkastens an. Diese kletternde Art wird bis 2 m hoch.

P. bipinnatifidum hat fingerförmig geteilte Blätter. Sie besitzt einen aufrechten Stamm und wird bis 3 m hoch. Die Pflanze entwickelt sehr lange Luftwurzeln, die man in die Topferde leiten sollte.

P. erubescens ist eine kletternde Art mit grünlich-rotem Stamm und verlängert-pfeilförmigen, dunkelgrünen bis purpurfarbenen Blättern. Die jungen Blätter sind tief dunkelrotbraun. Von dieser Art gibt es verschiedene Sorten (z. B. P. Red Emerald, P. Green Emerald).

P. hastatum ist eine sehr attraktive Pflanze mit hübschen, pfeilförmigen Blättern. Sie benötigt auf jeden Fall eine Kletterhilfe.

P. ilsemannii gehört ebenfalls zu den kletternden Arten mit ganzen Blättern und fällt vor allem wegen ihrer Blattfärbung auf: oben weiß gefleckt, unten hellgrün.

Zu den kletternden Arten mit gefiederten oder gelappten Blättern gehören:

P. elegans mit länglich-eiförmigen, tief gefiederten, dünnen Blättern;

P. pertusum, der ähnlich aussieht wie *Monstera deliciosa* (siehe Seite 138).

Zu den aufrecht wachsenden Arten mit gefiederten Blättern gehören:

P. selloum mit dünnen, hellgrünen, gewellten, fiederteiligen Blättern.

Haltungsbedingungen

Standort

Alle *Philodendron*-Arten sind gegen direkte Sonnenbestrahlung recht empfindlich und vertragen auch keinen Luftzug. Stellen Sie die Pflanzen an einen lichten bis halbschattigen, etwas geschützten Platz.

Temperaturbedingungen

Am besten werden die Pflanzen im Temperaturbereich zwischen 15–21 °C gedeihen. Die niedrigste Temperatur, die noch ertragen wird, sollte 13 °C nicht unterschreiten. Sommerliche Höchsttemperatur etwa 23 °C, bei höherer Luftfeuchtigkeit und guter Bewässerung sowie Schutz vor direkter Sonneneinstrahlung.

Bewässerung

Während der Wachstumszeit regelmäßig und ausreichend bewässern, obere Topferde vor dem nächsten Gießen leicht antrocknen lassen. Während der Winterruhe nur knapp bewässern. Boden jedoch nie ganz austrocknen lassen.

Düngung

Je größer die Pflanze, um so mehr muß gedüngt werden. Verwenden Sie einen Flüssigdünger, den Sie während der Wachstumszeit alle 14 Tage dem Gießwasser zufügen.

Jahreszeitliche Pflege

Die *Philodendron*-Arten eignen sich für alle Jahreszeiten, sollten aber von Temperaturextremen verschont werden. Die Pflanzen legen eine kurze Winterruhe ein und benötigen dann etwas weniger Wasser und Dünger. Im übrigen Jahr immer gleichmäßig feucht halten. Bei kletternden Arten stets für guten Halt sorgen. Blätter regelmäßig feucht abwischen oder absprühen.

Pflanzsubstrat

Die Pflanze zeigt durch ausbleichende Blätter und aus dem Abzugsloch wachsende Wurzeln an, wenn sie umgetopft werden will. Lehmhaltige Mischungen verwenden.

Wolläuse haben sich auf der Blattunterseite angesiedelt (oben) und breiten sich auch auf den Blattstiel (unten) aus.

Schädlinge und Krankheiten

Wolläuse fallen an den meist dunkelgrünen Teilen der Pflanzen sofort auf, zumal die meisten Pflanzen recht locker wachsen und den Schädlingen wenig Versteckmöglichkeiten bieten. Die befallenen Stellen werden sorgfältig abgewischt und die Pflanze mit einem Insektizid behandelt.

Schadpilze und **Schwarzschimmel** treten besonders bei der Stecklingsvermehrung auf. Befallene Pflänzchen sofort entfernen und vernichten.

Wurzelfäule ist eine Folge zu reichlicher Bewässerung und zu niedriger Temperaturen.

Schnecken können auf großblättrigen Pflanzen mit weichem, saftigem Laub zum Problem werden.

Ausbleichende Blätter sind ein Zeichen für Nahrungsmangel;

vergilbende Blätter deuten auf Überwässerung hin.

Blattschäden (rechts und unten) werden vor allem durch einen falschen Standort und falsches Bewässern verursacht. Direkte Sonnenbestrahlung führt zu braunen, trockenen Flecken, zu viel Wasser zu feuchten, braunen Flecken. An der abgebildeten Pflanze ist außerdem noch Schneckenfraß festzustellen.

Wenn sich Blätter von der Mittelrippe aus braun verfärben, kann das eine natürliche Ursache haben – alle Blätter haben nur eine begrenzte Lebensdauer.

Rußtaupilze (rechts) siedeln sich vor allem auf den Ausscheidungen (Honigtau) von Blattläusen an und lassen die Pflanze unansehnlich werden.

Pilea Kanonierblume, Zuckergußpflanze

Heimat: Indochina
Einjährige oder ausdauernde Kräuter mit kleinen zugespitzt ovalen, gegenständigen, weichen Blättern und in Trugdolden wachsenden, unscheinbaren Blüten, die von Mai bis Juni erscheinen. Übersprüht man blühende Pflanzen an sonnigen Tagen, so spritzt in einem eindrucksvollen Manöver Blütenstaub nach allen Seiten.
Vermehrung: Durch Kopfstecklinge zu vermehren, die man bei 18–21 °C in feuchten Torfmischungen anwurzelt.

Kanonierblumen gibt es als kriechende und als aufrecht wachsende Pflanzen. Es gibt zahllose verschiedene Varietäten, die sich in der Blattform, -musterung und -färbung zum Teil erheblich unterscheiden.
P. cadieri (oben) ist eine der häufigsten Arten. Man erkennt sie an den silbrigen Blattmustern (links). Die Pflanze wird bis 40 cm hoch, sollte – um Verzweigungen anzuregen – aber öfter entspitzt werden.

Haltungsbedingungen

Standort

Pilea-Arten mögen halbschattige Standorte und sollten niemals direkter Sonnenbestrahlung ausgesetzt werden. Im Sommer kann man die Pflanzen auch ins Freie stellen. Für gute Belüftung sorgen.

Temperaturbedingungen

Alle Kanonierblumen müssen vor kaltem Luftzug bewahrt werden. Sie gedeihen am besten in einer warmen, feuchten Atmosphäre bei 15–21 °C. Unterhalb 13 °C können sie kaum überleben; im Winter an einen warmen Fensterplatz stellen.

Bewässerung

Alle *Pilea*-Arten sollten umsichtig bewässert werden, daß die Pflanzerde zwar immer feucht, auf keinen Fall aber staunaß und durchweicht ist. Die oberen Erdeschichten dürfen vor dem nächsten Gießen leicht antrocknen.

Düngung

Sobald die Pflanzen voll entwickelt sind, werden sie bei jedem Gießvorgang gedüngt. Obwohl meist klein von Gestalt, benötigen sie eine sehr geregelte mineralische Ernährung.

Jahreszeitliche Pflege

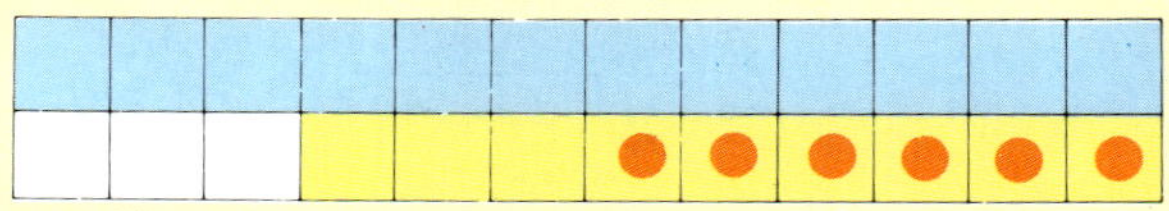

Im Frühjahr die Pflanzen zurückschneiden oder stutzen, dadurch wird die buschige Verzweigung angeregt. Bei höheren Temperaturen häufiger gießen und täglich mit weichem, lauwarmem Wasser übersprühen. Im Sommer und Herbst regelmäßig düngen. Blätter mit einem feinen Pinsel oder weichem Schwamm vom Staub befreien. Nach einigen Jahren werden die Pflanzen überaltert sein und sollten durch Jungpflanzen ersetzt werden.

Pflanzsubstrat

Umtopfen erfolgt am besten im Frühjahr.
Durch ausbleichende Blätter und keinen Neuwuchs deutet die Pflanze darauf hin. Verwenden Sie eine Mischung aus Lauberde, Mistbeeterde und Torf und gut drainierte Pflanzgefäße.

Schädlinge und Krankheiten

Kanonierblumen gehören mit Gewißheit nicht zu den Pflanzen, die für bestimmte Schädlinge besonders anfällig wären. Dennoch können Probleme auftreten, wenn man die Standortansprüche der Pflanzen nicht respektiert.

Wolläuse treten bei *Pilea*-Arten erstaunlich oft auf, besonders im unteren Bereich der Stengel, wo sie sich gut verstecken können. Einzelbehandlung ist meist ziemlich erfolglos, daher empfiehlt sich bei fortgeschrittenem Befall nur die Eintauchmethode in eine Insektizidlösung.

Spinnmilben müssen schon beim ersten Auftreten sofort bekämpft werden, da sie sonst enorme Schäden anrichten. Regelmäßige Kontrolle (eventuell auch mit einer Lupe) ist erforderlich. Wie im Fall der Wolläuse schafft nur Eintauchen in eine Pestizidlösung wirkliche Abhilfe.

Grauschimmel (*Botrytis*) befällt vor allem die Blätter der Pflanze, die ziemlich bald absterben. Pilzbefall tritt bei zu feuchtem, schlecht belüftetem Standort regelmäßig auf. Befallene Teile entfernen und mit einem Fungizid sprühen.

Dunkelverfärbte, abfallende Blätter rühren von zu kalter Haltung her.

Schlaffe, welke Blätter deuten auf Wassermangel und Hitze hin.

Sparrige Pflanzen entstehen bei zu dunklem Standort. Pflanzen am besten stark zurückschneiden und neue Triebspitzen immer wieder abknipsen.

Pilea spruceana aus Peru und Venezuela ist ebenfalls recht weit verbreitet. Sie wächst recht gedrungen (oben) und trägt auf den rotbraunen, stark gesägten Blättern einen breiten Silberstreifen (links).

Anschaffung und Arten

Beim Kauf sollte man – wenn möglich – nur jüngere Pflanzen auswählen, da diese sich an ihre neue Umgebung besser anpassen lassen. Auf guten Wuchs, gute Blattausfärbung, unbeschädigte Blätter und Neutrieb achten. Sparrig wachsende Pflanzen vermeiden.

Von **P. cadieri** gibt es eine Zwergvarietät *P. c. 'Minima'*, die nicht höher als 15 cm wird.

P. mollis trägt auf den hellgrünen, stark behaarten Blättern bronzefarbene Marken.

P. muscosa ist eine niedrige Art (bis 15 cm) mit verzweigten Stengeln, an denen sehr kleine, elliptische Blätter sitzen.

P. nummularifolia ist eine kriechende *Pilea*-Art mit fadenförmigen Zweigen und runden, fein gestielten Blättern, die sich gut als Ampelpflanze eignet.

Grauschimmel (*Botrytis*) (oben) kann eine Pflanze stark schädigen. Meist beginnt der Befall an den unteren Blättern. Entfernen Sie diese sorgsam und stäuben Sie die Pflanze mit einem Fungizid ein.

Pittosporum tenuifolium Klebsame

Heimat: Neuseeland
Pittosporum tenuifolium ist ein dichtbelaubter, ausdauernder Strauch mit dekorativem Blattwerk. Die kleinen, derben, glatten, leicht gewellten, fahlgrün-weißen Blätter sitzen an dunklen, leicht verholzten Zweigen. Die Pflanzen besitzen kleine weißliche, jedoch wohlriechende Blüten, die von Februar bis April erscheinen.
Vermehrung: Entweder durch Samen oder durch Triebstecklinge im Spätsommer.

Anschaffung und Arten

Wählen Sie eine buschige Pflanze mit reichem, gut entwickeltem und unbeschädigtem Blattwerk. Vermeiden Sie wenig verzweigte Pflanzen mit schlecht gefärbten Blättern oder gar Blattflecken. Im Handel sind gelegentlich noch zu erhalten: *P. eugenioides 'Variegatum'* und *P. tobira.*

Krankheiten

Die meisten Schädigungen am Klebsamen sind auf Haltungsfehler zurückzuführen, da die lederigen Blätter und dicken Zweige selten von tierischen Schädlingen befallen werden. Trotzdem Blattunterseiten und Neutriebe regelmäßig kontrollieren!

Braune, abgestorbene, trockene Blattränder (links) sind die Folge von akutem Wassermangel und intensiver Sonneneinstrahlung.

Rußtaupilze (unten) sind die Folgeerscheinung von Blattläusen. Säubern Sie sorgfältig die befallenen Blätter und sprühen Sie die Pflanze mit einem Insektizid.

Haltungsbedingungen

Standort

Helles Sonnenlicht ist zum Gedeihen der Pflanzen unbedingt nötig. Im Sommer müssen Pflanzen, die im Zimmer gehalten werden, vor praller Sonne geschützt werden.

Temperaturbedingungen

Pittosporum-Arten bevorzugen den unteren Temperaturbereich bei etwa 10–15 °C. Dieser spezielle Standortanspruch zusammen mit den Lichtansprüchen kann in einem heißen Sommer zu Schwierigkeiten führen. Am besten stellt man die Pflanze dann im Freien auf. Überwintert wird hell und kühl (ca. 8 °C).

Bewässerung

Die Pflanzen müssen gründlich und regelmäßig bewässert werden, da Wassermangel die Entwicklung der Pflanze erheblich stört. Lassen Sie den Boden vor dem nächsten Gießen jedoch leicht antrocknen.

Düngung

Während der wärmeren Jahreszeit wird etwa wöchentlich mit einem Flüssigpräparat gedüngt. Im Winter sollte die Düngung weitgehend aussetzen und höchstens alle drei Wochen vorgenommen werden.

Jahreszeitliche Pflege

Im Sommer sollte man die Pflanzen an geschützten Stellen im Freien aufstellen. Hier müssen sie jedoch genauso wie im Zimmer betreut und auch regelmäßig auf Schädlingsbefall kontrolliert werden. Im Winter kann die Pflanze eine Pause einlegen: Weniger gießen und düngen, kühl und hell plazieren. Im Spätsommer Stecklinge nehmen. Pflanze kann beschnitten werden, um eine schöne Wuchsform zu bekommen.

Pflanzsubstrat

Die Pflanze muß fest in eine lehmhaltige Mischung eingetopft werden. Der Topf muß ein großes Abzugsloch besitzen. In einem 17 cm-Topf kann die Pflanze mindestens drei Jahre lang bleiben.

Pittosporum-Arten sind ausdauernde, gut wachsende Blattpflanzen, die sich bei gesunder Entwicklung strauchig verzweigen. Bei hellem, luftigem Standort, richtiger Bewässerung und Düngung setzen die *Pittosporum*-Arten auch wohlriechende Blüten an. Die meisten Arten sind fürs Freiland, nicht für die Zimmerhaltung gedacht. Die Zweige von *P. tenuifolium* mit den fahlgrün-weiß gefärbten Blättern werden von Gärtnern häufig für Blumenarrangements verwendet.

Primula Primel

Heimat: Ostasien
Durch ihre im zeitigen Frühjahr in allen Farben erscheinenden Blüten werden Primeln gerne als Dekorationsstücke in der Wohnung gehalten. Nach der Blüte wirft man die Pflanzen meist weg, sofern man sie nicht in den Garten auspflanzt, einige Arten können jedoch über mehrere Jahre im Zimmer zur Blüte gebracht werden.
Vermehrung: Durch Samen.

Die Hochsaison der Primeln ist das Frühjahr. Besonders hübsch sieht es aus, wenn man verschiedenfarbige Exemplare in einer Pflanzschale zusammenstellt (Bild unten). Beim Kauf wähle man nur feste, grüne und wenig aufgeblühte Exemplare aus.

Anschaffung und Arten

In der Hauptsache werden folgende vier Arten angeboten:
P. acaulis (siehe unten) mit kurzgestielten, zwischen den länglichen Rosettenblättern sitzenden ein- bis mehrfarbigen Blüten.
P. malacoides, die Flieder- oder Etagenprimel, trägt Blüten, die in mehreren Stockwerken an einem langen Schaft erscheinen.
P. obconica, die Becherprimel, besitzt große lappige dunkelgrüne Blätter und kugelige Blütendolden. (Ruft bei manchen Personen Allergien hervor.)
P. sinensis, die Chinesenprimel, besitzt handförmig gelappte Blätter und kleine Dolden trichterförmiger, gelappter oder gewellter Blüten.

Schädlinge und Krankheiten

Blattläuse finden sich auf den weichen Blättern der Primel leider oft ein. Man erkennt den Befall oft erst an den zahlreichen leeren Hüllen, die die Tiere beim Häuten abstreifen.

Spinnmilben sitzen meist auf den Blattunterseiten und treten dann auf, wenn die Pflanzen in trockenheißer Umgebung gehalten werden. Bei kühleren, feuchten Bedingungen werden sie kaum zu einem Problem.

Rüsselkäfer sieht man mitunter auf den Blättern, ihre Larven richten beträchtliche Schäden am Wurzelwerk an. Wurzelballen mit Insektizid-Lösung durchtränken.

Die meisten Schäden entstehen durch unsachgemäße Haltung: Primeln sollten kühl, schattig und feucht – nicht naß! – gehalten werden. Direkte Sonneneinstrahlung führt zu Verbrennungserscheinungen auf den Blättern.
Hohe Luftfeuchtigkeit und Staunässe sowie schlechte Belüftung sind die Hauptursache für Fäulniserscheinungen.

Kümmerwuchs rührt von zu hartem Wasser.

Grauschimmel (*Botrytis*) tritt leider recht häufig auf und befällt Blüten und Blätter. Pflanzen nicht mit Wasser benetzen oder in stehender Luft halten.

Haltungsbedingungen

Standort

Primeln benötigen einen halbschattigen bis schattigen Standort und dürfen nicht im vollen Sonnenlicht stehen. Gut belüften, aber vor Zugluft schützen.

Temperaturbedingungen

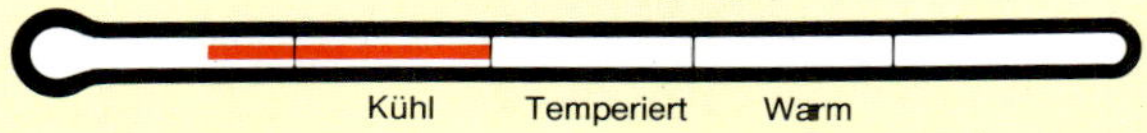

Die Pflanzen bevorzugen den unteren Bereich der Temperaturskala zwischen 10–15 °C, besonders zur Blütezeit. Bei höheren Temperaturen werden die Blüten oft abgestoßen. In wärmerer Umgebung müssen die Pflanzen mehr Feuchtigkeit erhalten, Vorsicht jedoch vor Überwässern. Luftfeuchtigkeit erhöhen, es darf aber keine Feuchtigkeit auf Blättern und Blüten stehen.

Bewässerung

Primeln müssen reichlich bewässert werden. Dabei ist jedoch zu beachten, daß die Pflanzen keine „nassen Füße" ertragen. Zum Gießen weiches Wasser verwenden.

Düngung

Sobald die ersten Blütenschäfte erscheinen, mit einem Standarddüngemittel etwa alle zwei Wochen nach dem Gießen düngen. Dadurch wird die Blühperiode merklich verlängert.

Jahreszeitliche Pflege

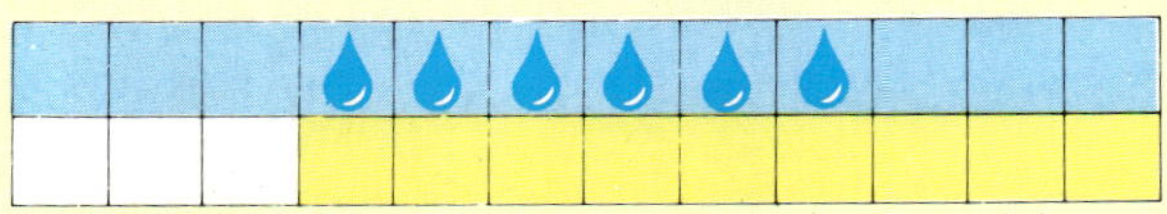

Obwohl durchweichter, staunasser Boden gefährlich ist, benötigen die Primeln vor allem bei höheren Temperaturen reichlich Wasserzufuhr. Wenn man abgeblühte Blüten sofort entfernt, kann man die Blühperiode verlängern. *P. malacoides* ist eine einjährige Pflanze. *P. obconica* und *P. sinensis* können im folgenden Frühjahr erneut blühen. *P. acaulis* sollte nach der Blüte ausgepflanzt werden.

Pflanzsubstrat

Beim Auspflanzen und Umtopfen verwendet man am besten lehmhaltige Mischungen. Das Substrat darf nicht zu fest angedrückt werden.

Rhoicissus rhomboidea Kletterrebe, Königswei

Heimat: Südafrika
Der Königswein ist eine raschwüchsige Kletterpflanze, die sich besonders zur Begrünung größerer Flächen eignet. Die Pflanze besitzt dünne, dunkelgrüne Blätter, die zu dreien an einem Stengel sitzen. Junge Blätter sind dunkelgrün bis purpurfarben.
Vermehrung: Durch Stecklinge von etwa 10 cm Länge, die man in Torf pflanzt und bei 21 °C im Anzuchtkasten bewurzeln läßt.

Anschaffung und Arten

Beim Kauf achte man auf volle, fehlerfreie Belaubung und möglichst viele Neutriebe. Die Blätter dürfen nicht vergilbt sein oder braune, trockene Ränder besitzen.

R. rhomboidea ist am häufigsten im Handel.
R. r. 'Ellen Danica' besitzt längere, glänzendere, gelappte Blätter.

Die Kletterrebe wächst bei guter Pflege und an Kletterhilfen bis zu 3 m Höhe heran. Sie wird sehr gerne zur Begrünung von Wänden oder Treppengeländern verwendet. Um einen buschigeren Wuchs und nicht zu lange Einzeltriebe zu erhalten, entfernt man die Neutriebe. Da die Pflanze sehr raschwüchsig ist, sollte man sie regelmäßig an der Kletterhilfe befestigen.

Schmierläuse (unten) kommen selten vor. Dank ihrer weißen, wachsartigen Bekleidung sind sie an dem dunklen Laub bei regelmäßiger Kontrolle recht leicht auszumachen. Wischen Sie die befallenen Stellen mit einem in Malathion getränkten Schwamm vorsichtig ab und sprühen Sie die Pflanze mit einer Insektizid-Lösung.

Krankheiten

Schädigungen an den Blättern, Neutrieben und am Wurzelsystem sind meist auf unsachgemäße Haltung zurückzuführen. Zu warme und zu feuchte Haltung führt zu Blattkrankheiten und lockt Schädlinge an.
Blätter welk, abfallend: zu feuchtes Pflanzsubstrat.
Braune, trockene Blattflekken: zu warmer, schlecht belüfteter Standort.

R. rhomboidea 'Ellen Danica'

R. rhomboidea

Diese Pflanze bekam entweder zu viel Sonne ab oder zu viel Wasser.

Haltungsbedingungen

Standort

Kletterreben lieben einen hellen, nicht sonnigen Standort, gedeihen aber auch an schattigen Stellen noch gut, wachsen hier jedoch nicht so rasch. Vor Zugluft schützen.

Temperaturbedingungen

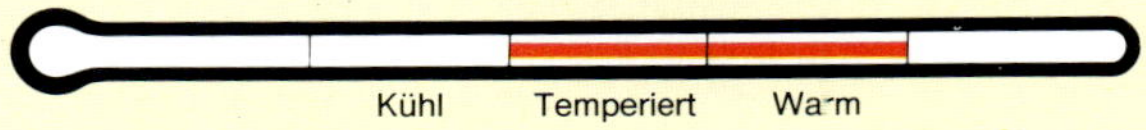

Kühl Temperiert Warm

Kletterreben bevorzugen Temperaturen im Bereich um 15–21 °C, werden also bei normaler Raumtemperatur prächtig gedeihen. Für gelegentliche Luftbefeuchtung bei höheren Temperaturen ist die Pflanze sehr dankbar. Temperaturen über 23 °C werden nicht vertragen.

Bewässerung

Während des Sommers und der Phase aktiven Wachstums wird regelmäßig, aber nicht zu reichlich bewässert, da sonst das Wurzelsystem Schaden nimmt und die Blätter abfallen. Bei niedriger Temperatur im Winter trocken halten.

Düngung

Um sich gut entwickeln zu können, benötigen Kletterreben häufige Düngung. Vom Frühjahr bis Hochsommer fügen wir alle 10 Tage dem Gießwasser einen Flüssigdünger bei.

Jahreszeitliche Pflege

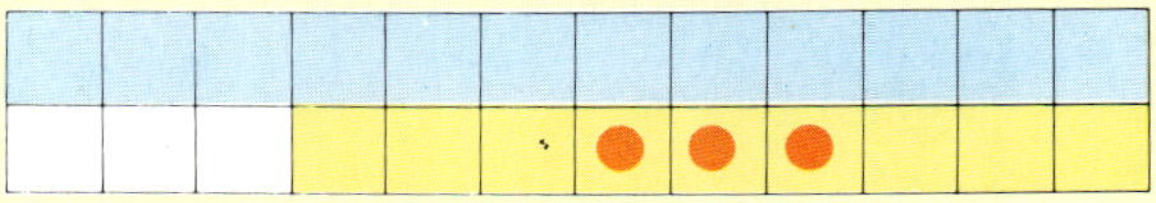

Winter Frühjahr Sommer Herbst

Das Pflanzsubstrat sollte stets gleichmäßig feucht, aber nicht naß, gehalten werden. Man muß also je nach Umgebungstemperatur mehr oder weniger gießen. Ungeordnetes Wachstum kann man durch Schnitt regulieren. Stärkerer Rückschnitt regt stärkere Verzweigung an. Stecklinge im Frühjahr oder Sommer anziehen. Ausbleichen der Blätter und kein neuer Wuchs sind Zeichen dafür, daß umgetopft werden muß.

Pflanzsubstrat

Verwenden Sie lehmhaltige Mischungen und topfen Sie im Frühjahr um. Je nach Wuchsfreudigkeit muß jedes Jahr oder weniger umgetopft werden.

Saintpaulia ionantha Usambaraveilchen

Heimat: Ostafrika
Usambaraveilchen können bei richtiger Kultur das ganze Jahr über blühen. Die fleischigen, filzig behaarten Blätter sind rundlich und etwas dick, kurzgestielt, oberseits dunkel- und unterseits hellgrün. Blüten gibt es einfach und gefüllt in allen möglichen Rot- und Blautönen.

Vermehrung: Durch Blattstecklinge, die man in Anzuchtkästen in feuchtem Torf bei mindestens 21 °C hält. Dazu voll entwickelte, gesunde Blätter mit dem Stiel einpflanzen.

Anschaffung und Arten

Heute sind zahlreiche Varietäten des Usambaraveilchens auf dem Markt. Beim Kauf sollte man darauf achten, daß die Pflanze feste, gut ausgefärbte Blätter und straffe Blattstiele haben sollte. Vermeiden Sie Pflanzen mit hängenden Blättern und eventuellen Anzeichen von Fäulnis sowie Pflanzen, deren Blätter nicht saftig grün ausgefärbt sind, sondern helle oder braune Flecken und Verfärbungen zeigen. Knospende Exemplare sind dankbarer als schon blühende.

Usambaraveilchen gehören zu den beliebtesten und bekanntesten Zimmerpflanzen und sind in vielen Varietäten im Handel. *S. ionantha Rococo* (oben) besitzt rosafarbene, gefüllte Blüten.

Haltungsbedingungen

Standort

Usambaraveilchen benötigen helle bis halbschattige Standorte. Sie ertragen Sonnenstrahlen nur im Winter, solange es keine Brennglaseffekte gibt. Sehr zugluftempfindlich.

Temperaturbedingungen

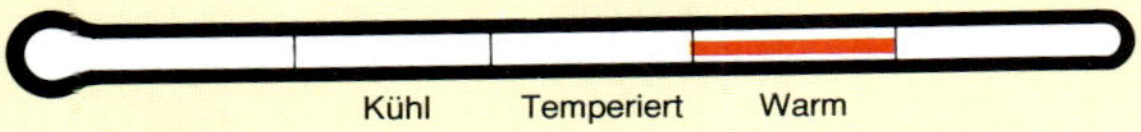

Usambaraveilchen vertragen keine niedrigen Temperaturen und keine stärkere Abkühlung. Günstige Temperaturen sind 18–21 °C. Wärme und Luftfeuchte in Badezimmern und Küchen bieten ideale Bedingungen. (Im Winter – bei kühlen Temperaturen – keine Usambaraveilchen kaufen!)

Bewässerung

Wasser nur über den Untersetzer geben und Blätter nicht benetzen. Weiches, lauwarmes Wasser verwenden! Bei niedriger Temperatur eher trocken halten.

Düngung

Regelmäßig Flüssigdünger in schwacher Konzentration mit dem Gießwasser verabreichen. Kalkfreien Flüssigdünger verwenden, da Usambaraveilchen säureliebend sind!

Jahreszeitliche Pflege

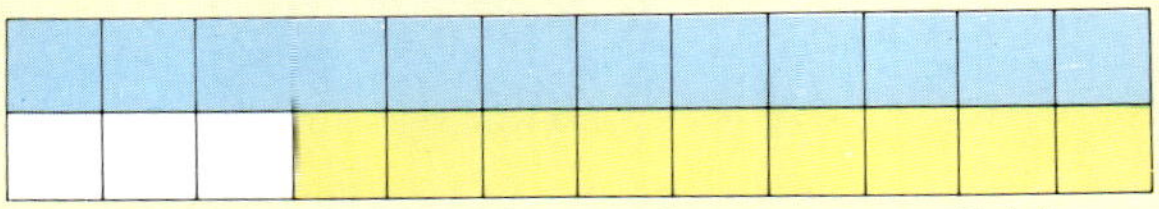

In der kälteren Jahreszeit sollten die Usambaraveilchen etwas trockener gehalten werden als sonst. Beim Gießen immer nur lauwarmes, weiches Wasser verwenden. Abgestorbene Blätter und Blüten möglichst sofort entfernen, damit sich kein Nährboden für Fäulniserreger bilden kann. Sobald die Blätter kleiner werden und eng aufeinandersitzen, ist es Zeit umzutopfen.

Pflanzsubstrat

Benützen Sie nicht zu große Pflanzgefäße, die Pflanzen blühen besser, wenn das Wurzelsystem den Topf ausfüllt. Verwenden Sie torfhaltige Kompostmischungen oder kalkfreie Einheitserde.

Stehendes Wasser auf Blättern und Blüten führt zu Pilzbefall; Mehltau (oben) oder Grauschimmel (unten) treten recht häufig auf.

Schädlinge und Krankheiten

Die jetzt im Handel angebotenen Rassen und Formen scheinen etwas robuster zu sein als ihre Vorgänger.
Wurzelfäule tritt regelmäßig dann auf, wenn die Pflanzen übermäßig bewässert werden. Befallene Wurzeln sind braun und unansehnlich. Pflanzen mehrere Tage trocken halten und betroffene Wurzeln entfernen. Im fortgeschrittenen Stadium ist die Pflanze nicht mehr zu retten.
Grauschimmel (*Botrytis*) kann im Anfangsstadium mit einem Fungizid bekämpft werden, bei fortgeschrittenem Befall Pflanze wegwerfen.
Blattläuse können gelegentlich auftreten. Mit trockenem Insektizid behandeln, da die Blätter nicht benetzt werden dürfen.
Blattälchen-Befall kommt bei Usambaraveilchen recht häufig vor. Er zeigt sich in hellbraunen, etwas vertieften Flecken auf der Blattunterseite.

Sansevieria Bogenhanf, Bajonettpflanze

Heimat: Westafrika
Bogenhanf ist eine immergrüne, sehr beliebte Zimmerpflanze, die viele Jahre alt werden kann. Die etwas fleischigen Blätter stehen aufrecht und benötigen wenig Platz. Bei guter Pflege bringt die Pflanze wohlriechende, weißliche Blütentrauben hervor. Außer den grünblättrigen Arten gibt es noch Varietäten mit grün-cremeweiß gestreiften Blättern.
Vermehrung: Durch Teilung größerer Pflanzen, Einpflanzen von Ausläufertrieben oder Bewurzeln von Blattstecklingen, die wir in ca. 3 cm große Stücke schneiden und in Torf-Sand-Gemisch stecken.

Unter günstigen Bedingungen wird der Bogenhanf etwa 1 m hoch. Die Blätter tragen lange Spitzen, die man nach Möglichkeit nicht verletzen sollte, da sonst das Blattwachstum gestört wird. Eine gesunde Pflanze wächst recht langsam, ist aber ziemlich langlebig. Sie muß gut und fest eingetopft werden, damit sie nicht umkippt. Die Varietät *S. trifasciata 'Laurentii'* (rechts) besitzt gelbgeränderte, hell- und dunkelgrün quergestreifte Blätter.

Anschaffung und Arten

Der Bogenhanf gehörte zu den populärsten Zimmerpflanzen, ist aber zur Zeit nicht sehr häufig im Handel. Gerade in zentralbeheizten Räumen gedeihen die Pflanzen prächtig, da die trockenheiße Umgebung ihren Standortansprüchen sehr entgegenkommt. In der Natur gibt es etwa 50 Arten, aber nur sehr wenige werden als Zimmerpflanzen kultiviert. Zwei Formen sind innerhalb der Gattung weit verbreitet: die bekannten hochwüchsigen Gestalten und die gedrungenen Formen. Beim Kauf sollten Sie darauf achten, daß die Pflanze scharfe, ganze Blattränder und eine intakte Blattspitze besitzt. Anderenfalls wird sie nicht wachsen. Pflanzen mit verfärbten, beschädigten Blättern vermeiden. Auf Fäulnis achten!

S. trifasciata mit aufrechten, steifen, lanzettlichen Blättern, die beiderseits hell- oder weißlichgrüne und dunkel- bis schwarzgrüne Querbänder tragen.

S. t. 'Laurentii' Blätter schwertförmig, am Rande mit tiefgelben Längsstreifen, in der Mitte grünlich gefleckt, bis 1 m lang.

S. t. 'Moonshine' mit blaßgrünen, am Rande dunkleren Blättern.

S. t. 'Hahnii' ist eine der gedrungenen Formen, mit einer niedrigen Rosette steifer, scharfspitziger Blätter, etwa 25 cm hoch.

S. t. 'Golden Hahnii', mit breiten, goldgelben Blatträndern.

S. t. 'Silver Hahnii' mit silbergrünen Blättern, die dunkelgrüne Fleckenmuster tragen.

S. cylindrica mit 75–150 cm langen, zylindrischen, trichterförmig gestellten Blättern, hellgrün mit dunkleren Querbändern.

S. liberica mit breiten, steifen Blättern und weißlichen Querbinden.

S. zeylanica, von aufrechtem Wuchs, Blätter graugrün mit dunklen Querbinden.

S. metallica mit aufrechten, bis 150 cm langen Blättern, Blattränder später weißlich oder rötlich-braun.

Haltungsbedingungen

Standort

Bogenhanf benötigt lichte, helle und sonnige Standorte. Halbschatten und Schatten wird zwar ertragen, die Pflanzen wachsen dann aber langsamer, und die Blätter verbleichen. Vor allem Pflanzen mit stark gefärbten Blättern müssen recht hell stehen.

Temperaturbedingungen

Als Pflanzen tropischer Herkunft fühlen sich Sansevierien wohl zwischen 18–27 °C. Unterhalb 15 °C stellen sie das Wachstum bald ein, bei diesen Temperaturen müssen die Pflanzen recht trocken gehalten werden, damit keine Fäulnis auftritt. Trockene Luft schadet den Pflanzen nicht. Sie eignen sich daher sehr gut für Zimmer mit Zentralheizung.

Bewässerung

Während der Wachstumsperioden muß die Erde feucht gehalten werden, wobei zwischen den Wassergaben die oberste Substratschicht austrocknen darf. Kein Wasser in die jungen Blatttriebe gießen!

Düngung

Während der Wachstumszeit im Sommer genügt es, einmal im Monat zu düngen, bei gutem Wachstum kann man auch alle 14 Tage düngen. Keine Blattdüngung anwenden!

Jahreszeitliche Pflege

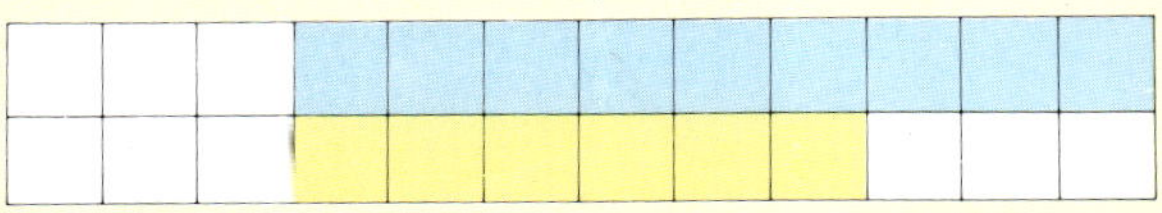

Die Pflanzen können das ganze Jahr über an einem hellen Standort in warmen Räumen bleiben. Im Winter darauf achten, daß die Temperaturen nicht niedriger als 13 °C sind, im Sommer vor praller Sonne schützen. Abgestorbene Blätter entfernen. Pflanzen stabil aufstellen, damit sie nicht umkippen können. Ca. alle 2 Jahre umtopfen. Die Pflanzen blühen leichter, wenn die Wurzeln das Pflanzgefäß ausfüllen. Im Frühjahr ältere Pflanzen teilen.

Pflanzsubstrat

Empfehlenswert ist die Verwendung einer lehmhaltigen Mischung in einem stabilen, schweren Topf. Auf gute Wasserdurchlässigkeit und Abzug achten. Umtopfen nur, wenn der Topf zu platzen droht.

Zu nasse Haltung ist eine der Hauptursachen für Blattschäden (links). Die Pflanze beginnt dann meist von der Basis zu faulen. Auf den Blättern erscheinen zunächst einzelne braune, feuchte Flecken, die sich bald über die ganze Pflanze ausbreiten. Um weiteren Schädigungen vorzubeugen, entfernt man die faulenden Pflanzenteile und läßt das Pflanzsubstrat vor dem nächsten Gießen etwas antrocknen.

Krankheiten

Die meisten Schäden treten durch falsche Haltung auf.

Stengelfäule ist ein Zeichen für zu feuchte Haltung. Wenn der Pilzbefall der Hauptachse zu spät erkannt wird, ist die Pflanze nicht mehr zu retten.

Braune Blattflecken sind ebenfalls ein Anzeichen für zu reichliche Wasserzufuhr. Weniger gießen, aber nicht vollständig austrocknen lassen.

Beschädigte Blattränder weisen darauf hin, daß die Pflanze in ihrem Topf nicht fest genug sitzt und öfter kippt oder daß sie im Winter an die kalten Fensterscheiben gekommen ist und die Blätter Erfrierungserscheinungen zeigen.

Ausbleichen der Blätter bedeutet Lichtmangel. Bringen Sie die Pflanze näher an das Fenster.

Wolläuse treten gelegentlich auf. Man kann sie aber meist sehr leicht durch Abwischen entfernen.

Rüsselkäfer schädigen die Pflanze durch Fraß. Bei Anzeichen von Befall mit einem Insektizid (Lindan) bekämpfen.

Saxifraga sarmentosa Hängesteinbrech

Heimat: China, Japan

S. sarmentosa eignet sich vor allem als Hängepflanze. Bei dieser Haltung kommen die fadenförmigen Ausläufer, an denen neue Pflänzchen sitzen, besonders zur Geltung. Die schildförmigen Blätter sind oberseits dunkelgrün mit hellen Adern, unterseits rötlich und stark behaart. Im Frühjahr trägt die Pflanze aufrechte hellrosafarbene Blütenrispen.

Vermehrung: Durch Ausläuferpflänzchen.

Der Hängesteinbrech oder Judenbart ist eine sehr beliebte Ampelpflanze mit rundlichen, grün-roten Blättern und zahlreichen, meist rötlichen Ausläufern.

Haltungsbedingungen

Standort

Am besten hält man diese Pflanze in Hängeampeln an einem hellen Platz, sie muß jedoch vor direkter Sonne geschützt werden. Im Schatten verliert die Pflanze ihre silbrige Blattzeichnung.

Temperaturbedingungen

Hängesteinbrech wächst recht gut in einem Temperaturbereich zwischen 13–18 °C, zieht aber den unteren Bereich vor. Die Varietät 'Tricolor' benötigt einen wärmeren Standort (16–20 °C). Bei höherer Temperatur muß für genügende Luftbefeuchtung gesorgt werden. Zugluft und Zentralheizungsluft werden schlecht ertragen.

Bewässerung

Regelmäßige Bewässerung ist wichtig, die Erde muß stets feucht sein, Staunässe und Fußbäder in Untersetzern oder Übertöpfen werden nicht vertragen. Im Winter weniger gießen, sonst droht Wurzelfäule.

Düngung

Dünger in Tablettenform ist für Hängepflanzen am besten geeignet. Man braucht die Tabletten nur in die Erde zu stecken. Die Pflanzen entziehen ihnen dann die nötige Düngermenge selbst.

Jahreszeitliche Pflege

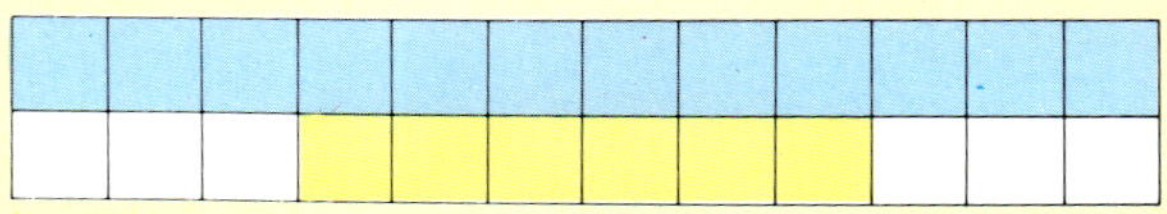

Am Ende des Sommers wird die Pflanze durch natürlich absterbende, untere Pflanzenteile oft etwas unschön. Im Frühjahr wird bei Bedarf (sparriger Wuchs, ausbleichende Blätter) umgetopft. Nach zwei bis drei Jahren werden die Pflanzen meist unansehnlich und sollten durch Jungpflanzen ersetzt werden. Aus den Ausläuferpflänzchen lassen sich leicht jederzeit neue Pflanzen heranziehen.

Pflanzsubstrat

Gutes Wachstum erzielt man am ehesten in lehmhaltigen Einheitserdemischungen. Die Erde muß leicht, locker und gut wasserdurchlässig sein.

Anschaffung und Arten

Wählen Sie beim Kauf Pflanzen mit gut ausgebildeten Blattrosetten, an denen sich schon einige Ausläufer mit kleinen Pflänzchen bilden.

S. sarmentosa (= *S. stolonifera*) ist die robusteste Art. Die Varietät *S. s. 'Tricolor'* mit den cremeweiß geäderten Blättern ist empfindlicher.

Schädlinge und Krankheiten

Spinnmilben können sich der Kontrolle oft erfolgreich entziehen, da die rötlichen Blattunterseiten sie sehr wirksam tarnen. Das Ansprühen der Blattunterseiten mit einem Pestizid ist schwierig. Gesamte Pflanze in eine Giftlösung eintauchen und einige Minuten darin lassen.

Wolläuse halten sich ebenfalls an schlecht zugänglichen Stellen der Pflanze auf. Wie bei den Spinnmilben hilft meist nur die Eintauchmethode.

Sparriger Wuchs, lange Blattstiele deuten auf zu warme Haltung hin.

Keine Ausläuferbildung ist ein Zeichen für mangelhafte Ernährung.

Absterben der untersten Blätter ist ein Zeichen für Überwinterung. Neue Pflanzen heranziehen.

Ein gesundes Blatt (oben) zeigt auf gut ausgefärbtem, dunkelgrünem Grund die typische silbrige Zeichnung der Blattaderung.

Blattläuse (oben) befallen besonders die jüngeren Blätter, die dann verkümmern und eine krankhafte Färbung annehmen.

Steinbrechgewächse werden bei unsachgemäßer Pflege bald ein Opfer des **Grauschimmels** (*Botrytis*). Besonders betroffen sind meist die Blätter am Grunde der Pflanze (links).

Schefflera Lackblatt, Strahlenaralie

Heimat: Tropisches Australien
Die *Schefflera* ist ein immergrüner, kleiner Zimmerbaum, der von vielen auch zur Gattung *Heptapleurum* (siehe Seite 124) gerechnet wird. Auch unter Zimmerbedingungen behält die Pflanze ihre Wüchsigkeit bei und wird recht groß, wenn man sie verhältnismäßig warm hält. Ihre typische Schirmkrone kann sie aber selbst bei guter Pflege nicht entwickeln.
Vermehrung: Neue Pflanzen werden überwiegend durch Aussaat von Samen gezogen, die am natürlichen Standort gesammelt werden.

Schefflera-Arten, oft auch als *Heptapleurum* oder *Brassaia* angeboten, eignen sich vor allem für warme, dunkle Standorte. Eine gesunde Pflanze (hier *S. actinophylla*) zeichnet sich durch kräftigen Wuchs und reiches, glänzend dunkelgrünes Laubwerk aus. Die großen Blätter tragen je nach Art und Alter 5–9 Blättchen. Bei guter Pflege wachsen die Pflanzen bis zu 30 cm im Jahr.

Anschaffung und Arten

Der Handel bietet verschiedene Wuchsformen an, die man je nach Geschmack und späterem Standort auswählen wird. Der Gesundheitszustand der Pflanze kann an den Blättern abgelesen werden. Nehmen Sie nur Exemplare mit fehlerfreien, festen, nicht herabhängenden, gut ausgefärbten Blättern. Die Blattoberseiten müssen einen natürlichen Glanz aufweisen; lassen Sie sich nicht von Pflanzen täuschen, die mit Blattspray behandelt wurden. Verwirrend ist noch die Namensgebung, da die Namen *Schefflera, Heptapleurum* und *Brassaia* oft für ein und dieselbe Art verwendet wurden und noch immer werden. Angeboten werden *S. actinophylla* und *S. arboricola* mit den zwei Varietäten 'Hongkong' und 'Geisha Girl'.

Krankheiten

Die meisten Probleme kann man durch sorgfältige Blattpflege vermeiden.

Blattläuse befallen bevorzugt junge Blätter. Man kann sie einfach durch Abwischen entfernen.

Spinnmilben können erhebliche Schäden anrichten, sie verraten sich durch hellbraune Blattflecken. Sprühen Sie die Blattunterseite mit einem wirksamen Akarizid ein.

Wolläuse treten manchmal an älteren Pflanzen auf, können jedoch auf den dunkelgrünen Blättern leicht entdeckt werden. Abwischen oder mit einem Insektizid bekämpfen.

Haltungsbedingungen

Standort

Die *Schefflera* bevorzugt wie fast alle Pflanzen lichte Standorte ohne direkte Sonnenbestrahlung, gewöhnt sich aber auch gut an Halbschatten. Da die Pflanzen recht groß werden (bis 6 m), muß man beizeiten für einen genügend großen Stellplatz sorgen.

Temperaturbedingungen

Bevorzugte Temperatur ist der Bereich zwischen 15–21 °C. Trockene Hitze wird nicht ertragen, daher bei höheren Temperaturen für genügend Luftfeuchtigkeit sorgen. Pflanze am besten täglich mit lauwarmem, weichem Wasser besprühen – das schützt auch vor Spinnmilben.

Bewässerung

Pflanzsubstrat stets feucht halten. Im Winter reicht meist einmal in der Woche kräftiges Gießen. Substrat gut durchfeuchten, aber für gründlichen Abzug des überschüssigen Wassers sorgen.

Düngung

Vor allem im Sommer mäßig düngen. Fügen Sie alle 14 Tage dem Gießwasser einen Flüssigdünger in halber Konzentration zu. Im Winter höchstens einmal monatlich düngen.

Jahreszeitliche Pflege

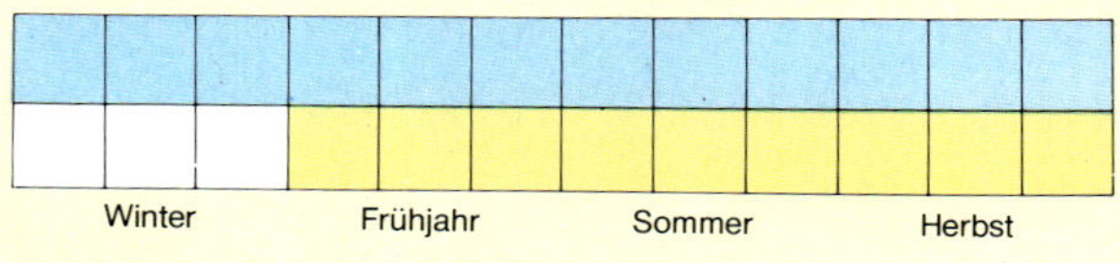

Im Sommer kann man die Pflanze vor Sonne geschützt im Freien aufstellen. Im Winter sollten die Temperaturen nicht unter 12 °C sinken, da die Pflanze sonst ihre Blätter abwirft. Etwas kühlere Haltung tut der Pflanze jedoch gut. Alle 2 Jahre im Frühjahr umtopfen. Die Pflanze zeigt dies durch verminderten Wuchs und Ausbleichen der Blätter meist selbst an.

Pflanzsubstrat

Benutzen Sie lehmhaltige, aber nicht zu schwere Erde oder Einheitserde und gut drainierte Töpfe. Große Pflanzen setzt man in Kübel.

Scindapsus aureus Goldgefleckte Efeutute

Heimat: Tropisches Asien

Die Efeutute gehört zu den dekorativsten Rank- und Kletterpflanzen für die Zimmerhaltung. Die auffällig goldgelb und grüngelb gezeichneten Blätter behalten ihre Zeichnung auch an lichtarmen Standorten bei. Eigentlich wird heute nur noch die Art *Scindapsus pictus* unter der Gattungsbezeichnung *Scindapsus* geführt, während für die hier vorgestellte Art der Name *Rhaphidophora aurea* zunehmend in Gebrauch kommt.

Vermehrung: Durch Sproßstecklinge im Frühjahr. Man nimmt kurze Stecklinge, an denen je zwei Laubblätter und ein neuer Trieb sitzen. Die unteren beiden Blätter entfernen und den Steckling bei 21 °C in einer feuchten Torf-Sand-Mischung bewurzeln lassen.

Die Efeututen eignen sich hervorragend als Kletterpflanzen an einem Moosstab. Gesunde Pflanzen tragen viele gut ausgefärbte, glänzende Blätter und sind sehr raschwüchsig.

Anschaffung und Arten

Wählen Sie buschige Pflanzen mit gesunden, unbeschädigten Blättern und nicht zu großen Abständen zwischen den einzelnen Blättern. Im Handel sind vor allem zwei Arten: *S. aureus* und *S. pictus*. Von **S. aureus** gibt es eine Reihe verschiedener Varietäten:

S. a. 'Marble Queen' (oben rechts).

S. a. 'Erich Gedalius' besitzt fast reinweiße Blätter.

S. pictus besitzt fast schwarzgrüne Blätter, die auf der Oberseite bläulich-weiß gefleckt sind.

Krankheiten

Grauschimmel (*Botrytis*) ruft unansehnliche Blattflecken hervor (Bild unten).

Ausbleichende Blätter deuten auf zu hellen Standort hin.

Braungefleckte Blätter sind ein Zeichen zu kühler und nasser Haltung.

Vergrünende Blätter kommen bei zu wenig Licht vor.

Haltungsbedingungen

Standort

Scindapsus-Arten mögen kein grelles Sonnenlicht, aber auch keine tiefen Schatten. Helles, indirektes Licht wird allen Formen gut bekommen. Je heller die Blattfärbung, desto mehr Licht sollten wir den Pflanzen anbieten.

Temperaturbedingungen

Während der Wachstumsphase benötigen *Scindapsus*-Arten normale Raumtemperatur von etwa 15–21 °C. Temperaturen unterhalb 15 °C im Winter lassen die Pflanze in einen Ruhezustand übergehen. Weniger als 10 °C werden nicht gut ertragen. Bei höheren Temperaturen auf genügende Luftfeuchtigkeit achten.

Bewässerung

Überwässern schadet mehr als etwas trockenere Haltung. Im Winter legt die Pflanze eine Ruhepause ein; jetzt die Erde nur tabakfeucht halten.

Düngung

Scindapsus-Arten benötigen nicht sehr viel Dünger, allenfalls einmal monatlich eine schwache Gabe mit dem Gießwasser. Nahrungsmangel zeigt sich meist durch geringeres Wachstum und ausbleichende Blätter an.

Jahreszeitliche Pflege

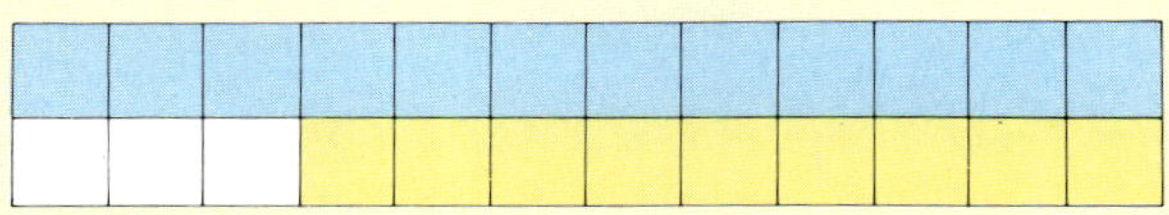

Die Pflanzerde muß das ganze Jahr über mehr oder weniger feucht sein und darf niemals völlig austrocknen. Um buschigeren Wuchs zu erzielen, sollte man die Pflanzen am besten im Frühjahr zurückschneiden. Die abgeschnittenen Sproßspitzen werden zur Vermehrung im Wasser bewurzelt. Etwa einmal im Jahr umtopfen. Später nur oberste Erdeschicht austauschen.

Pflanzsubstrat

Zum Umtopfen gute Garten- oder Blumenerde verwenden. Tontöpfe mit großen Abzugslöchern verwenden. Stecklinge zunächst in Torf-Sand-Mischungen pflanzen.

Sinningia Gloxinie

Heimat: Tropisches Brasilien
Gloxinien sind Knollengewächse mit großen, glockenförmigen Blüten, die in vielen Farbvarietäten vorliegen. Sie stehen in einem Kreis meist sattgrüner, lang zungenförmiger, weich behaarter Blätter. Am Grunde der Sproßachse entwickelt sich bald eine Sproßknolle. Nach dem Abblühen bildet sich die Pflanze von Natur aus zurück. Nun hält man die blattlose Knolle bei etwa 13 °C recht trocken. Erst wenn sich im Frühjahr das Wachstum regt, topfen wir die Knolle in frische, leicht saure Erde, bedecken sie aber nur flach mit dem Pflanzsubstrat. Sobald sich die ersten Triebe zeigen, wird kräftig gegossen.
Vermehrung: Durch Samen oder Blattstecklinge.

Anschaffung und Arten

Beim Kauf sollten eine oder zwei Blüten bereits geöffnet sein, die meisten jedoch noch in Knospen stehen. Die Blätter sollten tiefgrün, unverletzt und fleckenfrei sein und straff stehen. Vermeiden Sie Pflanzen mit bleichen Blättern und wenig Knospenansatz. Vorsichtig handhaben, die Blätter brechen leicht!

Grauschimmel (*Botrytis*) befällt Gesneriengewächse besonders häufig und breitet sich recht schnell über die ganze Pflanze aus. Erste Anzeichen für einen Befall sind unansehnliche Flekken (Bild unten). Wenn keine Gegenmaßnahme getroffen wird, verrottet allmählich die gesamte Pflanze. Befallene Teile sorgfältig entfernen und die verbleibenden Reste mit einem Fungizid behandeln.

Rußtau (oben) ist eine Folgeerscheinung von Blattlausbefall.

Diese Blattverfärbungen deuten auf **Spinnmilben** hin, die sofort bekämpft werden müssen.

Wurzelfäule ist eine Folge zu starken Gießens. Lassen Sie das Pflanzsubstrat antrocknen.

Schädlinge und Krankheiten

Bei richtiger Pflege gedeihen Gloxinien prächtig. Eventuell auftretende Schädlinge sind bei frühem Erkennen leicht zu kontrollieren. Sorgen machen **Pilzerkrankungen,** die meist durch falsche Haltung hervorgerufen werden.

Die **Ringfleckenkrankheit,** die sich durch dunkelbraune Flecken auf sattgrünen Blättern verrät, ist eine noch nicht zu bekämpfende Viruserkrankung, die in kurzer Zeit die Pflanze zum Absterben bringt.

Haltungsbedingungen

Standort

Stellen Sie Gloxinien an lichte, helle Fenster, aber nicht direkt in die Sonne, da die Blätter versengen könnten. Bei ungünstigem Licht wird die Pflanze geschwächt und entwickelt nur kleine Blüten.

Temperaturbedingungen

Im Sommer ist ein warmer, schattiger Standort im Freien sehr gut geeignet. Bei Haltung im Zimmer sind kühlere Räume besser. Im Winter wird die Knolle bei ca. 15 °C überwintert.

Bewässerung

Im Sommer sollte man die Pflanze gut feucht halten und 2–3mal je Woche bewässern. Eine Benetzung der Blätter und Blüten auf jeden Fall vermeiden. Wenn das Wachstum im Herbst aufhört, völlig austrocknen lassen.

Düngung

Während der Anzucht ist Düngung kaum nötig. Gekaufte Exemplare etwa alle drei Tage mit dem Gießwasser düngen, dabei aber nur schwache Konzentrationen geben. Während der Blütezeit kaliumreichen Dünger geben.

Jahreszeitliche Pflege

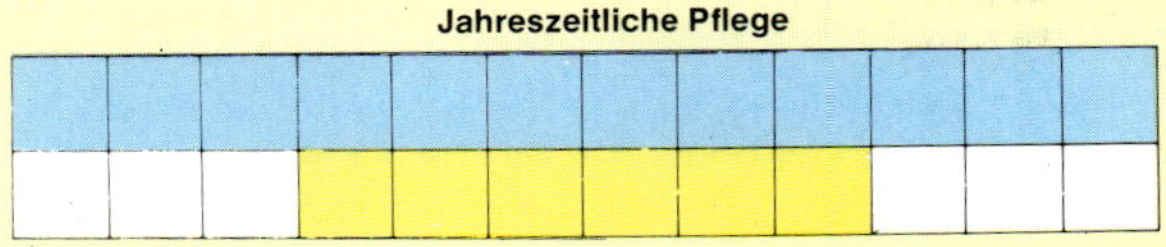

Halten Sie die Erde so lange feucht, wie die Pflanze noch in Blüte steht. Nach dem Abblühen schränken Sie die Wasserzufuhr allmählich ein und halten dann die blattlos gewordene Knolle den Winter über völlig trocken. Rückschnitt ist unnötig, nur abgestorbene Teile werden regelmäßig entfernt. Jungpflanzen während der Entwicklung 2–3 × umtopfen. Ältere Knollen nur einmal im Frühjahr umtopfen. Vermehrung durch Blattstecklinge ist im Sommer möglich.

Pflanzsubstrat

Für die erfolgreiche Gloxinienkultur verwendet man am besten Einheitserde, die leicht sauer sein sollte. Nach dem Umtopfen braucht man etwa sechs Wochen lang nicht zu düngen.

Solanum capsicastrum Korallenbäumchen

Heimat: Tropisches Südamerika
Niedriger, kleiner Strauch mit kleinen, dunkelgrünen, lederigen Blättern, der vor allem seiner auffälligen Früchte wegen als Zimmerpflanze gehalten wird. Diese sind anfangs grünlich und färben bald über Gelbtöne nach Korallenrot um. Bei guter Pflege werden die kugeligen Früchte sehr zahlreich entwickelt.
Vermehrung: Aus Samen oder durch Kopfstecklinge im zeitigen Frühjahr.

Ein gut wachsendes Korallenbäumchen ist reich verzweigt und trägt im Herbst viele kugelrunde Beeren.

Anschaffung und Arten

Korallenbäumchen werden in der Hauptsache im Herbst angeboten, wenn sich die Beeren schon orangefarben verfärbt haben. Wählen Sie reichbeblätterte und dicht verzweigte Pflanzen mit dunkelgrünen, unbeschädigten Blättern.
S. capsicastrum wird ca. 60 cm hoch und trägt im Herbst runde, tomatenrote Früchte.
S. pseudocapsicum wird höher (bis 120 cm) und besitzt größere Früchte.
Achtung: Die Früchte und alle Teile der Pflanze sind giftig!

Krankheiten

Blattläuse und Spinnmilben können gelegentlich auftreten. Größere Schäden werden jedoch hauptsächlich durch falsche Haltung verursacht:
Abfallende Blätter und Beeren: Pflanzsubstrat zu trokken.
Ausbleichende, glanzlose Blätter: Nahrungsmangel.
Vergilbende Blätter mit braunen Flecken: Magnesiummangel.
Blüten, aber kein Fruchtansatz: Zu trockene Luft. Blüten mit warmem Wasser besprühen.

Haltungsbedingungen

Standort

Korallenbäumchen benötigen einen hellen bis halbschattigen Standort. Werden sie zu dunkel gehalten, verlieren sie bald ihre hübschen Früchte. Fensterbänke sind ideale Standorte.

Temperaturbedingungen

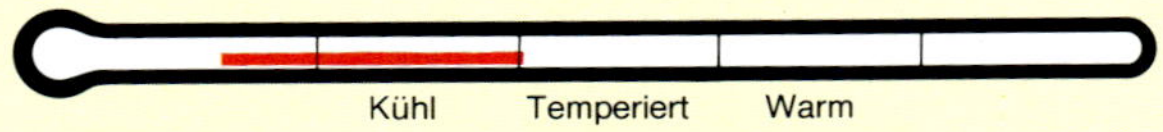

Die Pflanze gedeiht am besten bei Temperaturen zwischen 10–15 °C. Im Sommer kann man sie ohne weiteres im Freien an hellen luftigen Stellen ausbringen. Darauf achten, daß keine pralle Mittagssonne auf die Pflanze trifft.

Bewässerung

Während der Wachstumsphase sollte man reichlich gießen, da das viele Laub auch viel Wasser verbraucht. Wenn die Pflanze eine Pause (Oktober–März) einlegt, zurückhaltend bewässern.

Düngung

Gekaufte Pflanzen sitzen schon eine Weile in ihren Töpfen, daher anfangs wöchentlich einmal kräftig düngen. Nach dem Umtopfen oder Zurückschneiden etwa sechs Wochen lang nicht düngen.

Jahreszeitliche Pflege

Während des größten Teils des Jahres benötigen die Pflanzen viel Feuchtigkeit. Wenn sie in das zweite Jahr gehen, werden sie im Frühjahr zurückgeschnitten und umgetopft. Bis in den Spätsommer können die Pflanzen im Freien bleiben. Nichtblühende Zweige werden später abgeschnitten. Nachzucht durch Aussaat im Frühling oder Stecklingsvermehrung. Pflanzen nicht zu alt werden lassen, sie werden dann unansehnlich.

Pflanzsubstrat

Für die Kultur eignet sich am besten eine lehmhaltige Mischung. Töpfe nicht zu groß wählen und für guten Wasserablauf sorgen.

Sparmannia africana Zimmerlinde

Heimat: Zentralafrika
Die Zimmerlinde gilt allgemein als eine sehr genügsame, raschwüchsige Pflanze. Der baumartige, bis 4 m hoch werdende Strauch besitzt große, lindgrüne, herzförmige Blätter, die weich behaart und am Rande fein gezähnt sind. Bei einer Höhe von ca. 1 m kann die Pflanze im Mai/Juni weiße Blüten ansetzen, die in Trugdolden wachsen.
Vermehrung: Triebstecklinge kann man von der Zimmerlinde eigentlich zu allen Jahreszeiten gewinnen. Sie bewurzeln sich meist ziemlich rasch, sofern man ihnen einen warmen Platz (etwa 21 °C) und genügend Luftfeuchtigkeit anbietet.

Eine gut gepflegte Zimmerlinde besitzt große, weiche, fast waagrecht stehende Blätter, einen aufrechten, gut verzweigten Wuchs und zeigt neue Triebe.

Anschaffung und Arten

Vor wenigen Jahren waren Zimmerlinden noch sehr gefragt. In letzter Zeit sieht man sie leider weniger. Es gibt keine bevorzugte Saison für diese Art. Wählen Sie eine gut wüchsige Pflanze mit gesundem Blattwerk und kräftigen, gut verzweigten Stämmen.

Krankheiten

Spinnmilben können der Zimmerlinde sehr schaden, kommen jedoch nur auf, wenn die Pflanze zu trocken und zu heiß gehalten wird. Bei diesen Haltungsbedingungen wirft die Pflanze auch ihre Blätter ab.
Vergilbende Blätter, sparriger Wuchs sind Anzeichen für einen zu dunkeln Standort.
Braune, trockene Stellen an den Blättern zeugen davon, daß die Pflanze pralles Sonnenlicht abbekommen hat.
Blattwurf: Zugluft oder zu trockene Haltung.

Haltungsbedingungen

Standort

Zimmerlinden benötigen viel Licht, vertragen aber keine direkte Sonnenbestrahlung. Zugige Standorte führen dazu, daß die Pflanze ihre Blätter abwirft.

Temperaturbedingungen

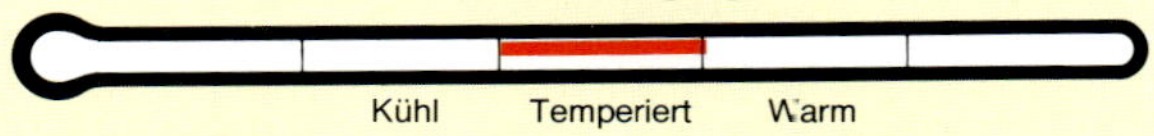

Zimmerlinden gedeihen am besten bei Temperaturen von 15–18 °C, die nicht allzu stark schwanken sollten. Im Winter kann man sie an etwa 7 °C gewöhnen. Bei niedrigen Temperaturen muß die Zimmerlinde trocken gehalten werden.

Bewässerung

Zimmerlinden müssen im Sommer gut feucht gehalten und beinahe täglich bewässert werden. Im Winter richtet sich die Wasserzufuhr nach der Raumtemperatur. Einmal wöchentlich sollte ausreichen.

Düngung

Zimmerlinden entwickeln ein reiches Wurzelsystem. Daher ist gute Düngung für ein gesundes Wachstum erforderlich. Im Winter wird nur dann gedüngt, wenn die Pflanze neue Blätter entwickeln sollte.

Jahreszeitliche Pflege

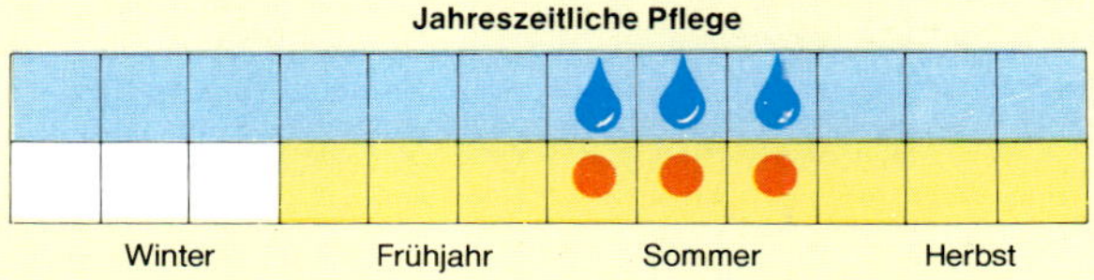

Während des ganzen Jahres muß so bewässert werden, daß die Topferde niemals völlig austrocknet. Im ersten Jahr wird man die raschwüchsige Pflanze eventuell 2–3mal umtopfen müssen. Danach reicht jährliches Umtopfen im Frühjahr. Im Frühjahr wird die Pflanze zurückgeschnitten, um buschigeren Wuchs zu erzielen. Im Sommer bei hohen Raumtemperaturen täglich übersprühen. Blätter mit einem feinen Pinsel säubern.

Pflanzsubstrat

Beim Umtopfen, das meist schon recht bald nötig wird, verwendet man lehmhaltige Mischungen. Nach dem Umtopfen gründlich gießen, anschließend bis zum Wachstum nur mäßig bewässern. Pflanze vorsichtig behandeln, da die weichen Blätter und Stengel leicht brechen.

Spathiphyllum wallisii Einblatt, Blattfahne

Heimat: Tropisches Amerika
Das Einblatt erinnert im Aussehen etwas an eine weiße Flamingoblume. Die Pflanze besitzt breitlanzettliche, dunkelgrüne, glänzende, glattrandige Blätter mit starker Mittelrippe, die an einem relativ langen Blattstiel sitzen. Zur Blütezeit im Sommer schließt ein reinweißes Hochblatt den kolbenförmigen, cremeweißen Blütenstand ein. Die Blüten halten oft wochenlang, das Hochblatt vergrünt mit zunehmendem Blütenalter.

Vermehrung: Große Pflanzen kann man durch einfache Zweiteilung des starken Wurzelballens vermehren oder durch Samen, den man in einem Anzuchtkasten bei hoher Luftfeuchtigkeit und Wärme auskeimen läßt.

Spathiphyllum ist eine sehr elegante Zimmerpflanze, deren Blüte in reizvollem Kontrast zum Blattwerk steht. Beim Kauf sollten die Blüten noch nicht voll entfaltet sein. Gesunde Pflanzen haben glänzend grüne, straffe Blätter. Das Hochblatt kann sich manchmal leicht grünlich verfärben. Pflanzen mit verfärbtem Blattwerk und nur wenigen Blättern vermeiden.

Anschaffung und Arten

Spathiphyllum wird recht selten im Handel angeboten und ist daher auch nicht billig. Die Einordnung der einzelnen Arten ist nicht einfach, vielfach werden Pflanzen der Gattung *Spathiphyllum* auch unter dem Namen *Anthurium* verkauft.

S. kochii mit hell- und dunkelgrün geflecktem Blattstiel und glänzend grünen, leicht gewellten, länglich-lanzettlichen Blättern. Hochblatt reinweiß mit grüner Mittelrippe.

S. wallisii: bis 30 cm hoch, mit büschelig gestellten, etwas kleineren Blättern als *S. kochii.* Hochblatt reinweiß, jedoch bald vergrünend. Selten im Handel.

S. 'Mauna Loa' ist eine hybride Pflanze und stärker verbreitet als die eine Stammform. Blätter sehr groß, dunkelgrün. Blüten meist im Frühjahr, jedoch auch zu anderen Jahreszeiten, auf 15–40 cm langem Stiel, mit feinem Duft.

Schädlinge und Krankheiten

Blattläuse befallen meist nur die jungen, noch nicht voll entfalteten Blätter.

Spinnmilben treten auf, wenn die Pflanze in zu trockener Atmosphäre gehalten wird.

Wolläuse treten auf *Spathiphyllum* eigentlich nur selten auf. Sie verstecken sich jedoch zwischen den dicht stehenden Blättern. Regelmäßige Kontrolle ist erforderlich. Wenige Schädlinge kann man mit Seifenwasser abwischen. Bei stärkerem Befall muß ein Insektizid (z. B. Malathion) angewendet werden.

Hängende, welke Blätter: zu trockene Haltung.

Keine Blütenbildung: mangelhafte Ernährung.

Vergilbende oder braunwerdende Blätter: Pflanze stand vermutlich in praller Sonne. Bei ungenügender Düngung werden die Blätter fleckig, die Ränder verfärben sich gelb. Stellenweise stirbt das Gewebe am Blattrand ab.

Bei Nahrungsmangel bleichen die Blätter aus, die Blattränder reißen ein (oben).

Das reinweiße Hochblatt, das den eher unscheinbaren Blütenstand einhüllt, bildet einen eleganten Farbkontrast zum übrigen Laub.

Haltungsbedingungen

Standort

Spathiphyllum benötigt einen lichten Standort, doch muß direktes Sonnenlicht auf jeden Fall vermieden werden. Die Pflanze sollte möglichst von allen Seiten Licht bekommen. Im Winter hell stellen!

Temperaturbedingungen

Die Pflanze sollte man bei 15–21 °C halten. Bei einer Temperatur von 18 °C wachsen sie fast ganzjährig. Für hohe Luftfeuchtigkeit sorgen (je nach Temperatur) und vor Zugluft schützen.

Bewässerung

Das Pflanzsubstrat sollte stets tabakfeucht gehalten werden. Die Erde darf niemals völlig austrocknen, aber auch nicht zu feucht sein. Bei zu starkem Gießen droht Wurzelfäule und Verwelken.

Düngung

Nur während der Wachstumsphase wird jede zweite Woche ein Standarddünger gegeben. Besonders kräftige Pflanzen erhalten etwas mehr Dünger.

Jahreszeitliche Pflege

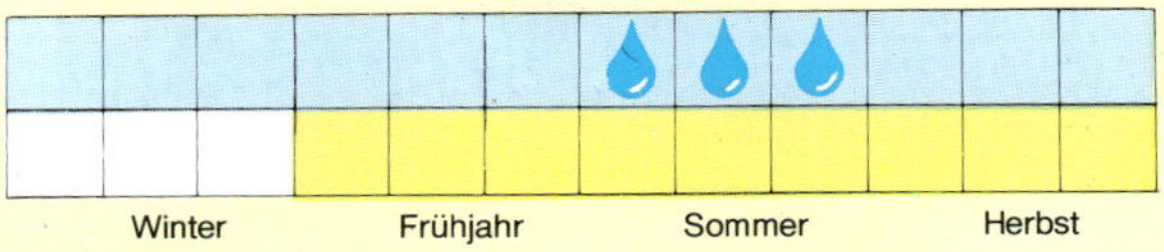

Im Sommer wachsen die Pflanzen am schnellsten und benötigen dann etwas mehr Wasser und Dünger. Bei den höheren Temperaturen muß für gute Belüftung und angemessene Luftfeuchtigkeit gesorgt werden. Im Winter ruht die Pflanze und erhält auch keinen Dünger. Vermeiden Sie haushaltsübliche Aerosole – sie rufen Flecken auf den Blättern hervor. Abgestorbene oder beschädigte Blätter abschneiden, ebenso den Blütenstiel nach dem Abblühen. Große Pflanzen im Frühjahr teilen.

Pflanzsubstrat

Jedes Frühjahr werden die Pflanzen in lehmhaltige Mischungen umgetopft. Für gute Drainage sorgen und erst nach ca. 6 Wochen mit dem Düngen beginnen.

Stephanotis floribunda Kranzschlinge

Heimat: Tropisches bis subtropisches Südamerika
Sehr widerstandsfähige, robuste Kletterpflanze mit derben, glänzenden, lederigen Blättern und stark duftenden, wachsigweißen Blüten in Blütenständen zu 5–9. Einzelblüten trompetenförmig, kurz gestielt; häufig für Brautsträuße und -kränze verwendet.
Vermehrung: Junge Pflanzen kann man aus Samen oder aus Stecklingen ziehen, die man im Frühjahr abschneidet und in Torfmischungen bei etwa 21 °C wurzeln läßt. DenJungpflanzen frühzeitig eine Kletterhilfe anbieten, damit kein Lianendschungel entsteht.

Die Hauptattraktion der Kranzschlinge sind die angenehm duftenden, weißen Blüten.

Anschaffung und Arten

Kranzschlingen kauft man am besten im Sommer, wenn die Pflanzen schon Knospenansatz zeigen. Die Blätter müssen grün und frisch sein; einige Blüten sollten geöffnet, die meisten jedoch noch in Knospe sein. Gelbliche Blätter sind ein Anzeichen für Mangelkultur.

Krankheiten

Die meisten Schädigungen an der Kranzschlinge treten durch falsche Haltung auf. Hier nur einige Beispiele:
Gelbwerdende Blätter: zu dunkel.
Junge Blätter werden schon gelb: Chlorose, durch zu hartes Wasser.
Knospen verwelken, bevor sie sich öffnen: zu trockene Haltung.
Blütenknospen fallen ab: Zugluft oder Pflanze wurde zu oft hin- und hergerückt.

Haltungsbedingungen

Standort

Stellen Sie die Kranzschlinge immer an einen sehr hellen Platz. Direkte Sonnenbestrahlung im Sommer sollte jedoch vermieden werden. Lassen Sie die Pflanze an einem Gitter oder einem Gestell klettern.

Temperaturbedingungen

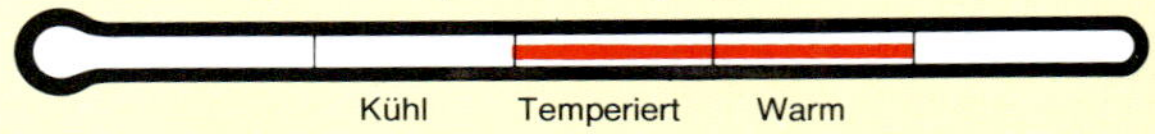

15–18 °C sind die richtigen Temperaturen. Im Winter sollte die Pflanze kühl (12 °C) gestellt werden. Im Sommer sollten die Temperaturen 23 °C nicht überschreiten. Bei zu warmer Haltung treten leicht Schild- oder Schmierläuse auf.

Bewässerung

Im Sommer etwa zweimal, im Winter nur einmal wöchentlich bewässern. Nur kalkfreies, lauwarmes Wasser verwenden. Beim Sprühen die Blüten nicht benetzen. Kalkhaltiges Wasser führt zu Chlorose.

Düngung

Während der Wachstums- und Blütezeit (Frühjahr/Sommer) alle 14 Tage dem Gießwasser einen kalkfreien Dünger (Hälfte der angegebenen Dosierung) beifügen. Im Winter nicht düngen.

Jahreszeitliche Pflege

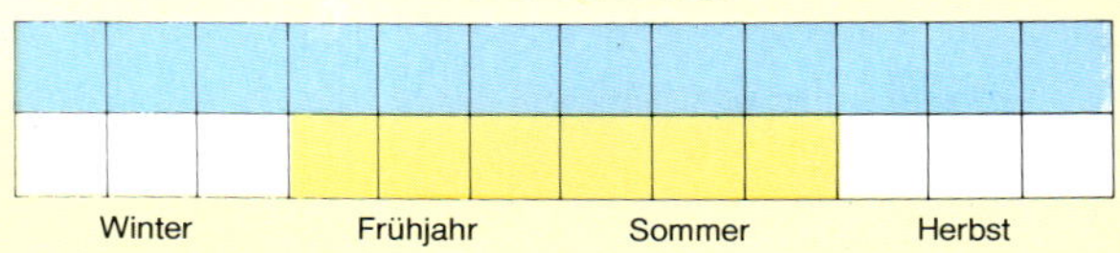

Während der Hauptwachstumsphase regelmäßig gießen, aber nicht zu feucht halten. Der Boden darf vor dem nächsten Gießen ein wenig antrocknen. Nach der Blüte im Herbst die Pflanze etwas zurückschneiden, um sparrigen Wuchs zu vermeiden. Haupttriebe nur im Frühjahr zurückschneiden. Die ersten 2 Jahre jedes Jahr im Frühjahr umtopfen. Die Pflanze benötigt eine Kletterhilfe und sollte sorgfältig angebunden werden.

Pflanzsubstrat

Am besten Einheitserde verwenden. Torfmischungen sind für diese Art ungeeignet. Keine zu großen Töpfe wählen. Erst umtopfen, wenn die Wurzeln schon aus dem Abzugsloch schauen.

Streptocarpus Drehfrucht

Heimat: Südafrika
Pflanze mit grundständigen, meist rosettenartig gestellten, langen, zungenförmigen Blättern und gestielten Röhrenblüten in verschiedenen Farben, die von Frühjahr bis Sommer erblühen. Bis vor wenigen Jahren gab es nur eine Form dieser besonders dankbaren Blütenpflanze im Handel. Neuerdings ist die Zahl der erhältlichen Hybriden jedoch stark angewachsen. Diese Neuzüchtungen haben weniger brüchige und auch schmalere Blätter als die Stammform und tragen oft auch zweifarbige Blüten.
Vermehrung: Neue Pflanzen kann man aus Samen oder aus Blattstecklingen ziehen. Dazu teilt man ein Blatt in ca. 7 cm breite Streifen auf oder schlitzt es bis zur Mittelrippe ein und setzt es seitlich in Torfkompost ein. Die Temperatur sollte bei 21 °C liegen

Bei diesem Blattstück (rechts) hat sich an der Schnittstelle eine junge Pflanze entwickelt.

Krankheiten

Blattläuse treten bevorzugt an den Blütenstielen auf. Einfach abstreifen oder mit Insektizid sprühen.
Grauschimmel (*Botrytis*) tritt nur bei schlechter Lüftung, Nässe und niederen Temperaturen auf. Befallene Stellen ausschneiden, die restliche Pflanze mit einem Fungizid behandeln.
Braune, trockene Blattränder deuten auf zu trockene Haltung hin.

Anschaffung und Arten

Man sollte die Drehfrucht schon im zeitigen Frühjahr kaufen, um die lange Blütezeit voll auszunutzen. Vermeiden Sie Pflanzen mit nur wenigen Knospen und schlaffen Blättern, sondern wählen Sie Exemplare mit straffen, dunkelgrünen Blättern und viel Knospenansatz. Außer der bekannten violetten Form sind dank züchterischer Leistungen auch andersfarbige Pflanzen im Handel.

Haltungsbedingungen

Standort

Streptocarpus-Pflanzen benötigen sehr helle Standorte. Sie müssen jedoch vor direkter Sonnenbestrahlung geschützt werden. Im Winter kommen die Pflanzen auch mit weniger Licht aus.

Temperaturbedingungen

15–18 °C sind am besten zur Haltung von *Streptocarpus* geeignet. Bei Temperaturen unter 15 °C muß das Pflanzsubstrat recht trocken gehalten werden, da die Pflanze in den Ruhezustand übergeht und bei feuchter Haltung faulen würde. Im Sommer nicht über 23 °C halten.

Bewässerung

Streptocarpus sollte bei höheren Temperaturen gleichmäßig feucht, jedoch nie naß gehalten werden. Im Sommer 2–3mal je Woche gießen, im Winter nur einmal wöchentlich. Zum Gießen lauwarmes, weiches Wasser verwenden.

Düngung

Nicht düngen, wenn die Pflanze gerade umgetopft wurde. Zur Blütezeit kann man kaliumreichen Dünger verabreichen, um die Blüte zu verlängern und mehr Blütenansatz zu fördern.

Jahreszeitliche Pflege

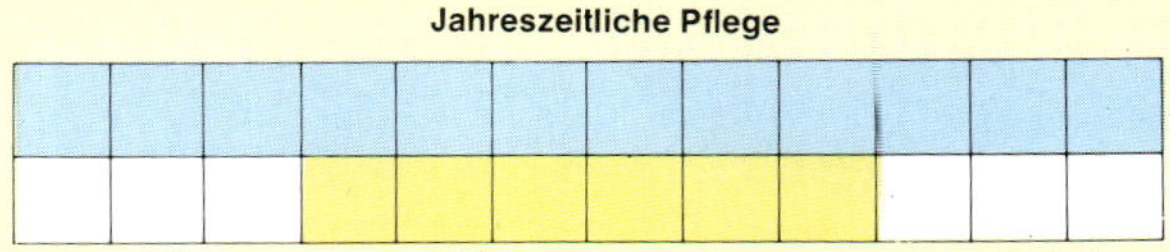

Während der Hauptwachstumsphase gründlich bewässern und einmal monatlich düngen. Im Winter ganz wenig gießen und gar nicht düngen. Blätter nicht mit Chemikalien reinigen und auch nicht mit Wasser benetzen. Zum Reinigen einen feinen Pinsel verwenden. Beschädigte oder abgestorbene Blätter und Blüten regelmäßig entfernen, um Fäulniserregern keinen Nährboden zu bieten.

Pflanzsubstrat

Zur Anzucht kann eine Torfmischung verwendet werden. Größere Pflanzen in lehmhaltige Mischungen einsetzen. Guter Wasserabzug ist wichtig. Keine zu großen Töpfe auswählen.

Tolmiea menziesii Tolmiea

Heimat: Pazifisches Nordamerika
Ausdauernde, staudig wachsende Pflanze mit reichem, weichem Blattwerk.
Vermehrung: An der Basis der Blattspreiten entwickeln sich kleine Ableger.

Eine gesunde Tolmiea ist dichtlaubig und frischgrün. Die Blätter sind voll entfaltet.

Anschaffung und Arten

Wählen Sie beim Kauf nur jung und kräftig aussehende Pflanzen aus. Größere sehen zwar fülliger aus, können aber weniger erfolgreich an die neue Umgebung gewöhnt werden.
Tolmiea menziesii ist die gegenwärtig einzige im Handel erhältliche Art. Die Pflanze wird 20–30 cm hoch und trägt kleine, grünliche Blüten in bis zu 20 cm langen Trauben.

Schädlinge und Krankheiten

Spinnmilben siedeln sich gerne auf den hellgrünen Blattunterseiten der Pflanzen an und sind nur schwer auffindbar. Besprühen mit Akariziden nützt meist wenig, da die Blätter sich gegenseitig abschirmen. Am besten taucht man die gesamte Pflanze in einen Eimer mit Giftlösung.

Blattläuse sind manchmal im Frühjahr und Sommer an jungen Blättern vorhanden. Bekämpfung mit einem Insektizid.
Wolläuse befallen die älteren Teile und ziehen sich an unzugängliche Stellen zurück. Pflanze in Insektizid-Lösung eintauchen.

Haltungsbedingungen

Standort

Die Tolmiea liebt mäßig helle bis halbschattige Standorte. Auf jeden Fall muß sie vor direkter Sonnenbestrahlung geschützt werden. An ihrem Standort braucht sie etwas Platz, um sich frei entwickeln zu können.

Temperaturbedingungen

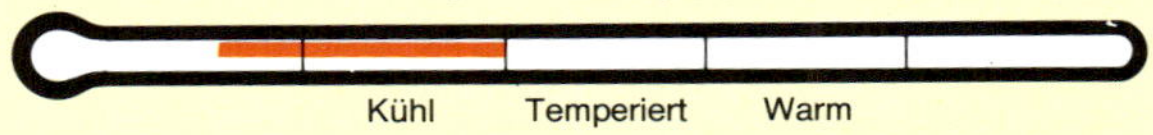

Die Pflanze gedeiht am besten bei niederen Temperaturen, verträgt Wärme nur schlecht, Hitze überhaupt nicht. Gutes Wachstum erfolgt bei 7–15 °C. Zugluftempfindlich. Nicht dauernd im Schatten halten.

Bewässerung

Mäßiges Bewässern ist oberste Regel. Im Sommer regelmäßig, im Winter nur gelegentlich, wenn die Topferde sich trocken anfühlt; jedoch nicht austrocknen lassen. Bei zu trockener Erde Pflanze in Wasser tauchen.

Düngung

Ein verdünnter Flüssigdünger sollte mit jedem Gießwasser gegeben werden. Während des Winters nur sehr spärlich düngen. Düngetabletten mit Langzeitwirkung haben sich sehr gut bewährt.

Jahreszeitliche Pflege

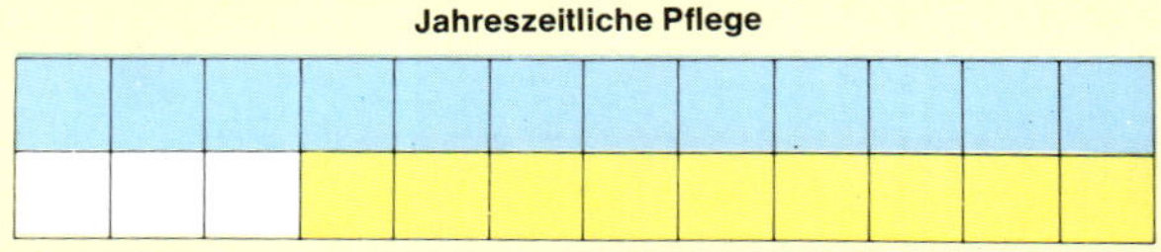

Übermäßig nasse und harte Pflanzerde sollte zu jeder Jahreszeit vermieden werden. Abgestorbene Blätter regelmäßig entfernen. Junge Pflänzchen am besten im Frühjahr abnehmen und eintopfen. Sie wachsen ziemlich rasch heran. Anfangs etwas stärker düngen. Im Sommer reichlich gießen und gut düngen; Pflanze, wenn möglich, ins Freie stellen (um 10 °C), weniger gießen, kaum düngen.

Pflanzsubstrat

Tolmiea menziesii pflanzt man am besten in flache Töpfe bis etwa 12,5 cm Durchmesser. Sollten die Pflanzen auch diese Topfgröße voll durchwurzelt haben, dann teilt man sie einfach und topft in lehmhaltige Mischungen neu ein.

Tradescantia fluminensis Tradeskantie

Heimat: Tropisches Amerika
Die Gattung *Tradescantia* umfaßt etwa 30 Arten, von denen zahlreiche in Gärten und Sammlungen gehalten werden. Tradeskantien gehören zu den anspruchslosesten, gut wachsenden Zimmerpflanzen, wenn man ihnen nur einen lichten, nicht zu sonnigen Platz anbietet. Die Arten unterscheiden sich in der Hauptsache durch die Färbung ihrer länglich-ovalen, fleischigen Blätter, die je nach Art grün, violett, bläulich, weiß-, silbrig- oder rotgestreift sein kann. Die meisten Arten besitzen kahle Blätter, bei einigen ist die Unterseite filzig behaart.

Vermehrung: Tradeskantien und ihre Verwandten kann man jederzeit sehr einfach durch Stecklinge vermehren. Am besten pflanzt man jedoch im Frühjahr oder Sommer mehrere etwa 10 cm lange Stecklinge in gute Blumenerde ein und gießt anfangs vorsichtig, bis die Bewurzelung abgeschlossen ist. Bis zu sieben Stecklinge kann man in einen Topf einpflanzen und auf diese Weise besonders üppige Hängeampeln bekommen. Angewachsene Stecklinge sollte man immer wieder entspitzen, um so einen buschigen Wuchs zu erzielen. Sehr dekorativ wirkt es auch, wenn man verschiedenfarbige Arten zusammenpflanzt.

Tradeskantien kommen am besten zur Geltung, wenn man sie hängend unterbringt (links). Bei zu nasser oder zu trockener Haltung färben sich die Blattspitzen braun (unten). Gießen Sie häufiger, vermeiden Sie jedoch Staunässe!

Krankheiten

Blattläuse erscheinen in der Hauptsache dann, wenn die Pflanze schon geschwächt (Haltungsfehler) ist und in Zugluft steht. Vor allem junge Triebe werden befallen und zerstört.
Braune Blattspitzen deuten auf zu trockene oder aber zu nasse Haltung hin.

Anschaffung und Arten

Tradeskantien gehören zu den billigsten Zimmerpflanzen. Wählen Sie ein reichverzweigtes Exemplar mit vielen Neutrieben und unbeschädigten Blättern. Im Handel werden viele verschiedenfarbige Arten und Varietäten angeboten, informieren Sie sich am besten beim Fachhändler.

Haltungsbedingungen

Standort

Tradescantia-Arten benötigen einen hellen bis halbschattigen Standort und dürfen nicht im direkten Sonnenlicht stehen. Günstig sind Fensterbänke mit Morgen- oder Abendsonne. Vor Zugluft schützen.

Temperaturbedingungen

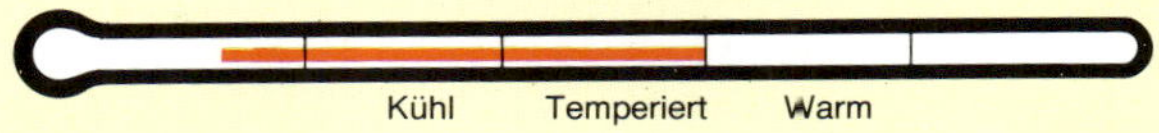

Tradescantia-Arten fühlen sich bei Temperaturen um 10–15 °C sehr wohl. Temperaturen unter 10 °C und über 18 °C werden nur schlecht vertragen. Am besten ist auch eine mäßig warme, feuchte Umgebung. Heizungsnähe vermeiden. Höhere Luftfeuchtigkeit (bei höheren Temperaturen) wirkt sich positiv auf die Blattfärbung und den Wuchs aus.

Bewässerung

Die Pflanzen müssen regelmäßig bewässert werden. Sie bleichen jedoch aus, wenn man sie zu naß hält. Weniger Gießwasser ist auch während der Wintermonate angebracht, wenn die Pflanze weniger wüchsig ist.

Düngung

Die Pflanzen werden es danken, wenn man mit jedem Gießwasser auch etwas Flüssigdünger zuführt. Auch während der weniger aktiven Wintermonate darf die Düngung nicht ganz aussetzen.

Jahreszeitliche Pflege

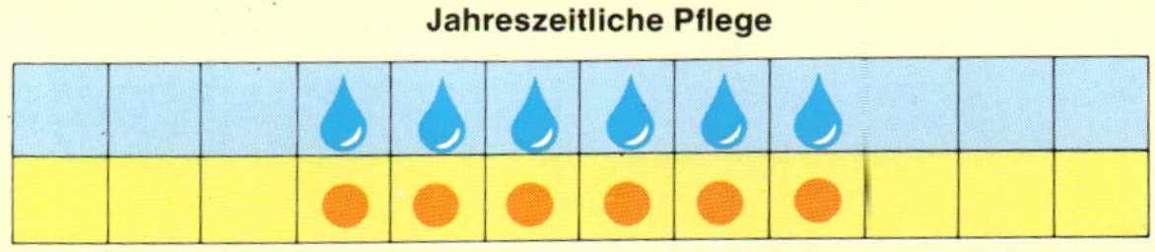

An Tradescantien treten als Folgeerscheinung zu dunkler Haltung oft rein grüne Zweige auf, die man frühzeitig entfernen sollte, da sie das Erscheinungsbild der Pflanze stören. Während des Winters sind die Pflanzen anfällig gegen Wurzelfäule. Daher mit dem Gießwasser sparsam umgehen. Durch Entspitzen der Neutriebe für Verzweigung und buschigen Wuchs sorgen. Ältere Pflanzen werfen ihre unteren Blätter ab.

Pflanzsubstrat

Man hört immer wieder, daß Tradescantien auch ohne Düngung auskommen. Dies ist falsch. Man muß bereits die Stecklinge in gute Pflanzerde eintopfen, wenn sie gedeihen sollen. Empfehlenswert sind lehmhaltige Mischungen.

Yucca elephantipes Palmlilie

Heimat: Tropisches Südamerika, Westindien
Sehr widerstandsfähige, mehrjährige Pflanze. Die meist kurzstämmigen Bäumchen tragen hell- bis dunkelgrüne, feste Blätter in dichten Blattschöpfen (siehe unten). Bei Zimmerkultur kommt die Pflanze nicht zur Blüte.
Vermehrung: Durch Stammstücke, die leicht in Torfsubstrat (Anzuchtkasten) oder Wasser bewurzeln. Meist zeigt sich der Neutrieb vor den Wurzeln. Beim Bewurzelnlassen in Wasser Stammstücke nicht zu tief ins Wasser setzen. Die Stammstücke sollten nicht kürzer als 10 cm sein.

Krankheiten

Schildläuse befallen sowohl die lanzettlichen Blätter wie auch die Stämme.
Rußtaupilze siedeln sich im Exkret der Schildläuse an und hinterlassen unansehnliche schwarze Flecken. Mit Seifenwasser abwischen.
Stammfäule tritt auf, wenn die Pflanze zu reichlich gegossen wird.
Vergilben der unteren Blätter ist ein Zeichen dafür, daß die Pflanze zu wenig Licht bekommt.

Anschaffung und Arten

Beim Kauf auf trockenen, kräftigen Stamm und gut ausgefärbte Blattbüschel achten.
Y. aloifolia (Bajonettpflanze): mit extrem harten Blättern mit scharfen Spitzen. Pflanze so aufstellen, daß keine Verletzungsgefahr besteht! Von dieser Art sind verschiedene Farbvarietäten (*Y. a. 'Variegata'* und *Y. a. 'Marginata'*) im Handel.
Y. elephantipes besitzt wesentlich weichere Blätter als andere Arten.

Haltungsbedingungen

Standort

Palmlilien benötigen einen hellen bis sonnigen Platz im Zimmer und sollten im Sommer an einem windgeschützten Platz ins Freie gestellt werden. Für gute Belüftung sorgen. *Y. aloifolia* geschützt aufstellen.

Temperaturbedingungen

Palmlilien sind recht anpassungsfähig und stellen sich auf Temperaturen zwischen 10–21 °C ein. Bei niedrigen Temperaturen darf das Pflanzsubstrat allerdings nicht zu feucht sein. Im Winter kühl halten (6–7 °C genügen). Trockene Luft schadet nicht.

Bewässerung

Palmlilien benötigen im Sommer reichlich und regelmäßig Wasser, dürfen jedoch nicht im Nassen stehen. Auf keinen Fall im Wasser stehen lassen. Im Winter eher etwas trocken halten.

Düngung

Nachdem sie gut angewachsen sind, müssen die Pflanzen regelmäßig mit einem Flüssigdünger versorgt werden. Man kann auch Langzeitdünger in Tablettenform verwenden. Im Winter kaum düngen.

Jahreszeitliche Pflege

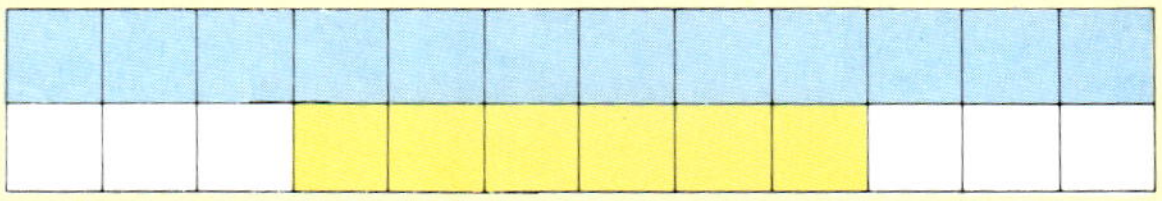

Während der Sommermonate sollte die Pflanze an geschützten Stellen draußen stehen. Bei Zimmerhaltung müssen die Blätter öfter vom Staub befreit werden (kräftig besprühen). Kein Blattglanzspray verwenden! Bei zu viel Besprühen verfärben sich die Blattspitzen braun. Ältere Exemplare können eventuell zum Blühen kommen, wenn sie genügend Licht erhalten. Junge Pflanzen jährlich umtopfen. Bei älteren Pflanzen (ab 4jährigen) nur die oberste Substratschicht auswechseln.

Pflanzsubstrat

Torfmischungen sind auf Dauer ungeeignet, da sie zu leicht sind und der Pflanze keinen Halt geben, lieber lehmhaltige Mischungen verwenden. Pflanzen nur in schwerere Kübel pflanzen.

Zebrina pendula Zebrapflanze, Ampelkraut

Heimat: Mexiko, nördliches Mittelamerika
Mehrjährige, krautige Pflanze; als Ampel- und Hängepflanze sehr beliebt und weit verbreitet. Die zugespitzten, ovalen, fleischigen Blätter tragen auf der Oberseite ein hübsches silbriggrünes Streifenmuster und sind auf der Unterseite meist einheitlich bordeauxrot.
Vermehrung: Im Frühjahr durch Stecklinge, die man entweder in Erde oder Wasser bewurzeln läßt. Nach dem Anwachsen die Zweigenden abknipsen, damit die Pflanze sich reicher verzweigt.

Sehr schön wirken verschiedene *Zebrina*-Arten, die in einem Hängekorb zusammengepflanzt sind (oben). Die schnellwüchsigen Pflanzen benötigen viel Wasser und Dünger, sonst werden sie sparrig (rechts) und bekommen nur wenige gut ausgefärbte Blätter.

Krankheiten

Bei guter Pflege werden *Zebrina*-Arten selten von Schädlingen befallen. Gelegentlich können **Blattläuse** auftreten; fleckige Blätter und verunstaltete Neutriebe sind die Folge.
Spinnmilben sind seltene „Gäste". Die befallenen Pflanzenteile werden trocken und leblos.
Große Abstände zwischen den Blättern: zu wenig Licht.
Blätter werden braun und trocken: zu trockenes Pflanzsubstrat.
Pflanzen vergrünen: zu dunkler Standort, zu viel gedüngt.

Anschaffung und Arten

Beim Kauf kleinere, kompakte Pflanzen mit gut ausgefärbten Blättern wählen. Im Handel sind u. a.:
Z. pendula: Blüten purpurn, Blätter silberstreifig.
Z. pendula 'Quadricolor': Weniger häufig im Handel, mit mehrfarbig (rötlich-braun-grün-silber-rosa) gestreiften Blättern.
Z. pendula 'Discolor': Blätter schmal, mit bräunlicher Färbung.
Z. pendula purpusii: Alle Blätter fast einheitlich purpurn gefärbt.

Haltungsbedingungen

Standort

Die Zebrapflanze benötigt einen hellen Standort, verträgt jedoch kein direktes Sonnenlicht. Für gute Belüftung sorgen. Zu dunkel gehaltene Pflanzen vergeilen.

Temperaturbedingungen

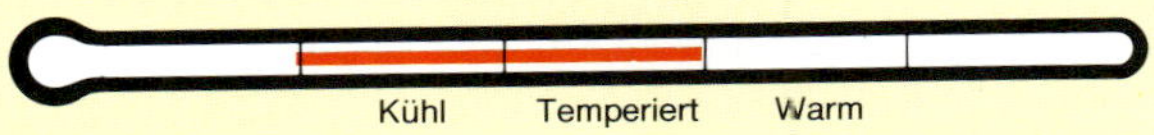

Extreme Temperaturen sollten auf jeden Fall vermieden werden. Am günstigsten sind Temperaturen zwischen 13–18 °C. Zugluft vermeiden und nicht in der Nähe von Heizungen aufhängen oder aufstellen. Bei niedriger Temperatur verläuft das Wachstum langsamer. Bei zu kühler Haltung werden die Blätter abgeworfen

Bewässerung

Regelmäßiges Gießen ist wichtig. Die Erde muß immer feucht sein, ohne jedoch staunaß zu werden. Wassermangel kündigt sich durch Welken und Braunfärbung der Blätter an.

Düngung

Zebrapflanzen sollten regelmäßig gedüngt werden. Wenn die Blattfarben verblassen und die Pflanzen sparrig werden, kann das ein Symptom für Nahrungsmangel sein. Bei Überdüngung vergrünen die Blätter.

Jahreszeitliche Pflege

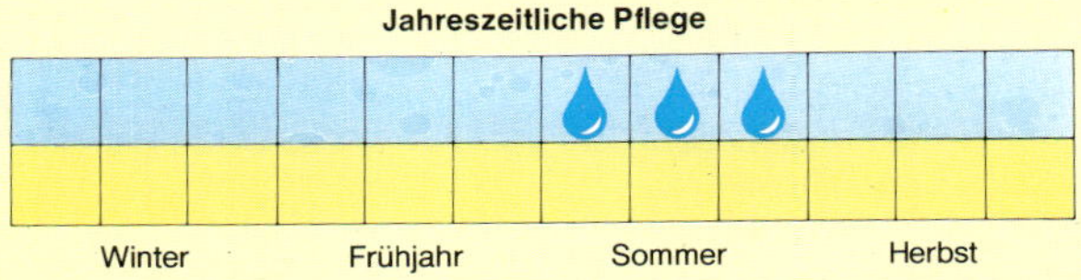

Bei raschem Wachstum wird die Zebrapflanze mit der Zeit sparrig und unansehnlich und verliert die unteren Blätter. Durch rechtzeitiges Ausdünnen der Sprosse vermeidet man eine Verkahlung und regt eine Verzweigung an. Wenn eine Pflanze einmal zu groß und buschig geworden ist, kann man Stecklinge schneiden und eine neue Generation heranziehen. Auf jeden Fall sollte man nach 2–3 Jahren für neue Pflanzen sorgen.

Pflanzsubstrat

Zum Eintopfen verwendet man am besten lehmhaltige Mischungen. In größere Hängetöpfe drei bis vier Pflanzen, am besten verschiedenfarbige, einsetzen.

Einige Fachausdrücke

Achsel: Winkel zwischen Sproßachse und Blattstiel
Akarizid: Chemisches Mittel zur Bekämpfung von Milben
Annuell: Einjährig, die Pflanze schließt ihren gesamten Entwicklungszyklus von der Keimung bis zur Samenreife in einem Jahr ab
Anorganisch: Düngemittel oder Chemikalien, die nicht von einem Lebewesen stammen
Aquatisch: Pflanzen, die ständig im Wasser leben, sind aquatische Organismen
Ausläufer: Fadendünne Achse, an der in gewissen Abständen kleine Ablegerpflänzchen entwickelt werden (Judenbart)

Blättchen: Teil eines zusammengesetzten Blattes
Blatt: Wichtiges Anhangsorgan einer Sproßachse
Blattdünger: Dünger, der über die Blattflächen angeboten und zugeführt werden kann
Blattpflanze: Gärtnerischer, botanisch etwas unglücklicher Ausdruck für Pflanzen, die vor allem wegen ihrer Blätter als dekorative Stücke gehalten werden
Blattspreite: Flächiger Teil eines Blattes
Blattsteckling: Steckling, der durch Zerteilen eines Blattes gewonnen wird
Blütenpflanze: Gärtnerischer, botanisch nicht korrekter Ausdruck für Pflanzen, die ihrer Blüte wegen als Zimmerpflanzen kultiviert werden
Brakteen: Hochblätter, in Färbung und Gestalt veränderte Laubblätter, oft aber vom Aussehen lebhaft bunter Blütenblätter (z. B. bei Weihnachtsstern)
Bromelien: Vertreter der Bromelien- oder Ananasgewächse. Bromelien sind epiphytische Pflanzen. Sie wachsen auf Baumrinde besser als in gewöhnlicher Blumenerde.

Chlorose: Blätter einer Pflanze leiden an Pigmentmangel, oft durch fehlende mineralische Ernährung hervorgerufen
Cultivar: Bezeichnung für eine Pflanze, die durch Züchtung entstanden ist und in dieser Form nicht in der Natur ursprünglich ist

Epiphyt: Pflanze, die auf anderen Organismen, gewöhnlich auf der Rinde eines Baumes, wächst
Evaporation: Wasserverdunstung aus dem Boden, ohne Zutun der Lebewesen
Exotisch: Herkunftsbezeichnung für Pflanzen aus anderen, meist subtropischen bis tropischen Regionen

Fungizid: Chemische Mittel zur Bekämpfung von Pilzbefall

Gefiedert: Blättchen stehen sich wie die Teile einer Feder an der Mittelrippe gegenüber (Fiederpalme)
Gegenständig: An jedem Blattknoten stehen sich zwei Blätter gegenüber
Genus: Systematischer Ausdruck zur Beschreibung eines Verwandtschaftsverhältnisses; mehrere Genera bilden eine Pflanzenfamilie

Habitus: Normales Aussehen einer Pflanze
Halbhart: Pflanze kann sich an kühlere Witterung anpassen, ist jedoch nicht frosthart
Handförmig: Blatt ist so geteilt, daß seine drei bis sieben Blättchen strahlenförmig von einem Punkt ausgehen
Honigtau: Ausscheidungen der Blattläuse
Humus: Bestandteil im Pflanzsubstrat, besteht aus zerfallender organischer Materie
Hybride: Organismus, der durch Kreuzung von Elterorganismen aus zwei Arten oder Gattungen hervorgegangen ist
Hydrokultur: Kulturmethode, Pflanzen ohne Erde wachsen zu lassen. Die Pflanzen sitzen zwischen einer Kiesfüllung und werden nur durch das Gießwasser ernährt

Immergrün: Pflanze behält die Hauptmenge ihrer Blätter während des ganzen Jahres. Laubwechsel vollzieht sich schrittweise
Infloreszenz: Blütenstand
Insektizid: Chemisches Mittel zur Bekämpfung lästiger Schadinsekten

Kapillarwirkung: Physikalisches Wirkprinzip, das freies Wasser durch feine Lücken oder Röhrensysteme im Boden den Wurzeln zuleitet
Keimung: Erster Entwicklungsabschnitt im Leben einer Pflanze
Knolle: Angeschwollener Achsenteil, entweder als Sproßknolle oder als Wurzelknolle ausgebildet
Knoten: Ansatzstelle eines Blattes an der Sproßachse
Kompost: In der Zimmerpflanzenpflege gleichbedeutend mit einer gebrauchsfertigen Blumenerde, in der außer Laubkompost auch noch andere Bestandteile enthalten sind
Kopfsteckling: Steckling, der durch Abschneiden des Leitsprosses einer Pflanze gewonnen wird
Kriechpflanze: Pflanzenart mit horizontal wachsenden Ausläufern oder Kriechsprossen

Lehm: Hochwertiges Substrat (= versandeter Ton), der Mischungen gern zugeschlagen wird
Luftwurzel: Wurzel, die am Sproß oberhalb der Erde entwickelt wird, besonders häufig bei Aronstabgewächsen (Araceae)

Mittelrippe: Mittlerer, meist sehr kräftiger Blattnerv

Organisch: Düngemittel oder Pflanzsubstrat wurde aus Lebewesen gewonnen

Perennierend: Pflanze bringt ihren Entwicklungszyklus nicht in einem Jahr zu Ende oder ist langlebig
Pestizid: Sammelbegriff für Schädlingsbekämpfungsmittel
Pflanzenschutzmittel: Sammelbegriff für alle Chemikalien, die zur Bekämpfung von Pflanzenschädlingen oder -krankheiten eingesetzt werden
Photosynthese: Prozeß in grünen Blättern, bei dem durch Sonnenlicht aus anorganischen Betriebsstoffen organische Substanzen hergestellt werden
pH-Wert: Sagt aus, ob die Bodenreaktion sauer oder alkalisch (basisch) ist

Rachen: Öffnung einer glockenförmigen oder röhrenförmigen Einzelblüte
Ranke: Klammerorgan, meist durch Umgestaltung eines Blattes oder eines Sprosses hervorgegangen
Rhizom: Dicker, meist horizontal wachsender Erdsproß, dient zur Stoffspeicherung und Überwinterung
Ruheperiode: Durch Umwelteinflüsse (Tageslänge, Temperatur) ausgelöster Zustand physiologischer Inaktivität

Schadpilze: Meist mikroskopisch kleine Pilze, die lebendes Gewebe befallen (Parasiten) oder sich von abgestorbenen Pflanzen(teilen) ernähren (Saprophyten)

Schneiden: Vorgang zur Stecklingsgewinnung, entweder ein Teil des Blattes oder der Sproßachse mit ansitzendem Blatt
Schossen: Junge Pflanzen, die als „Ableger" an der Stengelbasis älterer Pflanzen angelegt werden
Seitensproß: Seitenachse, die nicht die Hauptwuchsrichtung der Pflanze einhält oder fortführt
Sommergrün: Pflanze verliert im Herbst ihre Blätter, wenn sie ihre Ruheperiode einleitet
Spadix: Fleischig entwickelter Blütenstand der Aronstabgewächse
Spatha: Meist farbig ausgestaltetes Hochblatt, das den Spadix der Aronstabgewächse einhüllt
Spezies: Art
Spielart: Meist spontan aufgetretene genetisch (geringfügig) veränderte Form
Sporen: Vermehrungseinheiten niederer Pflanzen, z. B. von Algen und Pilzen, meist mikroskopisch klein
Sproßsteckling: Durch Zerschneiden eines Stengels in mehrere Stücke gewonnen
Steckling: Pflanzenteil zur erbgleichen, vegetativen Vermehrung, entweder als Blatt- oder als Sproß- (= Kopf-)Steckling
Sukkulent: Fleischig oder dicklich angeschwollene Teile einer Pflanze, dienen der Wasserspeicherung
Systemisch: Pflanzenschutzmittel wird von der Pflanze aus dem Boden oder durch die Blätter aufgenommen und greift sozusagen von innen die Pflanzenschädlinge an

Teilung: Methode zur vegetativen Vermehrung von Pflanzen, z. B. durch Durchtrennung des Wurzelballens
Terrestrisch: Pflanze wurzelt im Boden als natürlichem Substrat, im Unterschied etwa zu Epiphyten
Torf: Pflanzliche Überreste aus einem Moor, in der Hauptsache Torfmoose oder Reste von Seggen, ist luftdurchlässig und kann viel Wasser speichern
Transpiration: Wasserdurchsatz durch Verdunstung aus den Blättern

Umtopfen: Pflanze aus dem zu klein gewordenen mit neuer Erde in einen größeren Topf einpflanzen

Varietät: Spezielle Form oder Formenkreis innerhalb einer Art

Wechselständig alternierende Blattstellung: An einem Blattknoten sitzt jeweils nur ein Blatt an, es bildet zu seinem vorhergehenden und nachfolgenden Blatt einen Winkel
Wedel: Ausdruck für die Blattorgane von Farnen und Palmen
Winterhart: Pflanze kann längere Kälteperiode oder sogar Frost schadlos überstehen
Wirtel: Schopfig gestellte Blätter oder mehrere Blätter am gleichen Knoten bilden einen Wirtel
Wurzelballen: Gesamtheit der Wurzelmasse
Wurzelhals: Übergangsbereich zwischen oberirdischer Sproßachse und Wurzel

Zweijährig: Pflanze schließt im ersten Jahr ihr vegetatives Wachstum ab, blüht und fruchtet aber erst im zweiten
Zwiebel: Unterirdisches Reserveorgan, besteht aus ziemlich dickfleischigen Speicherblättern (= umgestaltete Knospe)

Weitere Zimmerpflanzen-Literatur

BECHTEL, HELMUT: Bunte Welt der Zimmerpflanzen. Kosmos-Verlag, Stuttgart, 2. Aufl. 1980
BECHTEL, HELMUT: Bunte Welt der Kakteen. Kosmos-Verlag, Stuttgart, 2. Aufl. 1975
BECHTEL, HELMUT: Orchideenatlas. Ulmer Verlag, Stuttgart
BRAVENBOER, SIMON K.: 200 Kakteen in Farbe. BLV Verlag, München, 2. Aufl. 1980
CULLMANN, W.: Kakteen. Ulmer Verlag, Stuttgart
DAVIDSON, WILLIAM: Blattpflanzen von A bis Z. Kosmos-Verlag, Stuttgart 1983
DEISER, ERNST: Zimmerpflanzen in Hydrokultur. Kosmos-Verlag, Stuttgart 1981
ENCKE, FRITZ: Die schönsten Kalt- und Warmhauspflanzen. Ulmer Verlag, Stuttgart
ENCKE, FRITZ: Zimmerpflanzen. Ulmer Verlag, Stuttgart
FAST, G.: Orchideenkultur. Ulmer Verlag, Stuttgart
FESSLER, ALFRED: Fleischfressende Pflanzen für Haus und Garten. Kosmos-Verlag, Stuttgart 1982
FESSLER, AFRED: Fuchsien für Haus und Garten. Kosmos-Verlag, Stuttgart 1980
FLEISCHER/SCHÜTZ: Kakteenpflege. Ulmer Verlag, Stuttgart
GASSNER, J. K.: Zauberwelt der Zimmerpflanzen. Parey Verlag, Berlin-Hamburg, 3. Aufl. 1967
GROUNDS, ROGER: So pflegt man Zimmerpflanzen. Parey Verlag, Berlin-Hamburg 1978
GUGENHAN, EDGAR: Bromelien. Kosmos-Verlag, Stuttgart 1983
GUGENHAN, EDGAR: Geranien und Pelargonien. Kosmos-Verlag, Stuttgart 1981
HAUSTEIN, ERIK: Der Kosmos-Kakteenführer. Kosmos-Verlag, Stuttgart 1983
HECHT, HANS: BLV Handbuch der Kakteen. BLV Verlag, München 1982
HENTIG/NOACK: Pflanzen und Fenster. Parey Verlag, Berlin-Hamburg 1966
HERWIG, ROB: Was blüht auf Tisch und Fensterbrett. Kosmos-Verlag, Stuttgart 1983
HERWIG, ROB: Die 200 schönsten Zimmerpflanzen. BLV Verlag, München, 3. Aufl. 1981
HERWIG, ROB: 350 Zimmerpflanzen in Farbe. BLV Verlag, München, 5. Aufl. 1982
HERWIG, ROB: Enzyklopädie der Zimmerpflanzen. Parey Verlag, Berlin-Hamburg 1982
JACOBI, KARLHEINZ: Das farbige Hausbuch der Zimmerpflanzen. BLV Verlag, München 1981
KRAMER, JACK: Blühende Zimmerpflanzen von A bis Z. Kosmos-Verlag, Stuttgart 1983
KREKELER, H.: Bonsai-Praxis. Parey Verlag, Berlin-Hamburg 1981
LESNIEWICZ, PAUL: Bonsai. BLV Verlag, München 1981
MITCHELL/HAYNES: Pflanzen vermehren – aber richtig. Kosmos-Verlag, Stuttgart 1983
RAUH, WERNER: Bromelien. Ulmer Verlag, Stuttgart
RITTERSHAUSEN, WILMA: Orchideen von A bis Z. Kosmos-Verlag, Stuttgart 1983
ROWLEY, GORDON DOUGLAS: Kosmos-Enzyklopädie der Sukkulenten und Kakteen. Kosmos-Verlag, Stuttgart 1979
RYSY, WOLFGANG: Orchideen. BLV Verlag, München, 2. Aufl. 1981
SCHUBERT, MARGOT: Mehr Blumenfreude durch Hydrokultur. BLV Verlag, München, 8. Aufl. 1982
SCHUBERT/HERWIG: Wohnen mit Blumen. BLV Verlag, München, 15. Aufl. 1982
STEIN, SIEGFRIED: Blumenfenster und Wintergarten. Kosmos-Verlag, Stuttgart 1982
WARD/WELLSTED: Alles über Topfpflanzen. Otto Maier Verlag, Ravensburg 1979
WICKHAM, CYNTHIA: Mit Zimmerpflanzen schöner wohnen. BLV Verlag, München 1978
WILHELM, P. G.: Tausend Tips für Zimmergärtner. Parey Verlag, Berlin-Hamburg, 8. Aufl. 1982
WILLIAMS, BRIAN: Orchideen für jedermann. Kosmos-Verlag, Stuttgart 1981
Das große Zimmerpflanzenbuch. Mosaik Verlag, München 1977
Der praktische Zimmergärtner. Mosaik Verlag, München 1980

Register